河南省“十四五”普通高等教育规划教材

计算机应用基础

（第二版）

李　亚　李　欢◎主　编
叶海琴　陈　莹◎副主编

内 容 简 介

本书将“计算思维”“技能应用”与以“人工智能”为代表的新技术相融合，辅以“微课＋慕课”教学资源，为学生提供深入浅出的理论阐述、丰富经典的应用案例、扫码即得的在线资源。

本书分为3篇，共12章，主要包括计算机和计算思维、符号化—计算化—自动化、机器程序的执行、操作系统、问题求解、WPS文字、WPS表格、WPS演示、多媒体技术与应用、计算机网络、新一代信息技术、人工智能与量子计算等内容。

本书结构合理，实用性强，适合作为高等院校大学计算机基础课程的教材，也可作为计算机技术培训用书和计算机爱好者的自学用书。

图书在版编目（CIP）数据

计算机应用基础/李亚，李欢主编. —2版. —北京：中国铁道出版社有限公司，2023. 8（2025.1 重印）
河南省“十四五”普通高等教育规划教材
ISBN 978-7-113-30420-1

Ⅰ. ①计…　Ⅱ. ①李…　②李…　Ⅲ. ①电子计算机-高等学校-教材　Ⅳ. ①TP3

中国国家版本馆CIP数据核字（2023）第138754号

书　　名： 计算机应用基础
作　　者： 李　亚　李　欢

策　　划： 陆慧萍　　　**编辑部电话：**（010）63549508
责任编辑： 陆慧萍
封面设计： 刘　颖
责任校对： 苗　丹
责任印制： 赵星辰

出版发行： 中国铁道出版社有限公司（100054，北京市西城区右安门西街8号）
网　　址： https://www.tdpress.com/51eds
印　　刷： 三河市宏盛印务有限公司
版　　次： 2021年1月第1版　2023年8月第2版　2025年1月第4次印刷
开　　本： 787 mm×1 092 mm　1/16　**印张：** 19　**字数：** 439千
书　　号： ISBN 978-7-113-30420-1
定　　价： 52.00元

前　言

随着计算机科学技术和应用技术的飞速发展，我国正掀起第四次信息技术普及的高潮：大力普及以人工智能为代表的新技术。高等学校计算机基础教育要传承计算文化、弘扬计算科学，更重要的是要培养大学生具备运用计算思维、利用计算机技术分析和解决各自专业领域问题的能力，以及自觉应用计算机持续学习的能力和创新能力。

依据教育部高等学校大学计算机课程教学指导委员会《大学计算机基础课程教学基本要求》，基于“新工科、新农科、新医科、新文科”思想和理念对高等学校学生知识结构和能力要求的变化，本书第一版将“计算思维”“技能应用”与以“人工智能”为代表的新技术相融合，采用“微课＋慕课”模式编写，为学生提供深入浅出的理论阐述、丰富经典的应用案例、扫码即得的在线资源。

本次修订，在保留第一版结构和编写思路的基础上，紧紧围绕贯彻落实党的二十大精神和《中华人民共和国国民经济和社会发展第十四个五年规划和 2035 年远景目标纲要》，新增了我国在 CPU、操作系统、数字经济、人工智能、量子计算机等领域的发展现状，将新理念、新知识、新技术融入教材；在软件国产化的大环境下，办公软件更新为 WPS Office，选取典型案例，结合案例步骤和微课视频，图文并茂，让学生“看得懂、学得进、用得着”。

全书分为 3 篇，共 12 章，各篇章内容如下：

第 1 篇介绍计算机文化与计算思维。引入“计算思维”理念，强调“符号化—计算化—自动化”的计算机本质，阐述机器程序的执行过程和操作系统的管理功能，描述“计算机问题求解”这一计算机科学的最基本方法。

第 2 篇介绍应用技能。选取典型案例，介绍 WPS 文字、WPS 表格、WPS 演示、Photoshop 图像处理软件、Premiere 视频编辑软件的基本知识和应用技巧。

第 3 篇介绍网络与新技术。阐述互联网基本知识，融合移动互联网、云计算、大数据、物联网等新一代信息技术，概要介绍人工智能的发展历史、概念、研究方法、主要应用领域，数字经济的概念、特征、作用、核心产业及典型案例，以及量子的概念、基本性质、量子计算机等。

本书配套的教材资源丰富，同时建设有配套的河南省精品在线开放课程。慕课视频、课件和随堂作业，微课视频、电子课件、案例素材和实训素材等资源，读者可以到中国大学 MOOC 平台网站观看或下载，网址为 https://www.icourse163.org/course/ZKNU-1465558169；微课视频、PPT 电子课件等资源，读者可以扫码观看或到中国铁道出版社网站免费下载，网址为 http://www.tdpress.com/51eds/。

本书适合作为高等院校大学计算机基础课程的教材，也可作为计算机技术培训用书和计算机爱好者的自学用书。

本书由周口师范学院大学计算机基础课程教学团队组织编写，李亚、李欢任主编，叶海琴、陈莹任副主编，廖利、许慧雅、陈劲松参与编写。具体编写分工如下：第1、6章由李欢编写，第2、11章由叶海琴编写，第3、4章由陈莹编写，第5章由陈劲松编写，第7、10章由廖利编写，第8、9章由许慧雅编写，第12章由李亚编写。李亚、李欢负责本书的组织和统稿工作，许慧雅负责本书参考资料、案例素材、视频等资源的收集整理工作。朱秀丽、张栋梁参与了教材资源建设。另外，珠海金山办公软件有限公司项目总监暨高级培训专家邓华参与了WPS Office办公软件内容的资源建设。

本书在编写过程中，参考了很多专家的著作资料，案例设计参考了全国计算机等级考试资料。本书得到了教育部产学合作协同育人项目（项目编号：230701701084424）的立项资助，得到了全国高等院校计算机基础教育研究会计算机基础教育教学研究项目（项目编号：2022-AFCEC-174）的立项资助，还得到了周口师范学院教务处和中国铁道出版社有限公司的大力支持，周口师范学院计算机科学与技术学院的领导和同事对教材的编写给予了热情的关怀和指导，在此一并致以衷心的感谢和深深的敬意！

由于编者水平有限，书中难免存在不妥和疏漏之处，恳请各位读者和专家批评指正！

编　者

2023年6月

目 录

第1篇 计算机文化与计算思维

第 2 篇 应用技能

第 3 篇　计算机网络与新技术

第 1 篇

计算机文化与计算思维

第1章 ›››计算机和计算思维

计算机在当今高速发展的信息社会中已经广泛应用到各个领域，已形成规模巨大的计算机产业，带动了全球范围的技术进步，掌握计算机的基础知识和应用已成为每个人的基本技能。计算思维是人类科学思维活动固有的组成部分，是计算机发展的必然产物，是推动社会文明进步和促进科技发展的三大手段之一，是现代人必须掌握的基本思维模式。

1.1 计算机概论

计算机是一种能高速、自动地按照预先设定的各种指令完成各种信息处理的电子设备。

1.1.1 计算机的发展

在漫长的文明发展过程中，人类用原始的结绳或刻痕来计算保存数字；采用十进制计数法和“位值”概念（数符位置不同，表示的值不同）进行记数；创造算筹[①]、算盘等工具（见图1.1）和九九乘法口诀、珠算[②]口诀实现数字的加、减、乘、除、开方等代数运算或更复杂的运算。

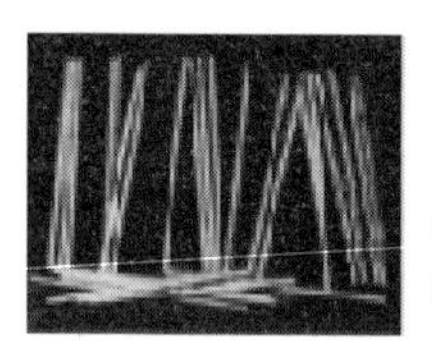

数字的算筹表示法

	1	2	3	4	5	6	7	8	9
纵式	𝍠	𝍡	𝍢	𝍣	𝍤	𝍥	𝍦	𝍧	𝍨
横式	𝍩	𝍪	𝍫	𝍬	𝍭	𝍮	𝍯	𝍰	𝍱

图1.1　古代计算工具：算筹和算盘

从17世纪开始，欧洲科学家兴起研究计算机器的热潮，把机械的动力应用到计算工具上。1642年，法国数学家、物理学家帕斯卡制造出第一台机械加法器Pascaline，实现了齿轮旋转自动进位方式的十进制加减法运算；1673年，德国数学家莱布尼茨在Pascaline基础上，设计制造了一种能演算加、减、乘、除和开方运算的机械手摇式计算器；1834年，英国数学家巴贝奇提出了制造自动化计算机的设想，引进了程序控制的概念，完成了能做数制运算和逻辑运算并且具有现代计算机概念的分析机设计方案。机械加法器Pascaline和机械手摇式计算器如图1.2所示。

---

① 我国著名数学家祖冲之借助算筹将圆周率计算到了小数点后7位，创造了当时世界最高精度。

② 珠算作为以算盘为工具进行数字计算的一种方法，被誉为中国的第五大发明，2013年被联合国教科文组织列入人类非物质文化遗产名录。

图 1.2 机械加法器 Pascaline 和机械手摇式计算器

1. 电子计算机的产生

(1) 图灵机

1936 年，英国科学家图灵发表了著名的《论数字计算在决断难题中的应用》论文，提出了一个对于计算可采用的通用机器的概念和理论模型，即图灵机模型，从理论上证明了制造通用计算机的可行性，为电子计算机的研制奠定了理论基础。

(2) 阿塔纳索夫-贝瑞计算机

阿塔纳索夫-贝瑞计算机（Atanasoff-Berry Computer，简称 ABC 机）（见图 1.3）由美国爱荷华州立大学的约翰·阿塔纳索夫教授和他的研究生克利福特·贝瑞于 1937—1941 年间设计并研制，于 1942 年成功测试，用于求解线性方程组。ABC 机开创了现代计算机的重要元素：二进制算术和电子开关，被国际计算机界公认为世界上第一台电子计算机①。

(3) 埃尼阿克

1946 年 2 月，美国宾夕法尼亚大学成功研制出了大型电子数字积分计算机（The Electronic Numerical Integrator And Calculator，ENIAC）埃尼阿克，如图 1.4 所示。这台计算机用于计算弹道轨迹，不能存储程序，采用十进制计数；重约 30 t，占地约 170 m^2，使用 18 800 多个电子管、1 500 个继电器，计算速度可达 5 000 次/s，功率为 150 kW。

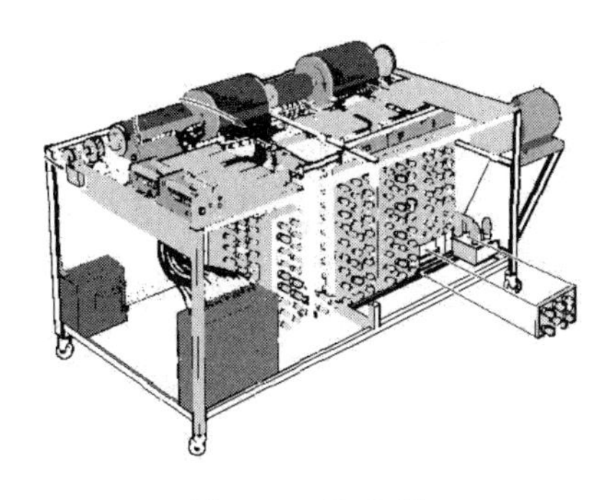

图 1.3 ABC 机

图 1.4 ENIAC

(4) EDVAC

1945 年，匈牙利数学家约翰·冯·诺依曼作为 ENIAC 研制小组顾问，针对 ENIAC 存在的问题，发表了一个全新的“存储程序通用电子计算机方案”——EDVAC（Electronic Discrete Variable Automatic Computer，离散变量自动电子计算机），起草了以“关于 EDVAC

① 约翰·阿塔纳索夫和克利福特·贝瑞的计算机工作直到 1960 年才被发现和广为人知，当时 ENIAC 普遍被认为是第一台现代意义上的计算机。1973 年，美国联邦地方法院注销了 ENIAC 的专利，并得出结论：ENIAC 的发明者从阿塔纳索夫那里继承了电子数字计算机的主要构件思想，因此，ABC 被认定为世界上第一台计算机。

的报告草案”为题的总结报告。此报告提出的“存储程序”和“采用二进制编码”思想、新型计算机五大组成部件和逻辑设计，成为沿用至今的计算机体系结构标准（即冯·诺依曼体系结构），采用这种体系结构设计的计算机称为“冯·诺依曼计算机”。

2．现代计算机的发展

按照计算机采用的电子元件不同，将其发展划分为电子管、晶体管、中小规模集成电路和大规模、超大规模集成电路四个阶段，如表 1.1 所示。

表 1.1　各代计算机比较

时　期	第一代	第二代	第三代	第四代
	1946—1957 年	1958—1964 年	1965—1970 年	1971 年至今
主要元件	电子管	晶体管	中小规模集成电路	大规模、超大规模集成电路
存储器	水银延迟线、纸带、卡片、磁带和磁鼓等	磁芯、磁盘、磁带	半导体存储器	半导体存储器、光盘等
运算速度	每秒几千次到几万次	每秒几万次到几十万次	每秒几百万次	每秒几千万次到几十亿次
软件	机器语言，无系统软件	开始出现高级语言（如 FORTRAN、ALGOL、COBOL），批处理系统	出现操作系统，提出了结构化程序的设计思想	软件配置丰富，获得巨大发展；程序设计部分自动化
应用领域	科学计算	科学计算、数据处理、实时控制	系统模拟、系统设计、智能模拟	巨型机用于尖端科技和军事工程，微型处理器和微型计算机用于日常生活各方面

1971 年末，世界上第一台微处理器和微型计算机问世，开创了微型计算机的新时代。

3．计算机的发展趋势

20 世纪 80 年代，已提出第五代计算机的概念：用超大规模集成电路和其他新型物理元件组成的，可以把采集、存储、处理、通信同人工智能结合在一起的智能计算机系统。这种计算机能理解人的语言、文字和图形，具有推理、联想、智能会话等功能，能直接处理声音、文字、图像等信息。已经投入研究的有超导计算机、光子计算机、量子计算机、生物计算机、纳米计算机、神经计算机、智能计算机等。

计算机的发展趋势将向着巨型化、微型化、多媒体化、网络化、智能化发展。未来计算机将打破计算机现有的体系结构。伴随着网络的进步，依据摩尔定律[①]和曼卡夫定律[②]，未来计算机的实现指日可待，将是计算机科学的又一次革命。

1.1.2　计算机的分类与特点

计算机产业发展迅速，技术、性能不断更新和提高，计算机种类不断分化，计算机

① 摩尔定律表述为：每 18～24 个月内每单位面积芯片的集成度翻一番。
② 曼卡夫定律表述为：任何通信网络的价值以网络内用户数的平方增长。

的分类方法也随着时间而改变。通常，计算机按用途分为专用计算机和通用计算机两类。例如，应用于军事、工业生产线、超市、银行等为解决某类专门问题而设计的计算机系统基本上都是专用计算机；教学、科研和家庭使用的适用面广的计算机系统都是通用计算机。

按照目前计算机产品的市场应用，计算机可以分为大型计算机、微型计算机和嵌入式计算机三大类，如图 1.5 所示。

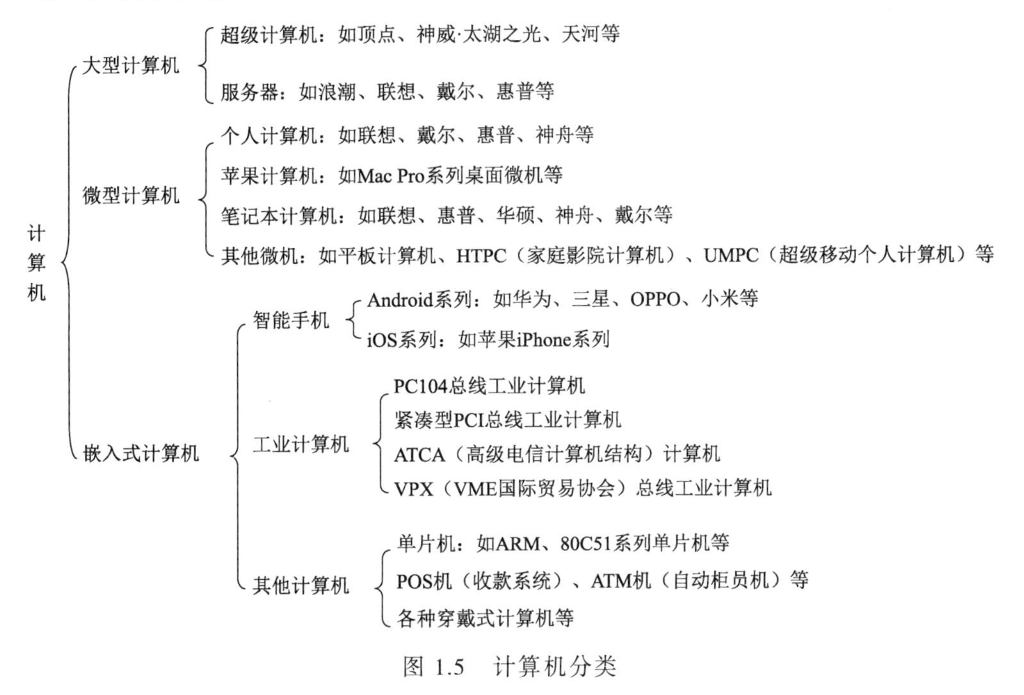

图 1.5　计算机分类

1．大型计算机

大型计算机主要指超级计算机，由成百上千甚至更多的服务器联网组成，是运行速度最快、处理能力最强、存储容量最大、体积最大的计算机。超级计算机是一个国家科技发展水平和综合国力的重要标志，主要用于军事、气象、地质、航空、汽车、化工等领域，如战略防御系统、航天测控系统、空间技术、大范围天气预报、石油勘测等大型项目。

2023 年 5 月，国际超级计算大会发布全球超级计算机 500 强（简称 TOP500）榜单和世界超级计算机存储系统排名（简称 IO500）总榜单，中国计算机及其团队都名列前茅。TOP500 榜单通常评估计算机的数值计算能力，截至 2023 年 5 月中国供应商制造的超级计算机数量连续 9 次市场份额位居全球第一，其中“神威·太湖之光”（见图 1.6）、“天河二号”位列世界超算第 7 名和第 10 名。IO500 榜单则主要评估存储系统的输入输出速度，2023 年 5 月中国计算机团队在 IO500 榜单包括“总榜单”和“10 节点”榜单两类排行榜都名列第一，并且囊括总榜单前三名，前 10 名中占据 7 位。

2．微型计算机

微型计算机体积较小，价格便宜，通用性较强，易用性好。日常使用的台式计算机、一体机、笔记本计算机、平板计算机等都是微型计算机。微型计算机已经广泛应用于科研、办公、学习、娱乐等社会生活的方方面面，是发展最快、应用最普及的计算机。

图 1.6　神威·太湖之光超级计算机

3. 嵌入式计算机

嵌入式计算机指嵌入对象体系中，实现对象体系智能化控制的专用计算机系统。它以应用为中心，以计算机技术为基础，软硬件可根据需要进行裁剪，以适用于嵌入对象的功能、性能、可靠性、成本、体积等特殊要求。例如，能自由安装各种应用软件实现移动计算的智能手机、智能家居控制器、车载控制设备。日常生活中使用的电饭煲、电冰箱、空调、全自动洗衣机等都采用了嵌入式计算机。

计算机之所以能得到飞速发展，是因为自身具有以下特点：高速、精确的运算能力，强大的存储能力，准确的逻辑判断能力，自动功能，网络与通信能力。

1.2　计算思维

1.2.1　计算思维的概念

在人类历史中，人类一直在进行着认识和理解自然界的活动。几千年前，人类主要以观察或实验为依据，经验地描述自然现象。随着科学的发展和进步，人类开始对观测到的自然现象进行假设，然后构造模型进行理解，再经过大量实例验证模型的一般性后，对新的自然现象就可以用模型进行解释和预测了。近几十年来，随着计算机的出现以及计算机科学的发展，派生出了基于计算的研究方法，通过数据采集、软件处理、结果分析与统计，用计算机辅助分析复杂现象。可以看到，人类历史上对自然的认识和理解经历了经验的、理论的和计算的三个阶段，目前正处在计算阶段。

推动人类文明进步和科技发展的三大科学是实验科学、理论科学和计算科学，与之对应的三大科学思维是实验思维（Experimental Thinking）、理论思维（Theoretical Thinking）和计算思维（Computational Thinking）。其中，实验思维又称实证思维，以观察和总结自然规律为特征（以物理学科为代表）；理论思维又称逻辑思维，是以推理和演绎为特征的推理思维（以数学学科为代表）；计算思维又称构造思维，以设计和构造为特征（以计算机学科为代表）。

人类通过思考自身的计算手段和计算方法，研究是否能由外部机器模拟代替人类实现计算的过程，从而诞生了现代电子计算机，并且在不断的科技进步和发展中产生了人工智能，致力于用外部机器模仿和实现人类的智能活动。与此同时，计算机在不断强大和普及的过程中，反过来对人类的学习、工作和生活都产生了深远的影响，同时也大大增强了人类的思维能力和认识能力。

例如，求函数 $f(x)$在区间上的积分，通常有两种方法：一种是牛顿-莱布尼茨公式，需要先求出 $f(x)$的原函数 $F(x)$，然后再计算 $F(x)$在区间$[a,b]$上的值；另一种是黎曼积分，先对区间$[a,b]$进行 n 等分，然后计算各小矩形的面积之和。在高等数学中通常使用牛顿-莱布尼茨公式，因为黎曼积分的计算量太大了。但是在计算机中，通常使用黎曼积分的方法，因为不同的 $f(x)$求原函数的方法是不同的，而且不是所有的 $f(x)$都能够找到原函数。

可以看出，在求任一函数 $f(x)$在区间上的积分，使用黎曼积分更加准确，但是这种方法是需要有像现代电子计算机这样的计算工具来实现的。这也很好地说明："我们所使用的工具影响着我们的思维方式和思维习惯，从而也将深刻地影响着我们的思维能力"。计算思维就是相关学者在审视计算机科学所蕴含的思想和方法时被挖掘出来的，是计算时代的产物，应当成为这个时代中每个人都具备的一种基本能力。

2006 年 3 月，美国卡内基梅隆大学计算机系的周以真教授在美国计算机权威杂志 *Communication of ACM* 上发表了一篇题为《计算思维》的论文，明确提出了计算思维的概念：计算思维是运用计算（机）科学的基础概念去求解问题、设计系统和理解人类行为的一系列思维活动的统称。周以真教授也认为，计算思维是所有人都应具备的如同 3R（读、写、算）能力一样的基本思维能力，成为适合于每一个人的"一种普遍的认识和一类普适的技能"。计算思维建立在计算过程的能力和限制之上，由人或机器执行。

2011 年，国际教育技术协会（ISTE）和计算机科学教师协会（CSTA）给计算思维做了一个具有可操作性的定义，即计算思维是一个问题解决的过程，该过程包括以下特点：

① 拟定问题，并能够借助计算机和其他工具的帮助来解决问题。

② 要符合逻辑地组织和分析数据。

③ 能通过抽象、模拟或仿真再现数据。

④ 通过算法思想（一系列有序的步骤），能支持自动化的解决方案。

⑤ 分析可能的解决方案，找到最有效的方案。

⑥ 将该问题的求解过程进行推广，并移植到更广泛的问题中。

1.2.2 计算思维的本质和特征

周以真教授认为计算思维的内容本质是抽象和自动化，以设计和构造为特征。

计算思维的本质是"两个 A"——抽象（Abstraction）和自动化（Automation）。前者对应着建模，后者对应着模拟。抽象就是忽略一个主题中与当前问题（或目标）无关的方面，以便更充分地注意与当前问题（或目标）有关的方面。在计算机科学中，抽象是一种被广泛使用的思维方法。计算思维中的抽象完全超越物理的时空观，并完全用符号来表示，最终目的是能够机械地一步一步自动执行抽象出来的模型，以求解问题、设计系统和理解人类行为。计算思维的"两个 A"反映了计算的根本问题，即什么能被有效地自动执行。

18世纪在哥尼斯堡城中的普莱格尔河上有7座桥连接着城市各部分，人们发出疑问：从家里出去散步，能够恰好通过每座桥一次，再返回家中吗？这就是著名的七桥问题。瑞士数学家欧拉，将陆地抽象为一个点，用连接两个点的线段表示桥梁，将该问题抽象成点、线连接的数学问题，并证实：满足这种要求的走法根本不存在，如图1.7所示。七桥问题的解决过程体现了计算思维的抽象本质。

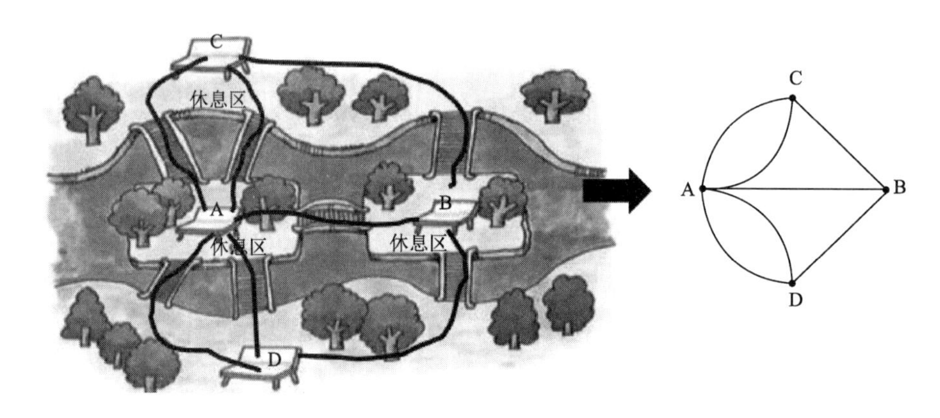

图1.7　七桥问题

在咖啡店，物品的摆放通常从左至右分别是杯盖、杯子、咖啡、糖、牛奶、水壶。如果想制作一杯咖啡，行动轨迹是先取杯子，然后加入咖啡、糖、牛奶、水，再返回来，盖上杯盖。这条路径很低效，需要折返取杯盖。如果将杯盖放到水壶的右侧，构成“杯子→咖啡→糖→牛奶→水壶→杯盖”的流水线，这虽然不符合日常逻辑和行为习惯，但是从工程的角度来说是最高效的方法，如图1.8所示。制作咖啡问题的解决过程体现了计算思维的自动化本质。

图1.8　制作咖啡问题

计算思维的抽象有不同的抽象层次，对应不同程度的问题。为了确保机械的自动化，需要在抽象过程中进行精确和严格的符号标记和建模，要求计算机系统或软件系统生产

厂家能够向公众提供各种不同抽象层次之间的翻译工具；还要考虑抽象在现实世界中自动化实施的限制，也就是计算机的执行限制。例如，当有限的内存控件无法容纳复杂问题中的海浪数据时，需要使用缓冲方法来分批处理数据；当程序运行时，还需要能够处理类似磁盘满、服务没有响应等异常情况，如图 1.9 所示。

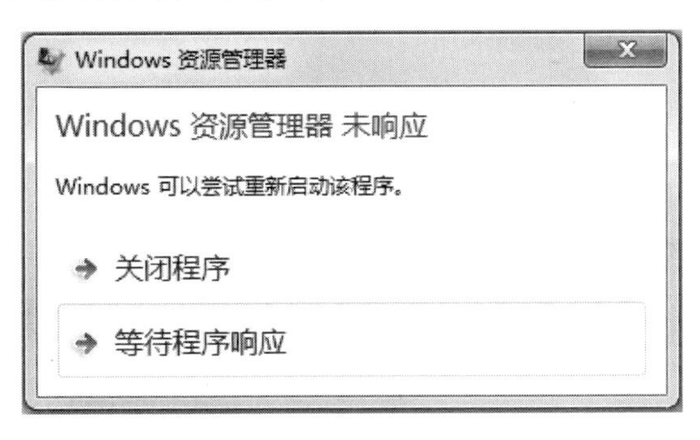

图 1.9 服务未响应

周以真教授同时给出了计算思维的基本特征：

① 概念化，不是程序化。计算机科学不是计算机编程，它要求能够在抽象的多个层次上进行思维。计算思维的重点是得出解决问题的方法和步骤，而不会涉及具体的编写程序。

② 根本的，不是刻板的技能。根本技能是每一个人为了在现代社会中发挥职能所必须掌握的；刻板技能意味着机械地重复。计算思维是所有人都应具备的如同读写算能力一样的基本思维能力。

③ 是人的，不是计算机的思维方式。AlphaGo 战胜了多名围棋大师，并不是机器具有思维，而是人类赋予了机器具有人的思维。计算思维是人类求解问题的一条途径，它的重点是如何用计算机帮助人们解决问题，而不是要人像计算机那样枯燥沉闷地思考。

④ 数学思维与工程思维的互补和融合。用计算思维解决问题时，需要将问题抽象为可计算的数学问题。在运用计算思维设计大型复杂系统时，需要考虑效率、可靠性、自动化、系统的代价与受益等问题，这些都是工程思维中非常重要的东西。

⑤ 是思想，不是人造物。软件、硬件等人造物以物理形式呈现在人们周围并时刻影响着人们的生活；计算思维体现的是一种人们用以求解问题、管理日常生活、与他人交流和互动的与计算有关的思想，计算的概念无处不在。

⑥ 面向所有人，所有地方。当计算思维真正融入人类活动，以至于不再表现为一种显式哲学时，就会成为人类特有的思想，人人都可以通过学习和实践来培养，处处都会被使用。

1.2.3 计算机问题求解

从初期的图灵机模型到沿用至今的冯•诺依曼计算机体系结构，计算机都是为了实现计算而设计构建的。

计算思维的本质是抽象和自动化，核心是基于计算模型（环境）和约束的问题求解；计算机科学是利用抽象思维研究计算模型、设计计算系统以及利用计算系统进行信息处理、工程应用等，其特征是基于特定计算环境的问题求解。因此，计算机问题求解是以计算机为工具、利用计算思维解决实际问题的实践活动。

从计算机解决问题的角度，可以将问题求解方法归为三大类：直接使用计算机软件解决问题，编写程序解决问题，通过系统设计和多种环境支持解决问题。

1. 直接使用计算机软件解决问题

日常很多问题都有专门的应用软件来解决。例如，使用画图工具绘制一幅简单的图画；使用计算器工具完成各种日常计算；使用办公软件撰写一篇阅读报告、制作一份学生成绩单、制作一份图文声像并茂的演示文稿用于演讲比赛；使用图像处理软件Photoshop处理照片；使用视频编辑软件Premiere制作微视频；使用金山词霸完成英语翻译作业；使用360杀毒软件查杀计算机病毒；使用360安全卫士对计算机系统进行实时防护和修复等。

直接使用计算机软件解决问题很方便，但是也有局限性。软件是定制好的产品，其功能是确定的，用户使用软件能解决的问题必须在该软件已有的功能范围内，不能解决超出范围的问题。

2. 编写程序解决问题

针对那些使用应用软件无法解决的问题，可以自己编写程序来解决。例如，用计算机来解决数学中的计算问题，是计算机最常见的一种应用，大部分数学计算问题都需要编写专门的程序来解决。

例如，编写程序求解1～100之间的素数并分行显示，要求每行显示5个素数。

素数，即质数，是只能被1和自身整除的数，如2、3、5、7、11、……

求解上述素数问题的C语言参考程序及运行结果如图1.10所示。

```
#include<stdio.h>
void main()
{
        int flag,i,k,count=0;
        for(k=2;k<=100;k++)
        {
                flag=1;
                for(i=2;i<=sqrt(k);i++)
                        if(k%i==0)
                        {
                                flag=0;
                                break;
                        }
                if(flag==1)
                {
                        printf("%4d",k);
                        count++;
                        if(count%5==0)
                        printf("\n");
                }
        }
}
```

```
D:\素数.exe
   2   3   5   7  11
  13  17  19  23  29
  31  37  41  43  47
  53  59  61  67  71
  73  79  83  89  97
--------------------------------
Process exited after 3.121 seconds with return value 0
请按任意键继续. . .
```

图 1.10　1～100之间的素数求解

3. 通过系统设计和多种环境支持解决问题

还有许多问题既不是计算机软件能解决的，也不是单纯的计算机程序能解决的。如今，计算环境从单机进入了网络化时代，计算环境演化过程如图1.11所示。

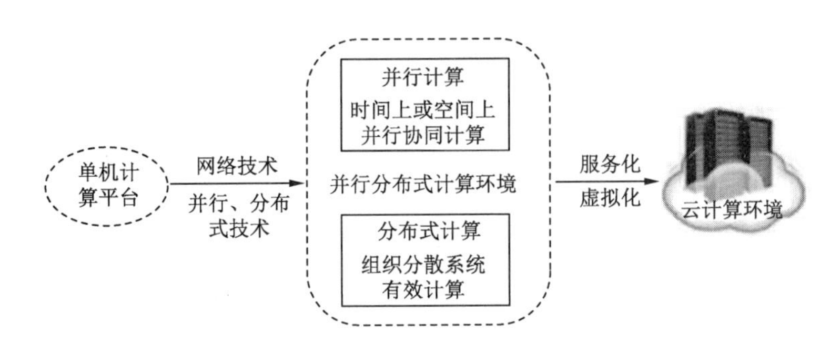

图 1.11　计算环境演化过程

为了满足日益增长的大规模科学和工程计算、事务处理和商业计算的需求，人们通过并行计算技术将求解的问题分解成若干个部分，各部分均有一个独立的处理器，多个处理器并行协同工作，同时使用多种计算资源解决问题；还可以把一个需要非常巨大计算能力的问题分成许多小的部分，分配给网络上的许多计算机进行处理，最后把这些计算结果综合起来得到最终结果，这就是分布式计算。

云计算在并行计算及分布式计算的基础上加入了服务化和虚拟化概念，将计算任务分布在大量计算机构成的资源池上，使各种应用系统能够根据需要获得计算能力、存储空间和信息服务。

并行、分布式、云计算环境极大地提高和扩展了计算机的计算能力、存储和管理数据的能力，使得计算变得无所不能。

例如，GIMPS（Great Internet Mersenne Prime Search，因特网梅森素数搜索）项目，20 世纪 90 年代发起的用于寻找梅森素数：2^n-1 形式的素数。

该项目采取分布式网格计算技术，吸引了全世界 160 多个国家和地区的近 16 万人参与，动用了 30 多万台计算机联网来进行网格计算，是全世界第一个基于互联网的分布式计算项目。2018 年 12 月 7 日，GIMPS 项目宣布发现第 51 个梅森素数：$2^{82\ 589\ 933}-1$，有 24 862 048 位，是已知最大的素数。至今，GIMPS 项目共找到 17 个梅森素数。

GIMPS 项目的开展，说明大规模问题、复杂问题的求解需要多种系统平台支持（硬件、软件、网络等），是系统工程。计算机技术和网络技术发展至今，对于微电子工程、生命工程、医学工程、化学工程以及所有科学研究而言，都有不同规模的计算机应用系统架构来解决该专业领域的问题。

1.3　计算机和计算思维的应用

目前，社会已发展到信息化与智能化阶段，呈现出计算（机）与社会、自然以及各学科深度融合的趋势。计算机以其卓越的性能和强大的生命力，在科学技术、国民经济、社会生活等各个方面得到了广泛的应用，深刻改变着人们的工作和生活方式。计算思维，是一种解决问题的方法体系，不仅体现在人们工作、学习、生活的方方面面，也与物理、生物、化学、经济、社会、医学等多种学科相融合，将多年来计算机学科所形成的解决问题的思维模式和方法渗透到各学科，各学科的高端研究正由传统的学科问题向体现“自动化/计算化→网络化→智能化”的学科问题发展。

1.3.1 计算机的应用

1. 科学计算

科学计算是指利用计算机来完成科学研究和工程技术中提出的数学问题。计算机具有高速计算、大存储容量和连续运算的能力，可以实现人工难以解决的各种科学计算问题。例如，在高能物理方面的分子、原子结构分析，可控热核反应的研究，地球物理方面的气象预报、水文预报、大气环境的研究，在宇宙空间探索方面的人造卫星轨道计算、宇宙飞船的研制和制导等，如图 1.12 所示。

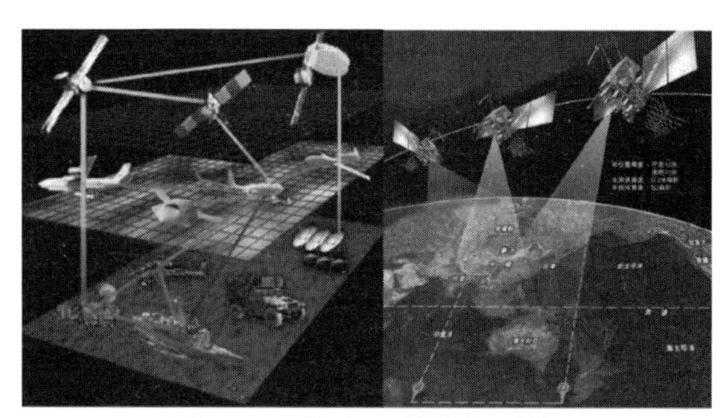

图 1.12 北斗卫星导航系统

2. 信息处理

信息处理是目前计算机应用最广泛的领域之一。信息处理是指用计算机对各种形式的信息（文字、图像、声音等）进行收集、存储、加工、分析和传送的过程。当今社会，计算机用于信息处理，对办公自动化、管理自动化乃至社会信息化都有积极的促进作用，如图 1.13 所示。

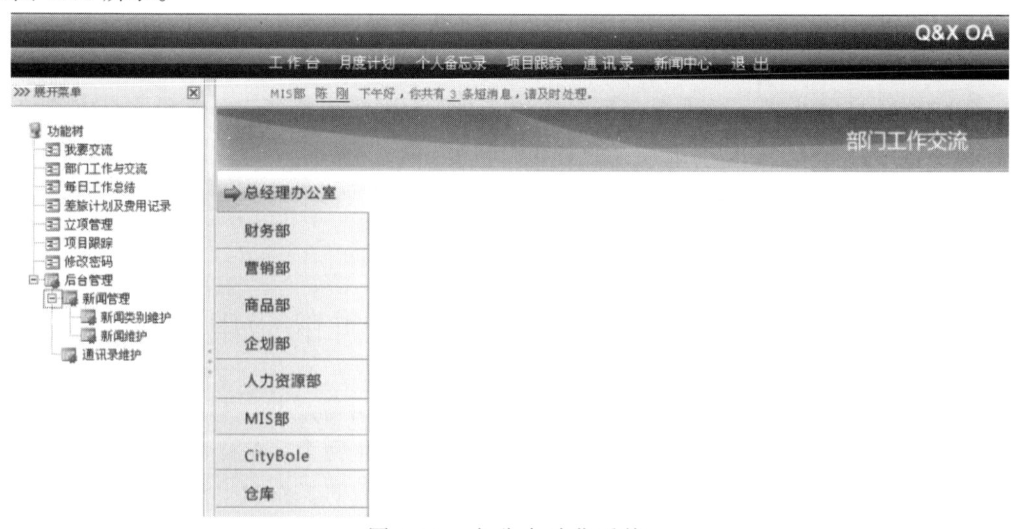

图 1.13 办公自动化系统

3. 自动控制

自动控制是指在没有人直接参与的情况下，利用计算机与其他设备连接，使机器、设备或生产过程自动地按照预定的规则运行。计算机之所以能够自动控制其他设备，是因为人事先给计算机编制了相应的控制程序，利用计算机程序能够自动工作的特性，使计算机可以完全代替人工自动完成人们要求的各项工作，如图 1.14 所示。

图 1.14 数字化生产线、物流自动化系统

4. 计算机辅助系统

计算机辅助系统是指借助计算机能够进行计算、逻辑判断和分析的能力，帮助人们从多种方案中择优，辅助人们实现各种设计工作。常见的计算机辅助系统有计算机辅助设计（CAD）、计算机辅助制造（CAM）、计算机辅助教学（CAI）和计算机辅助测试（CAT），如图 1.15 所示。

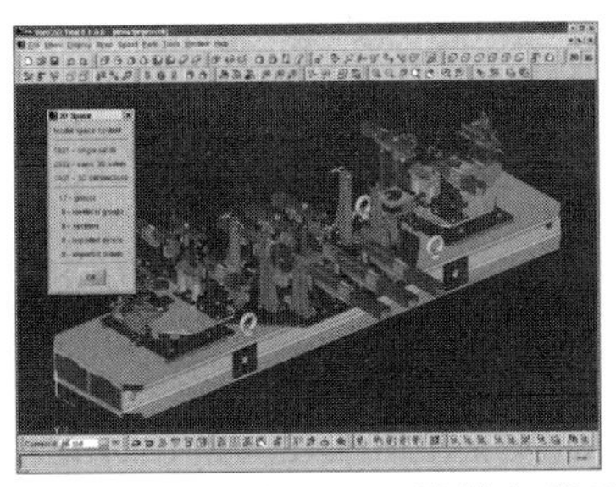

图 1.15 计算机辅助设计和计算机辅助制造

5. 人工智能

人工智能又称智能模拟，是指利用计算机系统模仿人类的感知、思维、推理等智能活动，是计算机智能的高级功能。人工智能研究和应用的领域包括模式识别、自然语言理解与生成、专家系统、自动程序设计、定理证明、联想与思维的机理、数据智能检索等，如图 1.16 所示。

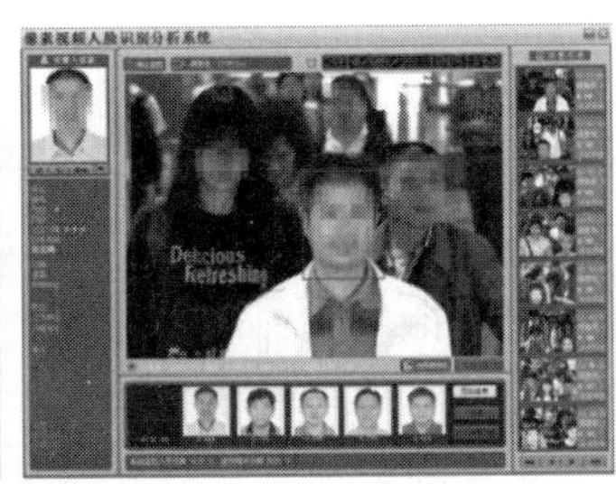
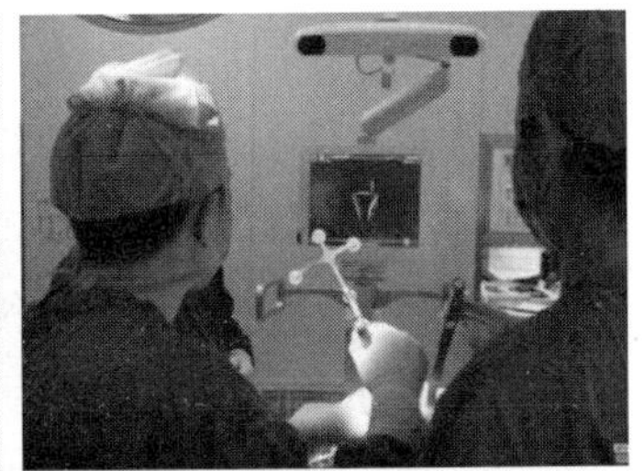

图 1.16 VR 虚拟现实系统、人脸识别分析系统和计算机导航系统完成关节置换手术

6．网络应用

计算机网络技术与现代通信技术的结合构成了计算机网络。计算机网络的建立，使得各个计算机不再孤立，由此大大扩充了计算机的应用范围。比如，借助网络互相传送数据、网络聊天、下载文件等，极大地缩短了人与人之间的“距离”，如图 1.17 所示。

图 1.17　远程诊疗系统和远程网络监控系统

1.3.2　计算思维的应用

1．计算思维无处不在

最短路径问题。如果你是快递员，你会怎样派送快递包裹？快递员肯定不会随意投递，一般会根据包裹所派送的地址范围、街道、小区等，规划好自己的派送路线，寻找出最短路径进行派送。

索引技术。在快递站取包裹，根据取件编号进行分区快速找到包裹。

背包问题。比如有一辆卡车运送物品到外地，能带走的物品有四种，每种物品的重量不同，价值不同，由于卡车能运送的重量有限，不能把所有物品都拿走，那么如何才能让卡车运走的物品价值最高呢？可以把所有物品的组合列出来，寻找卡车能装下的组合，并且找出这些组合中价值最高的那个，就选择出了卡车运送方案。

回溯法。人们在路上遗失了东西会沿原路往回走寻找，或者在一个岔路口选择一条分路走下去，发现此路不通到目的地，会原路返回再到岔路口选择另一条分路。

预置和缓存。学生会提前将要用的教材书本等放入书包，而且会根据课表只把当天要用的书本放入书包。

比如按照菜谱做菜，菜谱会将菜的烹饪方法按步骤罗列，这可以看做算法的典型代表。菜谱中的“勾芡”步骤，可以看做模块化，它本身代表着“放淀粉，加水，搅拌，倒入菜中”这样的一个操作序列。人们在等待一个菜煮好的时候，会将另一个菜洗净切好，这是并发。

2．计算化学

计算化学应用已有的计算机程序和方法对特定的化学问题进行研究，主要目标是利用有效的数学近似以及计算机程序计算分子的性质，用以解释一些具体的化学问题，是计算机科学与化学的交叉学科。它包括研究原子和分子的计算机表述，利用计算机协助存储和搜索化学信息数据，研究化学结构与性质之间的关系，根据对作用力模拟对化学结构进行理论阐释，计算机辅助化合物合成，计算机辅助特性分子设计（如计算机辅助药物设计）等子学科领域，如图 1.18 所示。

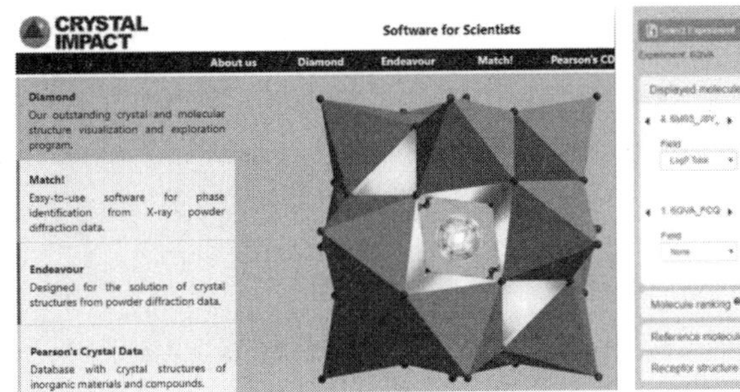

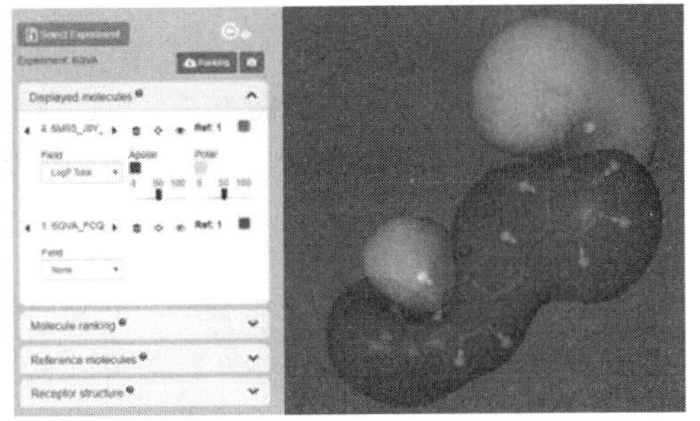

图 1.18　晶体结构可视化软件、计算机辅助药物设计

3. 计算物理

顾名思义，计算物理就是用计算机去研究物理。计算物理学是研究如何使用数值方法分析可以量化的物理学问题的学科，结合了实验物理和理论物理学的成果，是人类认识自然界的新方法。

计算物理常用软件主要为 MATLAB、Mathematica 和 Maple 等数值计算软件，应用在物理学不同领域，例如，加速器物理学、天体物理学、流体力学（如计算流体力学）、晶体场理论/格点规范理论（如格点量子色动力学）、等离子体（如等离子体模拟）、模拟物理系统、蛋白质结构预测、固体物理学、软物质等，是现代物理学研究的重要组成部分，如图 1.19 所示。

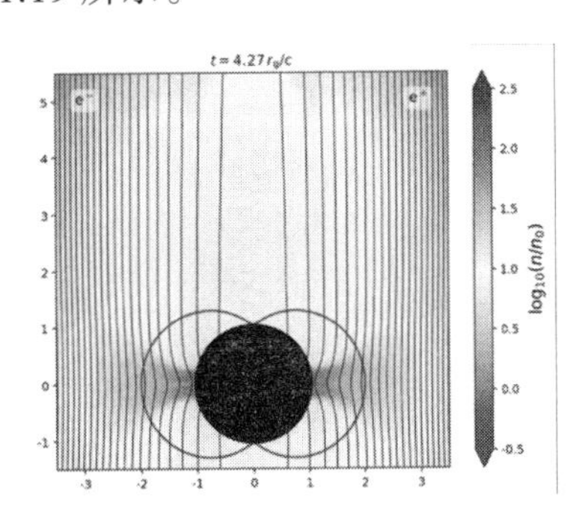

图 1.19　等离子体模拟和相对论重离子对撞机模拟 140 亿年前的早期宇宙

4. 生物计算和生物信息学

生物计算是指利用生物系统固有的信息处理机理而研究开发的一种新的计算模式，主要应用领域为生物信息学。生物信息学研究生物信息的采集、处理、存储、传播、分析和解释等各个方面，它通过综合数学、计算机科学与工程和生物学的工具与技术揭示大量且复杂的生物数据所赋有的生物学奥秘，目标就是要发展和利用先进的计算技术解决生物学难题。

生物信息学所涉及的计算技术至少包括机器学习（Machine Learning）、模式识别（Pattern Recognition）、知识重现（Knowledge Representation）、数据库、组合学（Combinatorics）、随机模型（Stochastic Modeling）、字符串和图形算法、语言学方法、机器人学（Robotics）、局限条件下的最适推演（Constraint Satisfaction）和并行计算等。其生物学方面的研究对象覆盖了分子结构、基因组学、分子序列分析、进化和种系发生、代谢途径、调节网络等方面，如图 1.20 所示。

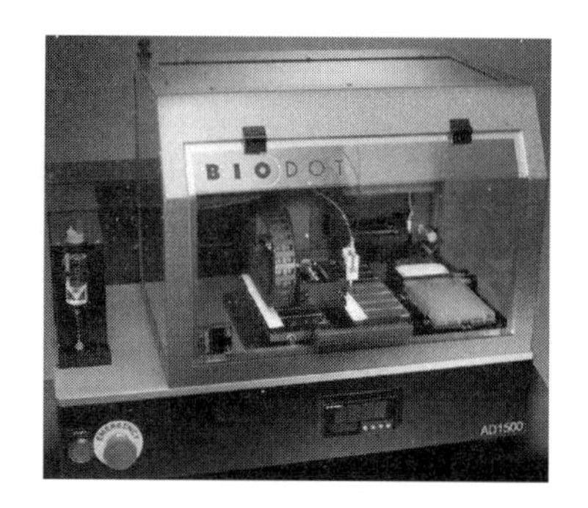

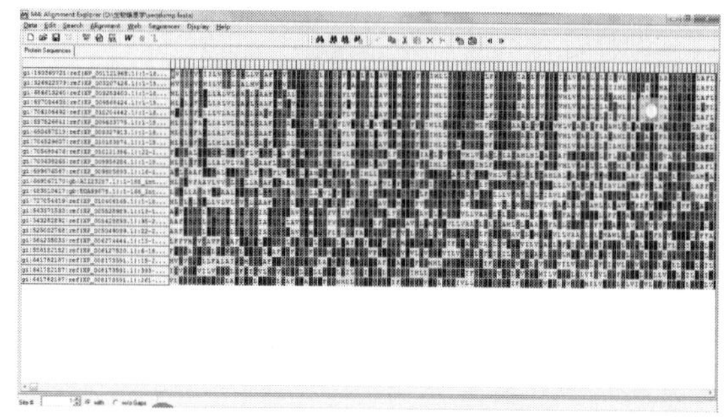

图 1.20　全自动基因芯片检测系统和多序列比对与分子进化分析

5. 人文社科

社会科学家利用计算思维对社会科学内容进行研究，将计算机科学家解决问题的基本思路与方法用来研究人文社科等领域的内容。其不仅将计算思维作为工具，而且在思想与方法论层面与人文社科领域融合，解决更加复杂的问题，解释更加深刻的现象。

例如，历史学方面的基于 GIS（Geographic Information System，地理信息系统）的历史地理可视化，文学方面的文本挖掘与 TEI（Text Encoding Initiative，文本编码倡议）标准，语言学方面的基于大型语料库的语料库语言学，舞蹈方面的视频捕捉、运动分析与虚拟现实再现，考古学方面的图像分析、色彩还原和数字重建，数字图书馆、博物馆和网络数据库，心理学方面的情感计算及表情识别与人脸运动编码系统等，这些都是人文社科各领域与计算思维和计算机科学交叉融合的研究应用成果，如图 1.21 所示。

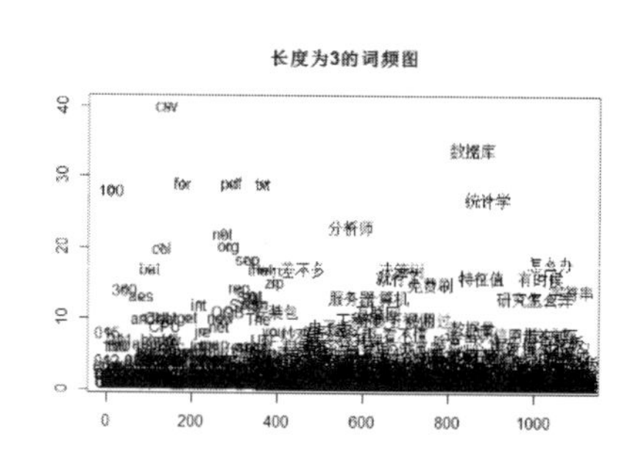

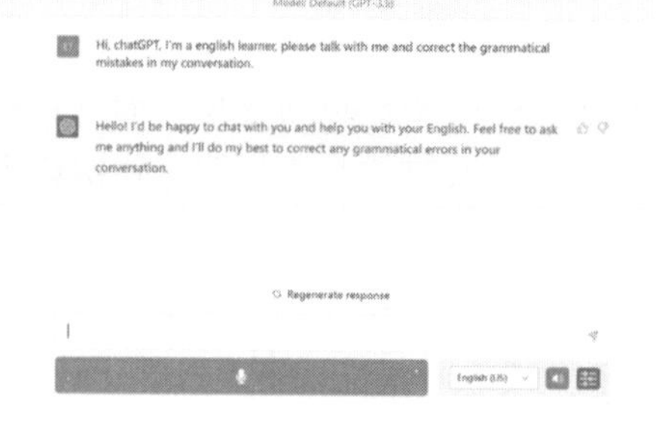

图 1.21　地理空间可视化平台、文本挖掘数据分析、ChatGPT 聊天机器人程序、三维动作捕捉技术、圆明园方壶胜境数字重建、数字图书馆

图 1.21　地理空间可视化平台、文本挖掘数据分析、ChatGPT 聊天机器人程序、三维动作捕捉技术、圆明园方壶胜境数字重建、数字图书馆（续）

1.4　国内计算机领域的杰出人物

1．张效祥

张效祥（1918 年 6 月 26 日—2015 年 10 月 22 日），浙江海宁人，计算机专家，中国科学院学部委员（院士），国家最高科学技术奖获得者，是中国计算机事业的创始人之一，为中国计算机事业的创建、开拓和发展做出了卓越贡献。

20 世纪 50 年代末，张效祥主持研制成功中国第一台大型通用电子计算机——104 机。此后，先后组织领导参加了中国自行设计的电子管、晶体管到大规模集成电路各代计算机的研制。

20 世纪 70 年代中期，张效祥领导参与开展多处理并行计算机系统的探索与研制工作，1985 年研制成功中国第一台亿次巨型并行计算机系统，为我国多机并行巨型机的自主研制开拓了新的技术途径，提供了宝贵经验。

由于在计算机领域的突出贡献，张效祥先后荣获国家科技进步特等奖和军队科技进步一等奖等，1991 年当选为中国科学院学部委员（院士）。

2．夏培肃

夏培肃（1923 年 7 月 28 日—2014 年 8 月 27 日），四川江津人，计算机专家，中国科学院院士，是我国计算机事业的奠基人之一，被誉为“中国计算机之母”。

20 世纪 50 年代，夏培肃设计试制成功中国第一台自行设计的通用电子数字计算机（107 机）；从 60 年代开始，在高速计算机的研究和设计方面做出了系统的创造性的成果，解决了数字信号在大型高速计算机中传输的关键问题。她负责设计研制的高速阵列处理机使石油勘探中的常规地震资料处理速度提高了 10 倍以上。她提出了最大时间差流水线设计原则，根据这个原则设计的向量处理机的运算速度比当时国内向量处理机快 4 倍；她负责设计、研制成功多台不同类型的并行计算机。

2014 年，中国计算机学会设立了中国计算机学会夏培肃奖，以此纪念她在中国计算机发展史上做出的伟大贡献，并奖励在计算机领域做出杰出贡献的女性科研工作者。

3．魏道政

魏道政（1929年7月—2022年11月26日），浙江诸暨人，1953年毕业于复旦大学数学系，计算机专家、中国科学院计算技术研究所研究员、博士生导师，曾任中国科学院成都计算机应用研究所所长、中国科学院计算技术研究所CAD开放研究实验室学术委员会主任，是我国最早从事计算数学和计算机应用研究的学者之一，也是中国计算机辅助设计、辅助测试和容错计算领域的主要开拓者之一。

20世纪70年代初期，他利用布尔差分法在计算机上自动产生了013机大量插件的测试码，使国内首次成功实现了计算机插件的自动测试。此后，他在实践基础上提出的测试产生算法——主路径敏化法，发展和统一了当时国际上著名的“D-算法”和“布尔差分法”，显著提高了计算效率，对于电子测试技术领域具有里程碑意义。

由于为中国计算机事业的发展做出了卓越贡献，魏道政先后于1982年荣获第二届国家自然科学奖，2016年荣获CCF（中国计算机学会）奖励委员会授予的“中国计算机事业60年杰出贡献特别奖”，2019年荣获“CCF终身成就奖”。

4．倪光南

倪光南（1939年8月1日—　），浙江宁波人，计算机专家，中国工程院院士，中国科学院计算技术研究所研究员，国家最高科学技术奖获得者，是我国最早从事汉字信息处理和模式识别研究的学者之一。他提出并实现了在汉字输入中应用联想功能，并主持开发了联想式汉字系统，较好地解决了汉字处理的一系列技术问题。

1968年，倪光南研制出我国第一台汉字显示器；1979年，研发出基于图形处理原理的汉字系统，实现了计算机读懂、处理汉字，是中国计算机发展过程极具历史意义的时刻。

1984年初，倪光南带领团队研发出新型“LX-80联想式汉字图形微机系统”，加速了八十年代开始的中国计算机在民用领域的推广。

倪光南始终坚持，中国应当通过自主创新，掌握操作系统、CPU等核心技术。从1999年起，他积极支持开源软件，促进建立中国自主完整的软件产业体系。他秉承核心技术不能受制于人的信念，推动中国智能终端操作系统产业联盟的工作，为中国计算机事业的发展做出了贡献。

5．王选

王选（1937年2月5日—2006年2月13日），江苏无锡人，计算机文字信息处理专家，中国科学院学部委员、中国工程院院士，国家最高科学技术奖获得者，是计算机汉字激光照排技术创始人。

1975年以前，王选从事计算机逻辑设计、体系结构和高级语言编译系统等方面的研究。

1979年，王选主持研制成功汉字激光照排系统的主体工程，从激光照排机上输出了一张八开报纸底片。1981年后，王选主持研制成功的汉字激光照排系统、方正彩色出版系统相继推出并得到大规模应用，实现了中国出版印刷行业“告别铅与火、迈入光与电”的技术革命，为新闻、出版全过程的计算机化奠定了基础，成为中国自主创新和用高新技术改造传统行业的杰出典范。

中国汉字激光照排系统，使我国传统出版印刷行业仅用了短短数年时间，从铅字排版直接跨越到激光照排，走完了西方几十年才完成的技术改造道路，被公认为毕昇发明活字印刷术后“汉字印刷术的第二次发明”。

6. 求伯君

求伯君（1964 年 11 月 26 日— ），浙江绍兴人，金山软件创始人，WPS 之父，有“中国第一程序员”之称。

1988 年，求伯君进入金山公司。历时 1 年 4 个月，至 1989 年 9 月，求伯君独自写下 122 000 行代码，完成当前办公软件 WPS 的原始版本，即 WPS 1.0。第一代 WPS 问世仅一年，就积累了 2000 万用户，在未来 6 年里创下了销量、普及率全国第一的纪录。

1995 年，美国微软公司进入中国市场，对金山公司的 WPS 发起攻击。随着收购金山和高薪挖人计划的失败，微软以计算机都安装了微软 Windows 操作系统为由，提出与 WPS 进行格式共享，还保证不会动金山的市场份额，金山公司迫于市场压力，答应格式共享。但是，微软没有履行诺言，在和 WPS 进行格式共享之后，选择兼容了 Word 文档，导致中国的用户转移到了 Windows 下的 Office，金山公司遭到重创。

1997 年，求伯君带领团队研发推出金山新版 WPS 97，公开挑战微软，大获全胜，成为民族软件崛起的象征。微软选择以 Office 产品全部降价一半来打压 WPS。求伯君继续带领团队，耗时 3 年重写 500 多万行代码，研发推出 WPS 2005。

金山公司一直都在持续优化 WPS，WPS 也获得了越来越多国人的认可。时至今日，WPS 仍是在基础软件上，能与微软一较高下的软件。

小　结

计算思维是人类思维与计算机能力的综合。计算思维促进了计算机科学的发展和创新，计算机科学推动了计算思维的研究和应用。在了解计算机和计算思维的相关概念以及广泛应用的基础上，创新人才应该将专业问题转换为计算机可以处理的形式，学会使用计算思维的基本原则、基本手段和方法处理问题，将计算思维的基本准则用于自身理想和品格的塑造。

实　训

实训 1　计算机和计算思维基础知识 1

1. 实训目的

① 了解计算机的定义、发展。

② 理解计算机的常见分类和特点。

③ 了解计算思维的概念、本质和特征。

2. 实训内容

完成下面理论知识题:

① 被国际计算机界公认为世界第一台电子计算机的是（　　）。

A. 图灵机　　B. ABC 机
C. ENIAC　　D. EDVAC

② 以下（　　）选项不是第四代计算机的组成和特点。

A. 使用半导体存储器　　B. 运算速度每秒达几千万次以上
C. 应用于社会各领域　　D. 提出了结构化程序思想

③ 第三代计算机使用的主要元件是（　　）。

A. 晶体管　　B. 中小规模集成电路
C. 电子管　　D. 大规模、超大规模集成电路

④ 计算机的发展趋势是（　　）。

A. 巨型化和网络化　　B. 微型化和多媒体化
C. 智能化和网络化　　D. 以上都是

⑤ 按照用途，计算机可以分为（　　）。

A. 专用计算机和嵌入式计算机　　B. 专用计算机和通用计算机
C. 大型计算机和微型计算机　　D. 嵌入式计算机和微型计算机

⑥ 我们使用的手机属于（　　）。

A. 嵌入式计算机　　B. 微型计算机
C. 大型计算机　　D. 工业计算机

⑦ 截至 2023 年 5 月，我国自主研发的（　　）位列世界超算第 7 名。

A. 天河二号　　B. 顶点
C. 神威·太湖之光　　D. 山脊

⑧ 以下（　　）不属于或没有采用嵌入式计算机。

A. 一体机　　B. 智能家居设备
C. 电冰箱　　D. 车载控制设备

⑨ 推动人类文明进步和科技发展的三大科学是（　　）。

A. 实验科学　　B. 理论科学　　C. 计算科学　　D. 以上都是

⑩ 计算思维又称构造思维，以（　　）和构造为特征。

A. 总结　　B. 推理　　C. 演绎　　D. 设计

实训 2　计算机和计算思维基础知识 2

1. 实训目的

① 理解计算思维与计算（机）学科之间的联系。

② 理解计算机问题求解的本质和方法。

③ 了解计算机和计算思维的应用领域和应用案例。

2. 实训内容

完成下面理论知识题：

① 计算机和计算思维的定义、本质和特征是什么？

② 计算机问题求解的三大类方法是什么？举例说明。

③ 举例说明计算机在社会各领域中的应用。

④ 举例说明计算思维在社会各领域中的应用。

⑤ 思考计算机和计算思维在同学们所学专业中的具体应用，并举例说明。

第 2 章 符号化—计算化—自动化

万事万物都可以被符号化为 0 和 1，也就都能基于 0 和 1 进行计算。逻辑运算是最基本的基于 0 和 1 的运算方法，人类使用逻辑进行思维，计算机使用逻辑实现自动化，所有运算最终都被转换成逻辑运算进而被计算机执行。符号化—计算化—自动化是计算机的本质。本章学习万事万物符号化为 0 和 1 的方法，以及应用逻辑运算实现自动化的方法。

2.1 进制数及其相互转换

计算机所能表示和使用的数据可分为数值型数据和字符型数据两大类。数值型数据用以表示量的大小、正负，如整数、实数等。字符型数据也称非数值数据，用以表示一些符号、标记，如英文字母、数字 0～9、各种专用字符@、%、&及标点符号等。汉字、图形、声音数据也属于非数值型数据。所有的数据信息必须转换成二进制数编码形式，才能存入计算机中。

2.1.1 数制基础

1. 数制

数的表示规则称为数制。按照进位方式计数的数制称为进位计数制。人们日常使用最多的阿拉伯数字为十进制，但所有信息在计算机中均要以二进制形式表示。除此之外，在计算机语言中，还经常会用到八进制和十六进制。

2. 基数

基数是指在某类进位计数制中所包含数码的个数，用 R 表示。十进制的基数 R 为 10，二进制的基数 R 为 2，八进制的基数 R 为 8，十六进制的基数 R 为 16。

为区分不同数制的数，常采用如下方法：

① 数字后面加写相应的英文字母 D（十进制）、B（二进制）、O（八进制）、H（十六进制）来表示数所采用的进制，如 1001B 表示二进制数，1001H 表示十六进制数。

② 在括号外面加数字下标，如$(56)_8$表示八进制数 56，$(367)_{10}$表示十进制数 367。通常，不用括号及下标的数默认为十进制数，如 345。

3. 权

进位计数制中，每个数位上的数码所表示的实际值与它所处的位置有关，由位置决

定的值称为权。例如，十进制数 123.45，整数部分的第 1 个数码 1 处在百位，表示 100，即 1×10^2；第 2 个数码 2 处在十位，表示 20，即 2×10^1；第 3 个数码 3 处在个位，表示 3，即 3×10^0；小数点后第 1 个数码 4 处在十分位，表示 0.4，即 4×10^{-1}；小数点后第 2 个数码 5 处在百分位，表示 0.05，即 5×10^{-2}。数码所处的位置不同，代表数的大小也不同。

显然，对于任意 *R* 进制数，其最右边数码的权最小，最左边数码的权最大。

例如，十进制数 123.45 的按权展开式为：

$$123.45=1\times10^2+2\times10^1+3\times10^0+4\times10^{-1}+5\times10^{-2}$$

类似十进制数值的表示，任一 *R* 进制数的值都可表示为各位数码本身的值与其权的乘积之和。

例如：

二进制数 $110.01=1\times2^2+1\times2^1+0\times2^0+0\times2^{-1}+1\times2^{-2}$；

十六进制数 $2C3=2\times16^2+12\times16^1+3\times16^0$。

2.1.2 常用数制

1. 十进制数

十进制数的数码有 10 个，即 0、1、2、3、4、5、6、7、8、9，基数为 10。十进制数按“逢十进一”的进位规则。权是以 10 为底的幂次方。

例如，十进制数 369.87 的按权展开式为：

$$(369.87)_{10}=3\times10^2+6\times10^1+9\times10^0+8\times10^{-1}+7\times10^{-2}$$

2. 二进制数

二进制数的数码有 2 个，即 0 和 1，基数为 2。二进制数按“逢二进一”的进位规则。权是以 2 为底的幂次方。

例如，二进制数 110.01 的按权展开式为：

$$(110.01)_2=1\times2^2+1\times2^1+0\times2^0+0\times2^{-1}+1\times2^{-2}$$

3. 八进制数

八进制数的数码有 8 个，即 0、1、2、3、4、5、6、7，基数为 8。八进制数按“逢八进一”的进位规则。权是以 8 为底的幂次方。

例如，八进制数 137.4 的按权展开式为：

$$(137.4)_8=1\times8^2+3\times8^1+7\times8^0+4\times8^{-1}$$

4. 十六进制数

十六进制数的数码有 16 个，即 0、1、2、3、4、5、6、7、8、9、A、B、C、D、E、F，基数为 16。十六进制数按“逢十六进一”的进位规则。权是以 16 为底的幂次方。

例如，十六进制数 3A.4 的按权展开式为：

$$(3A.4)_{16}=3\times16^1+10\times16^0+4\times16^{-1}=(58.25)_{10}$$

表 2.1 给出了计算机中常用的四种进位计数制的表示。

表 2.1　计算机中常用的四种进位计数制的表示

数　　制	基　　数	权	形式表示	计算规则
十进制	10（0～9）	10^i	D	逢十进一；四舍五入
二进制	2（0、1）	2^i	B	逢二进一；零舍一入
八进制	8（0～7）	8^i	O	逢八进一；三舍四入
十六进制	16（0～9、A～F）	16^i	H	逢十六进一；七舍八入

注：i 为整数。

2.1.3　不同数制之间的转换

1．非十进制数转换成十进制数

方法：将各种进制数按其权展开后，再求和即可。

例如：

① 将二进制数 1010.101 转换成十进制数：

$$(1010.101)_2=1\times2^3+0\times2^2+1\times2^1+0\times2^0+1\times2^{-1}+0\times2^{-2}+1\times2^{-3}$$
$$=8+2+0.5+0.125=(10.625)_{10}$$

② 将八进制数 137 转换成十进制数：

$$(137)_8=1\times8^2+3\times8^1+7\times8^0=64+24+7=(95)_{10}$$

③ 将十六进制数 2BA 转换成十进制数：

$$(2BA)_{16}=2\times16^2+11\times16^1+10\times16^0=512+176+10=(698)_{10}$$

2．十进制数转换成非十进制数

将十进制数转换成二进制数、八进制数、十六进制数时，整数部分和小数部分要遵循不同的转换规则。

（1）整数部分的转换

十进制整数部分转换成 *R*（二、八、十六）进制数的方法是采用“除 *R* 取余逆读”法，即用整数部分不断地去除以 *R* 取余数，直到商等于 0 为止，最先得到的余数为最低位，最后得到的余数为最高位。

例如，将十进制数 198 换算成二进制、八进制和十六进制的方法如下：

除法		余数	
2 | 198			↑低位
2 | 99	……	0	
2 | 49	……	1	
2 | 24	……	1	
2 | 12	……	0	
2 | 6	……	0	
2 | 3	……	0	
2 | 1	……	1	
0	……	1	高位

所以，$(198)_{10}=(11000110)_2$

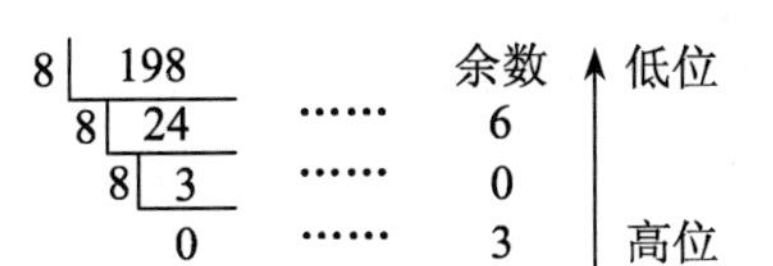

所以，$(198)_{10}=(306)_8$

除数	被除数/商		余数	
16	198			低位
16	12	……	6	
	0	……	C	高位

所以，$(198)_{10}=(C6)_{16}$。

（2）小数部分的转换

十进制数小数部分转换成 *R*（二、八、十六）进制数的方法是采用“乘 *R* 取整”法。用小数部分不断地去乘以 *R* 取整数，直到小数部分为 0 或达到精度要求为止，最先得到的整数为最高位，最后得到的整数为最低位。

例如，将十进制小数 0.24 换算成二进制、八进制和十六进制数（保留 4 位小数）的方法如下：

		取整数部分	
$0.24\times2=0.48$	……	0	高位
$0.48\times2=0.96$	……	0	
$0.96\times2=1.92$	……	1	
$0.92\times2=1.84$	……	1	
$0.84\times2=1.68$	……	1	低位

所以，$(0.24)_{10}=(0.0100)_2$　注：零舍一入

		取整数部分	
$0.24\times8=1.92$	……	1	高位
$0.92\times8=7.36$	……	7	
$0.36\times8=2.88$	……	2	
$0.88\times8=7.04$	……	7	
$0.04\times8=0.32$	……	0	低位

所以，$(0.24)_{10}=(0.1727)_8$　注：三舍四入

		取整数部分	
$0.24\times16=3.84$	……	3	高位
$0.84\times16=13.44$	……	D	
$0.44\times16=7.04$	……	7	
$0.04\times16=0.64$	……	0	
$0.64\times16=10.24$	……	A	低位

所以，$(0.24)_{10}=(0.3D71)_{16}$，注：七舍八入。

3．二进制数与八进制数、十六进制数之间的转换

用一组二进制数表示具有八种状态的八进制数，至少要用 3 位；同样，表示一位十六进制数至少要用 4 位二进制数。

二进制数与八进制数、十六进制数之间的对应表如表 2.2 和表 2.3 所示。

表 2.2　二进制数与八进制数之间的对应表

八　进　制	对应二进制
0	000
1	001
2	010
3	011
4	100
5	101
6	110
7	111

表 2.3　二进制数与十六进制数之间的对应表

十六进制	对应二进制	十六进制	对应二进制
0	0000	8	1000
1	0001	9	1001
2	0010	A	1010
3	0011	B	1011
4	0100	C	1100
5	0101	D	1101
6	0110	E	1110
7	0111	F	1111

（1）二进制数与八进制数的相互换算

二进制数换算成八进制数的方法是：以小数点为基准，分别向左、向右每 3 位一组划分，不足 3 位的组添 0 补足，然后将每组的 3 位二进制数用相应的八进制数表示即可。

例如，将二进制数$(100010110111.0111)_2$换算为八进制的方法为：

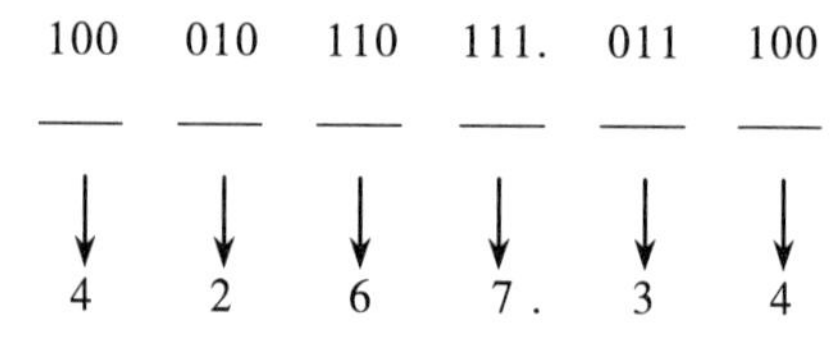

所以，$(100010110111.0111)_2=(4267.34)_8$。

八进制数换算成二进制数的方法是：将每一位八进制数用 3 位对应的二进制数表示。

例如，将八进制数$(725.13)_8$换算为二进制数的方法为：

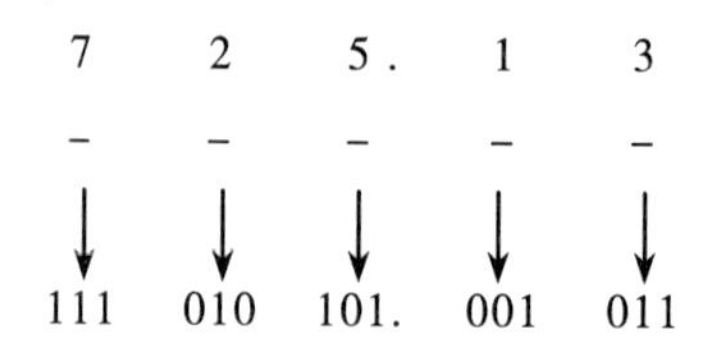

所以，$(725.13)_8=(111010101.001011)_2$。

（2）二进制数与十六进制数的相互换算

二进制数换算成十六进制数的方法是：以小数点为基准，分别向左、向右每4位一组划分，不足4位的组添0补足，然后将每组的4位二进制数用相应的十六进制数表示即可。

例如，将二进制数$(10011010110111.011011)_2$换算为十六进制的方法为：

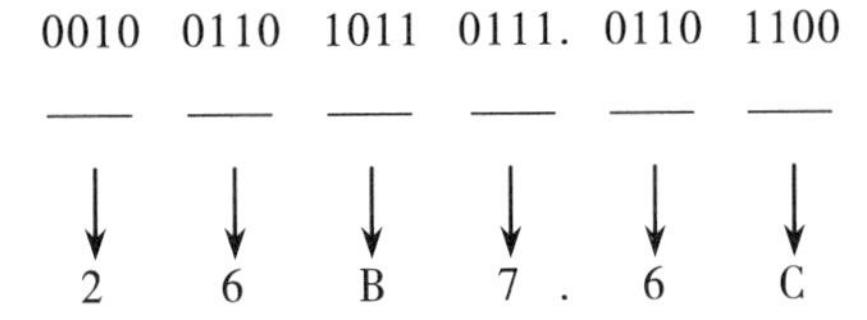

所以，$(10011010110111.011011)_2=(26B7.6C)_{16}$。

十六进制数换算成二进制数的方法是：将每一位十六进制数用4位相应的二进制数表示。

例如，将十六进制$(2C7.3E)_{16}$换算为二进制数的方法为：

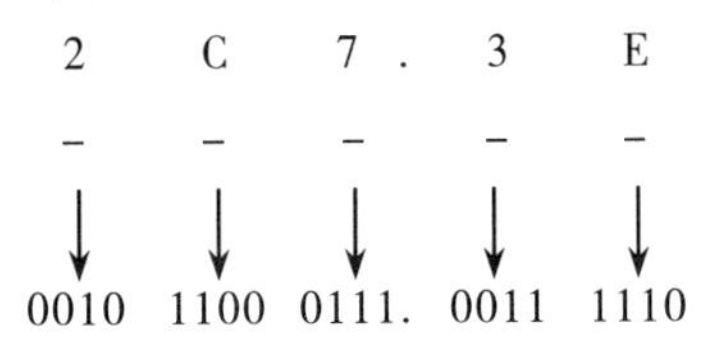

所以，$(2C7.3E)_{16}=(1011000111.0011111)_2$。

通过上述讲解，我们了解了计算机的数制及其转换方法。另外，在Windows操作系统中提供了计算器的应用程序，可以利用它方便地进行各进位制的相互转换（详见第4章）。

2.2 计算0和1化示例——数值型数据的表示

计算机要处理的信息包括数值型数据和非数值型数据。

数值型数据用以表示量的大小、正负，如整数、小数等。数值型数据用二进制表示，数值的正负号也可以用0和1表示，符号可和数值一样参与计算。

1. 无符号整数

最左面一位（最高位）不用来表示正负，而是和后面的连在一起表示整数，那么就不能区分这个数是正还是负，就只能是正数，这就是无符号整数。无符号整数常用于表示地址等正整数。

2. 有符号整数

有符号整数使用一个二进制位作为符号位，一般符号位都放在所有数位的最左面一位（最高位），0代表正号“+”（正数），1代表负号“-”（负数），其余各位用来表示数值的大小。

有符号数的表示形式主要有原码、反码、补码三种；用二进制表示有符号数通常采用补码的方式。

下面以 8 位字长的二进制数为例来说明。

2.2.1 原码表示

数值型数据的原码表示是将最高位作符号位，其余各位用数值本身的绝对值（二进制形式）表示。假设用$[X]_{\text{原}}$表示 X 的原码，则：

$[+1]_{\text{原}}=00000001$　　　　$[+127]_{\text{原}}=01111111$

$[-1]_{\text{原}}=10000001$　　　　$[-127]_{\text{原}}=11111111$

对于 0 的原码表示，+0 和−0 的表示形式不同，也就是说，0 的原码表示不唯一。

$[+0]_{\text{原}}=00000000$　　　　$[-0]_{\text{原}}=10000000$

例如：

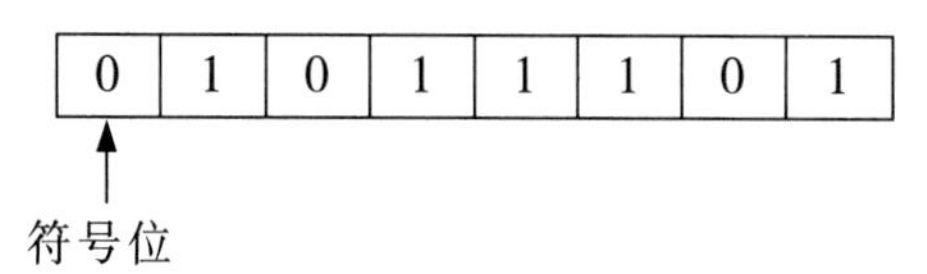

表示二进制数+1011101，即十进制数 93；

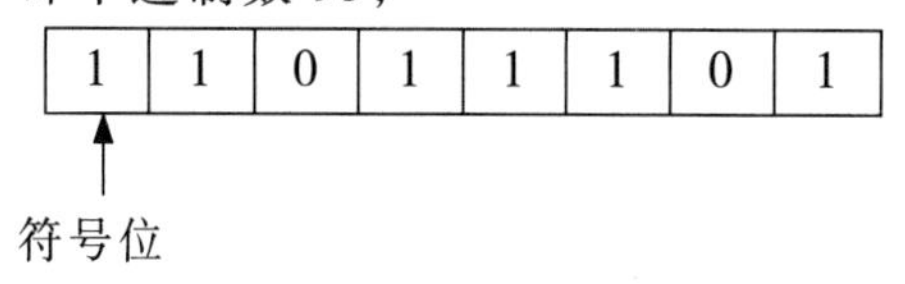

表示二进制数−1011101，即十进制数−93。

2.2.2 反码表示

数值型数据的反码表示规则是：如果一个数值为正，则它的反码与原码相同；如果一个数值为负，则在原码的基础上，符号位不变，数值位按位取反。假设用$[X]_{\text{反}}$表示 X 的反码，则：

$[+1]_{\text{反}}=00000001$　　　　$[+127]_{\text{反}}=01111111$

$[-1]_{\text{反}}=11111110$　　　　$[-127]_{\text{反}}=10000000$

对于 0 的反码表示，+0 和−0 的表示形式同样不同，也就是说，0 的反码表示不唯一。

$[+0]_{\text{反}}=00000000$　　　　$[-0]_{\text{反}}=11111111$

2.2.3 补码表示

数值型数据的补码表示规则是：如果一个数值为正，则它的补码与原码相同；如果一个数值为负，则在反码的基础上，符号位不变，在数值位最低位加 1。假设用$[X]_{\text{补}}$表示 X 的补码，则：

$[+1]_{\text{补}}=00000001$　　　　$[+127]_{\text{补}}=01111111$

$[-1]_{\text{补}}=11111111$　　　　$[-127]_{\text{补}}=10000001$

在补码表示中，0 的补码表示是唯一的。

$$[+0]_{\text{补}}=[-0]_{\text{补}}=00000000$$

计算机一般是以补码形式存放数值型数据。

例如，求-51 的补码。-51 为负数，所以符号位为 1，绝对值部分用二进制表示，再各位取反后末位加 1。

$$[-51]_{原}=10110011$$

符号位以外的各位取反后，得　　11001100

再在取反后的数值末位加 1，得　　11001101

即　　$[-51]_{补}=11001101$

用补码进行运算，减法可以用加法来实现。

例如，7-6 应得 1，可以将+7 的补码和-6 的补码相加，就得到结果值的补码。

+7 的补码：		0	0	0	0	0	1	1	1
-6 的补码：	+	1	1	1	1	1	0	1	0
	1	0	0	0	0	0	0	0	1
	↑ 进位								

进位被舍去，进位右边的 8 位 00000001 就是 1 的补码。

在现代计算机中，算术运算都是以补码为基础，操作数以补码的形式表示，运算结果也以补码形式表示或存储。

2.3 计算 0 和 1 化示例——非数值型数据的表示

字符、符号、文字、图形、声音、图像、视频、音频统称非数值型数据。英文字母与各种符号可用 0 和 1 表示，中文汉字也可以用 0 和 1 表示，音频、视频可通过采样、量化、编码的方法用 0 和 1 表示。

为每一个字符规定唯一的数字编码，保存字符的编码就相当于保存这个字符。用来规定每一个字符对应的编码的集合称为编码表。常用的字符编码有西文字符编码、汉字编码等。

2.3.1 西文字符编码

西文字符（英文字母、数字、各种符号）编码最常用的是 ASCII 码，即美国标准信息交换码（American Standard Code Information Interchange），被国际标准化组织（ISO）指定为国际标准。

ASCII 码包括 26 个大写英文字母、26 个小写英文字母、10 个十进制数、34 个通用控制字符和 32 个专用字符（标点符号和运算符），共 128 个元素，故需要 7 位二进制数进行编码，以区分每个字符。通常使用一个字节（即 8 个二进制位）表示一个 ASCII 码字符，规定其最高位总是 0。

标准 ASCII 码字符集如表 2.4 所示。8 位编码为 $b_7b_6b_5b_4b_3b_2b_1b_0$，其中 b_7 始终为 0。一种组合对应一个字符（字母或符号）。例如，字母 A 的 ASCII 码为 0100 0001，对应的十进制数为 65；字母 a 的 ASCII 码为 0110 0001，对应的十进制数为 97；符号=的 ASCII

码为 0011 1101，对应的十进制数为 61。

通过查阅 ASCII 码表，可将英文字母和符号转换成 01 串进行存储，也可以将 01 串转换成英文字母和符号。

例如，英文单词 computer，按 ASCII 码存储成文件则为一组 01 串 01100011 01101111 01101101 01110000 01110101 01110100 01100101 01110010。

表 2.4　标准 ASCII 码字符集

$b_3b_2b_1b_0$	$b_6b_5b_4$							
	000	001	010	011	100	101	110	111
0000	NUL	DLE	SP	0	@	P	`	p
0001	SOH	DC1	!	1	A	Q	a	q
0010	STX	DC2	″	2	B	R	b	r
0011	ETX	DC3	#	3	C	S	c	s
0100	EOT	DC4	$	4	D	T	d	t
0101	ENQ	NAK	%	5	E	U	e	u
0110	ACK	SYN	&	6	F	V	f	v
0111	BEL	ETB	′	7	G	W	g	w
1000	BS	CAN	(	8	H	X	h	x
1001	HT	EM	)	9	I	Y	i	y
1010	LF	SUB	*	:	J	Z	j	z
1011	VT	ESC	+	;	K	[	k	{
1100	FF	FS	,	<	L	\	l	|
1101	CR	GS	-	=	M	]	m	}
1110	SO	RS	.	>	N	^	n	~
1111	SI	US	/	?	O	_	o	DEL

2.3.2　汉字编码

ASCII 码只对英文字母、数字和标点符号进行编码。为了让计算机能够处理汉字，需要对汉字进行编码。从汉字编码的角度看，计算机对汉字信息的处理过程实际上是各种汉字编码间的转换过程。这些编码主要包括汉字输入码、国标码、汉字机内码及汉字字形码等。

1. 汉字输入码

键盘是计算机的主要输入设备之一。输入码是以键盘上可识别符号的不同组合来输入汉字，以便进行汉字输入的一种编码。输入汉字一般有两种途径：一是由计算机自动识别汉字，要求计算机模拟人的智能；二是由人以手动方式用键盘输入计算机。前者主要有手写笔、语音识别和扫描识别等，后者有全拼、五笔字型、微软拼音和智能 ABC 等。常用的汉字输入码主要有 3 类：拼音码（如全拼、微软拼音、智能 ABC、搜狗拼音输入法等）、字形码（如五笔字型），以及将汉字的音、形相结合的音形码。

例如，“中”的各种输入码如下：

① 拼音码为 zhong。

② 五笔字形码为 khk，其中 k 表示字根“口”，h 表示字根“丨”，最后一笔为竖，所以加识别码 k。

2. 国标码

汉字国标码（GB/T 2312—1980《信息交换用汉字编码字符集　基本集》）主要用于于汉字处理、汉字通信等系统之间的信息交换。国标码共收入汉字 6 763 个和非汉字图形字符 682 个，合计 7 445 个。国标码将汉字和图形符号排列在一个 94 行 94 列的二维表中，每一行称为一个“区”，每一列称为一个“位”。因此，可以用汉字所在的区和位来对汉字进行编码。国标码中每个汉字用 2 字节表示，每个字节 7 位代码，最高位为 0。第一个字节表示汉字所在的区号，第二个字节表示汉字所在的位号。

国标码是汉字编码的标准，其作用相当于西文处理用的 ASCII 码。在汉字处理系统内部，必须具备不同的汉字输入码与汉字国标码之间的对照表，不论选择哪种汉字输入法，每输入一个汉字输入码，便可根据对照表转换成唯一的汉字国标码。

例如：

“中”的国标码为 5650H：01010110 01010000；

“英”的国标码为 5322H：01010011 00100010；

“大”的国标码为 3473H：00110100 01110011。

3. 汉字机内码

国标码是汉字信息交换的标准编码，但是因为其每个字节的最高位为 0，这样一个汉字的国标码易被误认为是两个西文字符的 ASCII 码。于是，在计算机内部无法采用国标码。对此将国标码的两个字节的最高位由 0 变为 1，这就形成了机内码。汉字机内码是用两个最高位均为 1 的字节表示一个汉字，是计算机内部处理、存储汉字信息所使用的统一编码。

例如：

“中”的机内码为 D6D0H：11010110 11010000；

“英”的机内码为 D3A2H：11010011 10100010；

“大”的机内码为 B4F3H：10110100 11110011。

4. 汉字字形码

汉字信息在计算机中采用机内码，但输出时必须转换成字形码，因此，对每一个汉字，都要有对应的字的模型存储在计算机内。

汉字的字形有两种表示方式：点阵法和矢量表示法。在汉字处理系统中，一般采用点阵来表示字形。汉字的字形称为字模，以点阵表示。常用的字形点阵有 16×16 点阵、24×24 点阵、48×48 点阵等。字形点阵中的点对应存储器中的一位，对于 16×16 点阵的汉字，需要有 256 个点，即 256 位。由于计算机中，8 个二进制位为 1 字节，所以 16×16 点阵汉字需要 2×16=32 字节表示一个汉字。

一般来说，表示汉字时所使用的点阵越大，汉字字形的质量越好，但每个汉字点阵所需的存储量也越大。

汉字的输入、处理和输出的过程实际上是汉字的各种代码之间的转换过程，或者说汉字代码在系统有关部件之间流动的过程。汉字信息处理系统模型如图 2.1 所示。

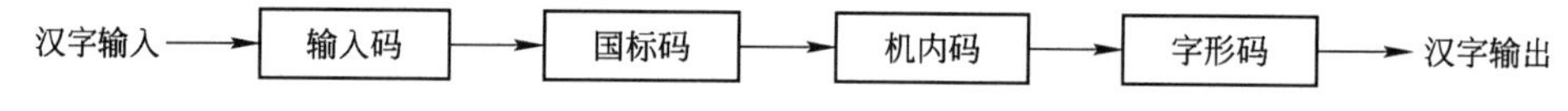

图 2.1　汉字信息处理系统模型

以“中”为例，演示汉字处理过程，如图 2.2 所示。首先，在键盘上输入“中”的拼音 zhong，然后计算机将其依次转换为对应的汉字国标码、机内码保存在计算机中，最后依据机内码转换为字模点阵显示在显示器上。

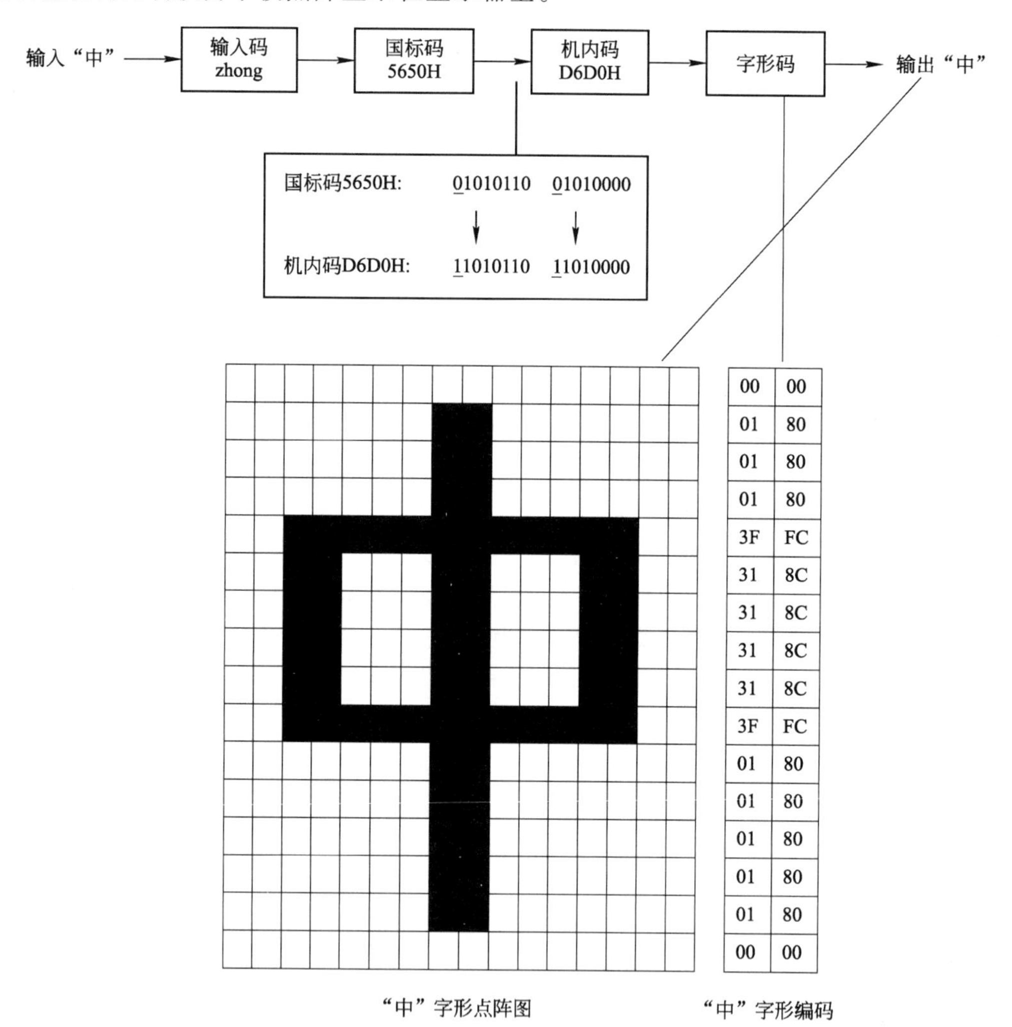

图 2.2　汉字处理过程

2.3.3　多媒体信息编码

图形、图像、声音和视频等多媒体信息要在计算机中处理和存储，都需要经过数字化，以二进制形式的某种编码来表示，其过程和形式要比汉字复杂很多。

1. 图像的编码

图像需要分割成很小的单元（$m \times n$ 个），每个最小的单元就是一个像素，再将每个像素点呈现出不同的颜色（或亮度）。

用一个 $m \times n$ 的像素矩阵来表达一幅图像，$m \times n$ 又称图像的分辨率。分辨率越高，图像就会越精细，失真也就越小。一幅图像的分辨率为 1 920×1 080，表示图像水平方向和垂直方向各有 1 920 和 1 080 个像素点。

每个像素点的颜色可用二进制表示。黑白图像可用 1 位的二进制表示；16 色的图像可以用 4 位的二进制表示；256 色的图像可以用 8 位的二进制表示；通常说的真彩色需要用 24 位二进制表示，三原色红、绿、蓝分别用 8 位来表示。

例如，图 2.3 所示为分辨率是 1 024×768 的真彩色图像（原图被划分为 1 024×768 个小方格，这里截取部分图像区域），这幅图像占用的存储空间为 24×1 024×768=18 874 368 位=2 359 296 B= 2.25 MB。可见，图像所占的存储空间较大，所以，用计算机进行图像处理，对机器的性能要求相对较高。

图 2.3 图像的符号化示意

2. 声音的编码

声音是一种连续变化的模拟信号，可以通过模/数转换器对声音信号按照固定的频率进行抽样，再把抽样的结果转换为二进制的数字量，这样声音就可以进行存储和处理，图 2.4 所示为声音的编码过程。

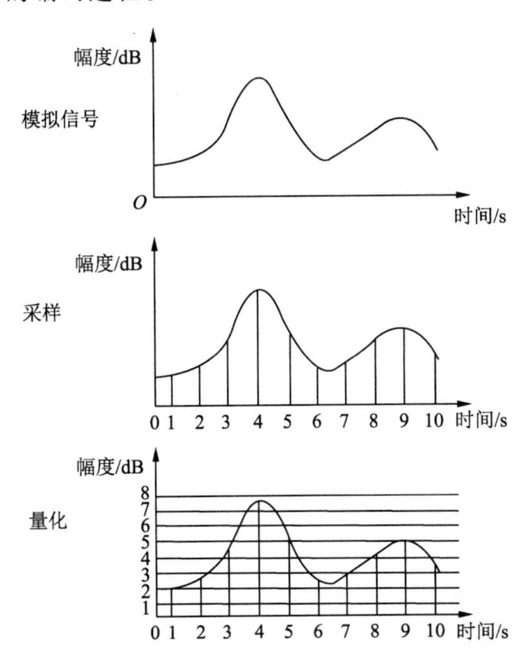

编码

样本	1	2	3	4	5	6	7	8	9	10
样本值（十进制）	2	3	5	8	5	2	3	4	5	3
样本值（二进制）	0010	0011	0101	1000	0101	0010	0011	0100	0101	0011

图 2.4 声音的编码过程

2.3.4 条形码与 RFID

条形码与 RFID 均是近年来广泛使用的一种物品信息标识技术，其方法是赋予物品一个特别的编号，由该编号可以获取该物品的详细信息。

1. 一维条形码

一维条形码由一组宽度不同、反射率不同的条（黑色）和空（白色）组成。“条”指对光线反射率较低的部分，“空”指对光线反射率较高的部分，这些条和空组成的数据表达一定的信息。用条形码阅读机扫描时，得到一组反射光信号，此信号经光电转换成与计算机兼容的二进制和十进制信息。通常对于每一种物品，它的编码是唯一的。对于普通的一维条形码来说，还要通过数据库建立条形码与商品信息的对应关系。当条形码的数据传到计算机上时，由计算机上的应用程序对数据进行操作和处理。因此，普通的一维条码在使用过程中仅作为识别信息，它的意义是通过在计算机系统的数据库中提取相应的信息而实现的。

条形码起源于 20 世纪 40 年代，应用于 70 年代，普及于 80 年代。条形码技术是在计算机应用和实践中产生并发展起来的广泛应用于商业、邮政、图书管理、仓储、工业生产过程控制、交通等领域的一种自动识别技术，具有输入速度快、准确度高、成本低、可靠性强等优点，在当今的自动识别技术中占有重要地位。

目前在商品上的应用仍以一维条形码为主，故一维条形码又称商品条形码。世界上有 225 种以上的一维条形码，每种一维条形码都有自己的一套编码规则，规定每个字母（可能是文字或数字或文数字）是由几个条及几个空组成，以及字母的排列。常用的一维条形码有 Code 39 码、EAN 码、UPC 码、128 码，以及专门用于书刊管理的 ISBN、ISSN 等。

（1）EAN-13 码

EAN-13 码是 EAN 码的一种，用 13 个字符表示信息，是我国主要采取的编码标准。EAN-13 码包含商品的名称、型号、生产厂商、所在国家或地区等信息。其分为四部分：第一部分（3 位）代表所在国家或地区，第二部分（4 位）代表制造厂商，第三部分（5 位）代表厂内商品代码，第四部分（1 位）是校验码。在图 2.5 所示的 EAN-13 商品条形码示意图中，693（690~699）代表中国，7526 为制造商代码，50374 为商品标识代码，3 为校验码。

（2）ISBN

国际标准书号的英文全称为 International Standard Book Number，简称 ISBN。1971 年国际标准组织批准了国际标准书号在世界范围内实施。1982 年，中国参加 ISBN 系统，并成立中国 ISBN 中心（目前，ISBN 中心设在国家新闻出版署）。2005 年 5 月，ISO 组织发布了最新的国际标准，将原来的 ISBN 系统由 10 位数系统升为 13 位数系统。我国从 2007 年 1 月 1 日开始正式启用 13 位编码。

13 位 ISBN 条形码由五部分组成：第一部分（3 位）为由 EAN 分配的编码 978，第二部分代表地区号，第三部分代表出版社代码，第四部分代表书序号，第五部分是校验码。ISBN 条形码示意图如图 2.6 所示。

2. 二维条形码

二维条形码是用某种特定的几何图形按一定规律在平面（二维方向）上分布的黑白相间的图形记录数据符号信息，如图 2.7 所示。

图 2.5 EAN-13 商品条码示意图

图 2.6 ISBN 条形码示意图

图 2.7 二维条形码示意图

随着我国市场经济的不断完善和信息技术的迅速发展，国内对二维条形码这一新技术的研究和需求与日俱增。经过几年的努力，现二维条形码应用已经渗透到餐饮、超市、电影、购物、旅游、汽车等多个行业。

归结起来，二维码目前主要应用于以下四个方面:

①传递信息。如个人名片、产品介绍、质量跟踪等;

②电商平台入口。顾客线下扫描商品广告的二维码，然后在线购物;

③移动支付。顾客扫描二维码进入支付平台，使用手机进行支付;

④凭证。比如团购的消费凭证，会议的入场凭证等。

从符号学的角度讲，二维条形码和一维条形码都是信息表示、携带和识读的手段；从应用角度讲，尽管在一些特定场合可以选择其中的一种来满足需要，但它们的应用侧重点是不同的，一维条形码用于对“物品”进行标识，二维条形码用于对“物品”进行描述；二维条形码还具有信息量容量大、安全性高、读取率高、错误纠正能力强等特性。

3. RFID

RFID（Radio Frequency Identification）是一种非接触式的自动识别技术，它通过射频信号自动识别目标对象并获取相关数据，识别工作无须人工干预，可工作于各种恶劣环境。RFID 技术可识别高速运动物体并可同时识别多个标签，操作快捷方便。

短距离射频产品可在油渍、灰尘污染等恶劣环境中替代条形码，例如，用在工厂的流水线上跟踪物体。长距射频产品多用于交通，识别距离可达几十米，如自动收费或识别车辆身份等。

与条形码相比，RFID 有明显优势。RFID 与条形码的性能对比如表 2.5 所示。

表 2.5 RFID 与条形码的性能对比

对比项	RFID	条形码
扫描速度	可同时读取数个 RFID 标签	一次只能一个条形码受到扫描
体积与形状	不受尺寸大小和形状限制	依赖纸张大小及印刷品质
抗污染能力和耐久性	抗污染，耐久性强	易受污染及折损
是否能重复使用	可以反复修改、更新	印刷后无法更改
穿透性与无屏障阅读	可穿透性通信	必须无阻挡才可读取

续表

对比项	RFID	条形码
数据记忆容量	256KB，最大可达数MB	一维条形码50B；二维条形码2～3 000个字符
安全性	不易伪造，安全性强	易被伪造及变造

（1）RFID的基本组成

RFID由三部分组成：

① 标签（Tag）：由耦合元件及芯片组成，每个标签具有唯一的电子编码，附着在物体上标识目标对象。

② 读写器（Reader）：读取（有时还可以写入）标签信息的设备，可设计为手持式或固定式。

③ 天线（Antenna）：在标签和读写器间传递射频信号。

（2）RFID技术的基本工作原理

读写器通过天线发送出一定频率的射频信号，当电子标签进入磁场时产生感应电流从而获得能量，发送出自身编码等信息被读写器读取并解码后送至计算机主机进行有关处理，基本工作原理如图2.8所示。

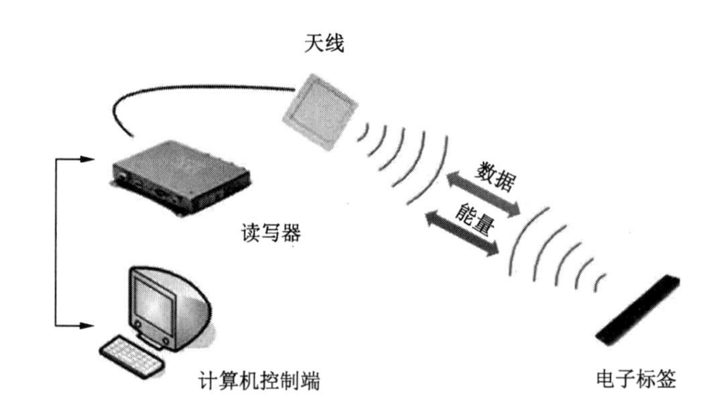

图2.8　RFID工作原理图

RFID中一般保存有约定格式的电子数据，在实际应用中，RFID附着在待识别物体的表面。读写器可无接触地读取并识别RFID中所保存的电子数据，从而达到自动识别物体的目的。通常读写器与计算机相连，所读取的标签信息被传送到计算机上进行下一步处理。

（3）应用实例

① 射频门禁。门禁系统应用RFID技术，可以实现持有效电子标签的车不停车，方便通行又节约时间，提高路口的通行效率，更重要的是可以对小区或停车场的车辆出入进行实时监控，准确验证出入车辆和车主身份，维护区域治安，使小区或停车场的安防管理更加人性化、信息化、智能化、高效化。

② 电子溯源。在产品包装上加贴一个带芯片的标识，产品进出仓库和运输就可以自动采集和读取相关的信息，产品的流向都可以记录在芯片上。

③ 食品溯源。采用 RFID 技术进行食品药品的溯源已经开始在一些城市应用。食品溯源主要解决食品来路的跟踪问题。如果发现了有问题的产品，可以进行追溯，直到找到问题的根源。

④ 产品防伪。RFID 技术经历几十年的发展应用，本身已经非常成熟，在日常生活中随处可见，应用于防伪实际就是在普通的商品上加一个 RFID 电子标签，伴随商品生产、流通、使用各个环节，在各个环节记录商品各项信息。每个标签具有唯一的标识信息，在生产过程中将标签与商品信息绑定，在后续流通、使用过程中标签都唯一代表了所对应的商品。电子标签还具有可靠的安全加密机制，正因为如此，现今的我国第二代居民身份证和后续的银行卡都采用这种技术。

⑤ 世博会。在上海举行的会展数量以每年 20%的速度递增。上海市政府一直在积极探索如何应用新技术提升组会能力，以更好地展示上海的城市形象。2010 年世博会在上海举办，主办者、参展者、参观者、志愿者等各类人群有大量的信息服务需求，包括人流疏导、交通管理、信息查询等。世博会的主办者关心门票的防伪；参展者比较关心究竟有哪些参观者参观过自己的展台，关心内容和产品是什么以及参观者的个人信息；参观者想迅速获得自己所要的信息，找到所关心的展示内容。RFID 系统正是满足这些需求的有效手段之一。

⑥ 物联网。物联网已被确定为中国战略性新兴产业之一，而 RFID 技术作为物联网发展的最关键技术，其应用市场必将随着物联网的发展而扩大，一个可以应用于信息化实时管理的物联网时代已经到来。

2.4 自动化 0 和 1 示例——电子技术实现

2.4.1 基于 0 和 1 表达的逻辑运算

数值与非数值信息通过进位制和编码可以符号化为 0 和 1，对数值与非数值信息的处理就演变为对 0 和 1 进行逻辑运算。逻辑运算包括“与”“或”“非”“异或”等运算符。

逻辑的基本表现形式是命题与推理。命题即是内容为真或假的一个判断语句（如：3>2、4<5），推理即依据简单命题的判断推导出对复杂命题的判断结论。

一个命题由 A、B 表示，其值可能为“真”或为“假”，则两个命题 A、B 之间是可以进行计算的：

①“与”运算（AND）：当 A 和 B 都为真时，A AND B 也为真；其他情况，A AND B 为假。

②“或”运算（OR）：当 A 和 B 都为假时，A OR B 也为假；其他情况，A OR B 均为真。

③“非”运算（NOT）：当 A 为真时，NOT A 为假；当 A 为假时，NOT A 为真。

④“异或”运算（XOR）：当 A 和 B 都为真或都为假时，A XOR B 为假；否则，A XOR B 为真。

命题的判断与推理均可以用 0 和 1 来表达与处理。0 表示“假”，1 表示“真”。

表 2.6 所示为逻辑运算的真值表。

表 2.6　逻辑运算的真值表

A	B	A AND B	A OR B	NOT A	A XOR B
0	0	0	0	1	0
0	1	0	1	1	1
1	0	0	1	0	1
1	1	1	1	0	0

例如，某学校为核实一件好事，老师找了 A、B、C 共 3 个学生。A 说：“是 B 做的。”B 说：“不是我做的。”C 说：“不是我做的。”这 3 个学生中只有一人说了实话，这件事是谁做的？

答：

① 符号化。A、B、C 代表 3 个学生，如果值为 1，表示其是做好事的人；值为 0，表示其不是。按已知条件，3 个学生中只有一人做了好事，因此 ABC 的可能取值为 {100,010,001}。

② 用逻辑运算式表达 3 个学生说的是真话还是假话。

如果 A 说的是真话，则表达式为 B；如果 A 说的是假话，则表达式为 NOT B。

如果 B 说的是真话，则表达式为 NOT B；如果 B 说的是假话，则表达式为 B。

如果 C 说的是真话，则表达式为 NOT C；如果 C 说的是假话，则表达式为 C。

③ 用逻辑运算式表达“3 个学生中只有一人说了实话”，因为只要有一个人说真话，则其余的两个人说的都是假话。

如果 A 说的是真话，则

B AND B AND C=1　　（1）

如果 B 说的是真话，则

（NOT B） AND （NOT B） AND C=1　　（2）

如果 C 说的是真话，则

（NOT B） AND B AND （NOT C）=1　　（3）

④ 将 ABC 的可能取值依次代入上面 3 个表达式，如表 2.7 所示。

表 2.7　示例 ABC 的可能取值代入结果

ABC	（1）	（2）	（3）
100	不成立	不成立	不成立
010	不成立	不成立	不成立
001	不成立	成立	不成立

可以看出，当 ABC=001 时，满足只有一个表达式成立的条件。因此，C 是做好事的人，B 说的是真话，其他人说的是假话。

2.4.2 用 0 和 1 与电子技术实现逻辑运算

“与”运算、“或”运算、“非”运算、“异或”运算都可以用电子技术实现。实现“与”运算的器件称为“与门”，逻辑电路符号如图 2.9 所示；实现“或”运算的器件称为“或门”，逻辑电路符号如图 2.10 所示；实现“非”运算的器件称为“非门”，逻辑电路符号如图 2.11 所示；实现“异或”运算的器件称为“异或门”，逻辑电路符号如图 2.12 所示。

图 2.9 与门电路符号

图 2.10 或门电路符号

图 2.11 非门电路符号

图 2.12 异或门电路符号

用电路连接符号表示逻辑运算，这些电路符号的功能与相应的逻辑运算的功能是一样的。门的左侧（A、B）表示输入，右侧连线（F）表示输出。

这些基本逻辑运算的电路称为门电路，由基本的门电路可以构造复杂的逻辑电路，进一步被封装成芯片，然后可利用其构造更为复杂的电路。CPU 等复杂的集成电路就是这样一层层构造出来的。

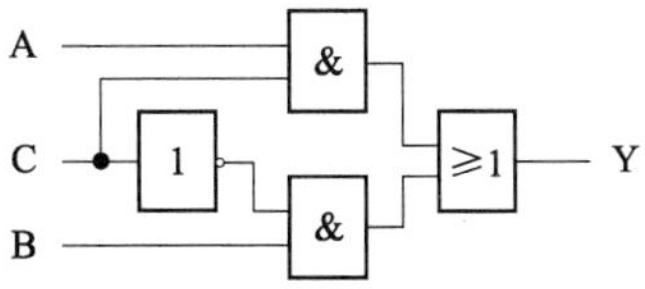

例如，如图 2.13 所示电路中，如果要使 Y 为 1，则 A、B、C 的输入必须是________。

图 2.13 示例电路图

答：首先依据电路图写出逻辑运算表达式（A AND C）OR ((NOT C) AND B)，再依次列出 A、B、C 所有可能取值，如表 2.8 所示。可以得出当 A、B、C 为 010、101、110、111 时 Y=1，其他情况下 Y=0。

表 2.8 列出所有可能取值

A	B	C	NOT C	A AND C	(NOT C) AND B	Y
0	0	0	1	0	0	0
0	0	1	0	0	0	0
0	1	0	1	0	1	1
0	1	1	0	0	0	0
1	0	0	1	0	0	0
1	0	1	0	1	0	1
1	1	0	1	0	1	1
1	1	1	0	1	0	1

2.5 实数的表示

实数是既有整数又有小数的数，在计算机中采用浮点数表示法表示实数。IEEE 754 标准规定：单精度实数即普通实数为 32 位字长，即 1 位符号位，8 位指数位、23 位尾数位；双精度实数为 64 位字长，即 1 位符号位，11 位指数位、52 位尾数位。

用单精度实数表示十进制实数 123.25：

① 整数部分123 用二进制表示为 1111011；小数部分.25 用二进制表位为.0100；123.25 用二进制表示为 1111011.0100。

② 用科学计数法表示为 1.1110110100×2^6。

③ 符号位：0。

④ 指数位：6+127=133，对应的二进制数为 10000101。

（IEEE 754 规定：指数+127。8 位表示数的区间范围是-127～+127，默认加了 127，表示数的区间范围是 0～+254。指数都变为正数，不需要考虑指数的符号表示。）

⑤ 尾数部分：1110 1101 0000 0000 0000 000。

（IEEE 754 规定：保存尾数时 1.XXXXXXX，默认这个数的第一位总是 1，因此只需要保存后面的 XXXXXXX 部分。）

⑥ 123.25 在计算机中的完整表示是 0 10000101 11101101000000000000000。

双精度实数在计算机中的表示与单精度实数的原理是一样的。

小　　结

“符号化—计算化—自动化”思维是计算机最本质的思维模式。

计算机的功能越来越强大，究其本质，就是 0 和 1 与逻辑。复杂的事物可以通过进位制和编码符号化为 0 和 1 及其计算。实现符号化，就可实现基于 0 和 1 的逻辑运算，再到逻辑电路，它实现了由人计算到机器自动计算的跨越。

实　　训

实训 1　计算机概论及数制转换

1. 实训目的

① 熟悉计算机基本操作规范。

② 掌握数制间的转换运算。

③ 掌握各种数据信息的编码方式。

④ 理解逻辑运算和基本逻辑运算的门电路等基础知识。

2. 实训内容

完成下面理论知识题：

① 十进制数 111 转换为二进制数是（　　）。

A. 1101111　　B. 1000101　　C. 1011101　　D. 1001111

② 二进制数 01000010.10 转换为十进制数是（　　）。

A. 82.5　　B. 66.5　　C. 45.5　　D. 35.4

③ 存储一个汉字的内码所需的字节数是（　　）个。

A. 1　　B. 4　　C. 8　　D. 2

④《信息交换用汉字编码字符集　基本集》所用编码是（　　）。

A. 国标码　　B. 阴阳码　　C. 五笔码　　D. 王码

⑤ 十进制数 92 转换成二进制数和十六进制数分别是（　　）。

A. 01011100 和 5C　　B. 01101100 和 61

C. 10101011 和 5D　　D. 01011000 和 4F

⑥ 有关二进制数的说法错误的是（　　）。

A. 二进制数只有 0 和 1 两个数码

B. 二进制数各个位上的权是 2^i

C. 二进制运算是逢二进一

D. 十进制数转换成二进制数是使用按权展开相加法

⑦ 在下列不同进制的 4 个数中最小的是（　　）。

A. $(45)_D$　　B. $(55.5)_O$

C. $(3B)_H$　　D. $(110011)_B$

⑧ 在计算机内部，用来传送、存储、加工处理的数据或指令都是以（　　）形式表示的。

A. 区位码　　B. ASCII 码

C. 十进制　　D. 二进制

⑨ 十六进制数 7A 转换为十进制数是（　　）。

A. 272　　B. 250　　C. 128　　D. 122

⑩ 在标准 ASCII 码表中，已知英文字母 A 的 ASCII 码是 01000001，则英文字母 F 的 ASCII 码是（　　）。

A. 1000100　　B. 1000011

C. 1000110　　D. 1000101

⑪ 当前被国际化标准组织确定为世界通用的国际标准码是（　　）。

A. ASCII 码　　B. BCD 码

C. 8421 码　　D. 汉字编码

⑫ 八进制数 105 转换成十六进制数是（　　）。

A. 54　　B. 52　　C. 45　　D. 96

实训 2　指法练习

1. 实训目的

① 熟悉各个功能键的用法。

② 掌握正确的击键方法。

③ 掌握特殊字符的输入方法。

④ 掌握各种输入法的切换方法，掌握一种中文输入法。

2．实训内容

① 用一种熟悉的工具（记事本、Word、PowerPoint 等）录入以下内容。

“天眼之父”——南仁东

一、简介

姓名：南仁东

国籍：中国

出生地：吉林省

出生日期：1945 年 2 月

逝世日期：2017 年 9 月

毕业院校：清华大学（获学士学位），中国科学院研究生院（获硕士、博士学位）

二、先进事迹

南仁东，中国科学院国家天文台原首席科学家兼总工程师。他潜心天文研究，坚持自主创新，于 1994 年提出 500m 口径球面射电望远镜（FAST）工程概念，主导利用贵州省喀斯特洼地作为望远镜台址，从论证立项到选址建设历时 22 年，主持攻克了索疲劳、动光缆等一系列技术难题，为 FAST 重大科学工程的顺利落成发挥了关键作用。

② 在录入完成的基础上，尝试进行排版，排版格式不限。

第 3 章 机器程序的执行

本章搭建了一个简单但功能相对完整的计算机系统。最基本的计算机包括五大部件：存储器、运算器、控制器、输入设备和输出设备。在这种场景下，模拟了计算机是如何存储程序和数据的，以及计算机是如何执行程序的。

3.1 冯·诺依曼型计算机

1945 年，美籍匈牙利数学家冯·诺依曼在 EDVAC 计划草案中提出“存储程序”的思想。1952 年，冯·诺依曼和他的同事们成功研制了电子计算机 EDVAC。EDVAC 的诞生，使计算机技术出现了一个飞跃。它奠定了现代电子计算机的体系结构和工作方式。

现代计算机系统从性能指标、运算速度、工作方式、应用领域等方面与当时的计算机有很大差别，但仍然是基于这一思想设计的，都称为冯·诺依曼型计算机。冯·诺依曼体系结构的思想可以归纳为：

① 计算机系统应由五个基本部分组成：存储器、运算器、控制器、输入设备和输出设备。

② 将程序和数据存入存储器中，计算机在工作时可以自动逐条取出指令并加以执行。

③ 计算机内部采用二进制表示数据和指令。

按照冯·诺依曼思想设计的计算机，其体系结构包含五大部分：

① 存储器：用来存放计算机运行过程中所需要的程序和数据。

② 运算器：完成各种算术运算和逻辑运算，除了计算之外，运算器还应当具有暂存运算结果的能力。

③ 控制器：能读取指令、分析指令并执行指令，以调度运算器进行计算、调度存储器进行读写。控制器管理着数据的输入、存储、读取、运算、操作、输出以及控制器本身的活动。它依据事先编制好的程序，来控制计算机各个部件有条不紊地工作，完成所期望的功能。

④ 输入设备：将程序和数据转换为二进制串，并在控制器的指挥下按一定的地址顺序送入内存。

⑤ 输出设备：将运算结果转换为人们所能识别的信息形式显示或打印出来。

图 3.1 中，双线表示并行流动的一组数据信息，单线表示串行流动的控制信息，虚线表示反馈信息，箭头则表示信息流动的方向。计算机工作时，整个计算机在控制器的统一协调指挥下完成信息的计算与处理。事先通过输入设备将程序和数据一起存入存储

器。当计算机开始工作时，控制器就把程序中的“命令”一条一条地从存储器中取出来，加以翻译，并进行相应的发布命令和执行命令的工作。运算器是计算机的执行部件，根据控制命令从存储器获取“数据”并进行计算，将计算所得的新“数据”存入存储器。计算结果经输出设备完成输出。

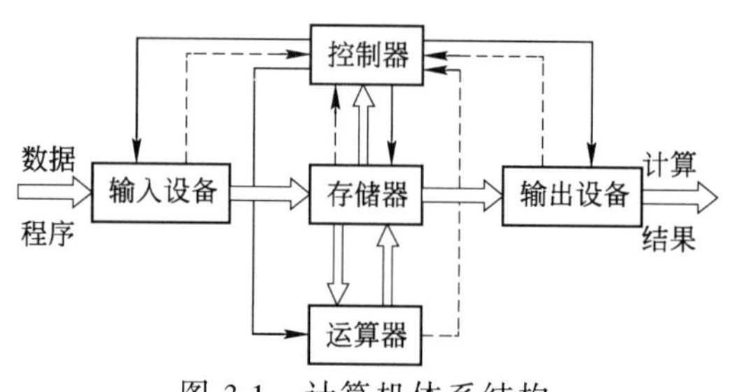

图 3.1　计算机体系结构

通常将一个运算器和一个控制器集成在一片集成电路芯片中，称为中央处理器（Central Processing Unit，CPU），也称微处理器，它是计算机系统的核心。目前微处理器功能越来越强大，它可将多个 CPU 集成在一起以实现并行处理，形成多核微处理器。

3.2　存　储　器

3.2.1　与存储器相关的几个重要概念

位（bit）：是计算机的最小存储单位，一个位能存储一个二进制数，称为 1 位，用 bit 表示。

字节（Byte）：8 个二进制位称为一个字节，用 B 表示。

存储器一般被划分成许多单元，被称为存储单元；一个存储单元可存放若干二进制位；存储单元按一定顺序编号，每个存储单元对应一个编号，称为单元地址；单元地址是固定不变的，而存储在该单元中的内容则是可以改变的。

存储容量：描述计算机存储能力的指标，通常以字节为最小的计量单位。为了方便描述，存储器容量通常用以下单位表示：千字节（KB）、兆字节（MB）、吉字节（GB）、太字节（TB），它们之间的进位关系如下：

$$1\ \text{KB} = 1\ 024\ \text{B} = 2^{10}\text{B}$$

$$1\ \text{MB} = 1\ 024\ \text{KB} = 2^{20}\text{B}$$

$$1\ \text{GB} = 1\ 024\ \text{MB} = 2^{30}\text{B}$$

$$1\ \text{TB} = 1\ 024\ \text{GB} = 2^{40}\text{B}$$

目前微型计算机的内存容量一般为 GB 数量级，外存容量一般为 TB 数量级。

3.2.2　存储单元的地址与内容

存储器是可按地址自动存取数据的部件，存储器由若干存储单元构成，每个存储单元由若干存储位构成，一个存储位可存储 0 或 1，所有的存储单元构成一个存储矩阵。每个存储单元有一个地址编码。

图 3.2 所示为一个简单小型存储器的概念结构图。地址编码 $A_0A_1A_2A_3$ 经地址译码器（地址译码器对地址进行运算后）映射到对应的存储单元，4 条地址编码线可以编码 2^4 个存储单元。一个存储单元有 16 个存储位，则存储容量为 $2^4\times16/8$ B=32 B。

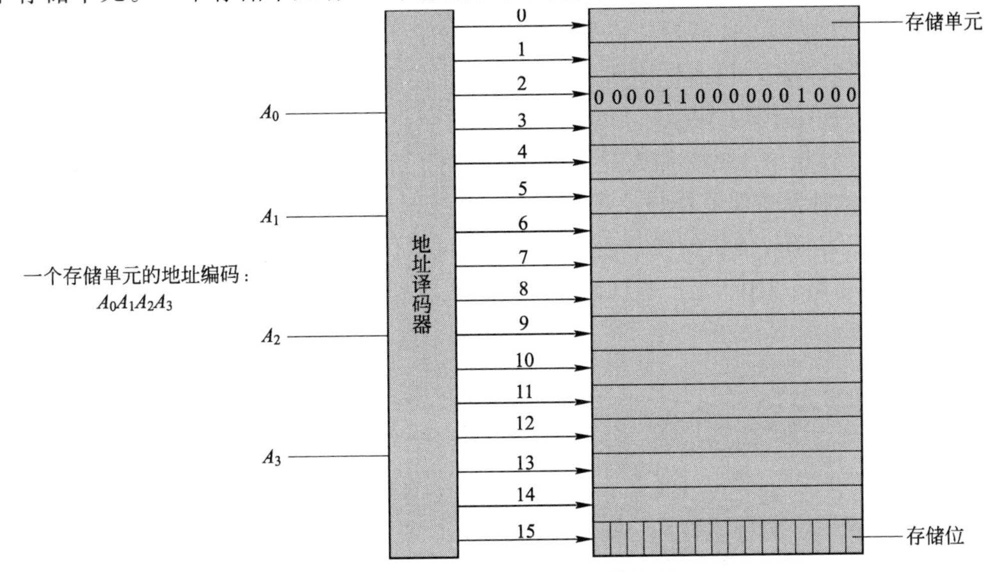

图 3.2　存储器的概念结构图

类比理解：把存储器比喻成一栋公寓，一个存储单元就是一个房间。图 3.2 所示存储器对应的公寓中有 16 个房间，每个房间都有编号，每个房间固定有 16 个床位，每个床位有人用 1 表示，无人用 0 表示。每个房间的编号对应就是这个存储单元的地址编码，每个房间的床位使用情况就是存储单元的内容。图 3.2 中，地址编码为 0010（2）的存储单元存储的内容为 0000110000001000。

例如，一个存储器有 30 条地址编码线，可以编码 2^{30} 个存储单元，若每个存储单元有 64 个存储位，则存储容量=$2^{30}\times64/8=2^{33}$ B=8 GB。

3.2.3　存储器的分类

存储器通常可分为内存储器（也称主存储器，简称内存、主存）和外存储器（也称辅助存储器，简称外存、辅存）。

1．内存储器

内存储器用于存放计算机当前正待运行的程序和数据，由半导体存储器构成，它的存取速度快，但容量较小。它可以直接与 CPU 交换数据和指令，其外观如图 3.3 所示。

内存储器按信息的存取方式分为两种：只读存储器（Read Only Memory，ROM）和随机存储器（Random Access Memory，RAM）。

ROM 中的数据只能够读出，不能改写，其中存放的数据一般是由制造商事先编制好并且固化在里面的一些程序。ROM 的主要作用是完成计算机的启动、自检、各功能模块的初始化、系统引导等重要功能，只占内存储器很小的一部分，其特点是计算机断电后存储器中的数据仍然存在。

RAM 中的数据既可以读出，也可以改写，它是内存储器的主体部分，一切需要执行的程序和数据都要预先装入该存储器中才能工作。当计算机工作时，RAM能保存数据，但一旦切断电源，数据将完全消失。

2. 外存储器

外存储器用以弥补内存储器功能的不足，它追求永久性存储及大容量，存取速度与内存储器相比要慢得多。它不与计算机的其他部件直接进行数据交流，只和内存单独交流数据。常用的外存储器有硬盘、U盘、光盘等。

① 硬盘是计算机主要的存储媒介之一，通常用于存放永久性的数据和程序，如图3.4所示。目前常见的硬盘主要有机械硬盘（HDD，传统硬盘）、固态硬盘（SSD，新式硬盘）、混合硬盘（HHD，基于传统机械硬盘诞生出来的新硬盘）。HDD采用磁性碟片来存储，SSD采用闪存颗粒来存储，HHD是把磁性硬盘和闪存集成到一起的一种硬盘。

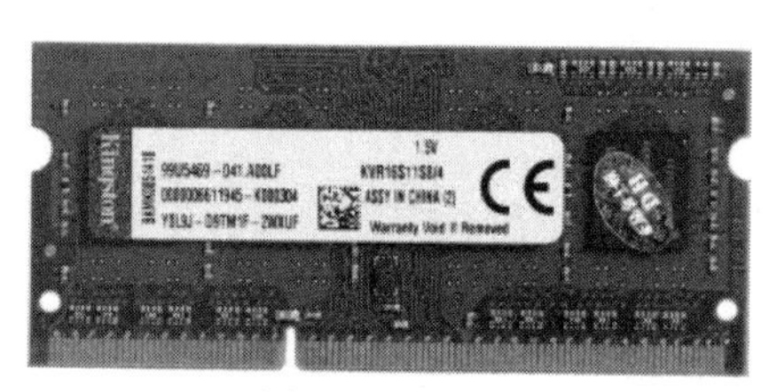

图3.3　内存

图3.4　硬盘

② U盘（USB Flash Disk）是一种使用USB接口的无须物理驱动器的微型高容量移动存储产品，如图3.5所示。U盘通过USB接口与计算机连接，实现即插即用。其特点是小巧便携、存储容量大、价格便宜。一般的U盘容量有8 GB、16 GB、32 GB、64 GB、128 GB、256 GB等。如今U盘还可以代替光驱成为一种新的系统安装工具。

③ 光盘是利用激光原理进行读、写的设备，可以存放各种文字、声音、图形、图像和动画等多媒体数字信息，如图3.6所示。其特点是记录数据密度高，存储容量大，数据可永久保存。光盘的种类很多，主要有只读光盘（CD-ROM）、数字多用途光盘（DVD-ROM）、一次可写入光盘（CD-R）、可重复写入光盘（DVD-RM）等。

图3.5　U盘

图3.6　光盘及其驱动器

3.3 指令与程序

3.3.1 示例引入

下面介绍计算机是如何完成一个复杂计算的。

例如，计算表达式 3×4+5。

首先需要给出一个计算该表达式的步骤，如表 3.1 所示。这里涉及的计算步骤是机器可以直接执行的基本步骤。

表 3.1 表达式 3×4+5 的求解步骤

序号	解题步骤	说明
①	取出数 3	从存储器中取数 3，送至运算器
②	乘以数 4	从存储器中取数 4，送至运算器，做乘法运算
③	加上数 5	从存储器中取数 5，送至运算器，做加法运算
④	存数	将运算结果送至存储器
⑤	打印	打印结果
⑥	停止	运算完毕，暂停

3.3.2 指令和指令系统

表 3.1 中的求解步骤只有转化为程序，才能被机器执行。程序员用指令来表达自己的意图，写出求解问题的程序并事先存放在计算机中，计算机运行时由控制器取出程序中的一条条指令分析并执行，控制器就是靠指令来指挥计算机工作的。

通常一条指令对应着一种计算机硬件能直接实现的基本操作，如“取数”“存数”“加”“减”“乘”“除”“输入”“输出”“移位”“停机”等，将这些基本操作用命令集合的形式表达，就是指令。一条机器指令至少要告诉计算机两个信息：一是做何种操作；二是操作数在哪里。前者称为指令的操作码；后者称为指令的地址码。地址码指出参与运算的数据存放的位置。

常见的计算机指令的一般格式如图 3.7 所示。

例如，一条加法指令如图 3.8 所示，它表达了 3 个信息：

① 做加法。

② 相加的两个数，一个数已经在运算器里，另一个数在 8 号存储单元里。

③ 相加后的结果放在运算器中。

图 3.7 指令的一般格式　　图 3.8 加法指令

每种类型的计算机的指令数量都是确定的。指令系统是指一台计算机所能执行的全部指令的集合。指令系统决定了一台计算机硬件的主要性能和基本功能。操作码的位数一般取决于计算机指令系统的规模。例如，一个指令系统只有 8 条指令，则有 3 位操作码就够了。

例如，一台计算机有 64 条指令，操作码需要 6 位（$2^6=64$），表 3.2 给出了该台计算机指令系统中的部分指令说明。如果每个存储单元有 16 个存储位，操作码 6 位，则地址码占 10 位。

表 3.2　机器指令系统示意

操 作 码	指令功能说明
000001	取数
000010	存数
000011	加法
000100	乘法
000101	打印
000110	停机
000000	表示存储的是数据，而不是指令

3.3.3　机器语言程序

要使计算机解决特定问题，就需要按照问题要求写出一个指令序列，这个指令序列称为计算机程序，它表达了计算机解决问题需要完成的所有操作。程序是由指令构成的（这里指的是机器语言程序），程序中的指令必须属于该台计算机的指令系统，以便计算机识别并执行。

用机器指令编写的程序即机器语言程序，是可以被机器直接执行的。表 3.3 给出的是表达式 3×4+5 对应的程序。这里是将表达式 3×4+5 对应的机器语言程序和数据装载到存储器中，占用 0～9 号存储单元，其中 0～5 号存储的是程序，6～9 号存储的是数据。

表 3.3　被装载进存储器中的程序和数据示意

存储单元的地址编码	存储单元的内容		说　　明
	操作码（6 位）	地址码（10 位）	
0000	000001	0000000110	指令：取出 6 号存储单元的数（即 3）送至运算器中
0001	000100	0000000111	指令：乘以 7 号存储单元的数（即 4）得到 12，结果保留在运算器中
0010	000011	0000001000	指令：加上 8 号存储单元的数（即 5）得到 17，结果保留在运算器中
0011	000010	0000001001	指令：将上述运算器中结果（17）存于 9 号存储单元
0100	000101	0000001001	指令：打印 9 号存储单元的数 17
0101	000110		指令：停机
0110	000000　0000000011		数据：数 3 存于 6 号存储单元
0111	000000　0000000100		数据：数 4 存于 7 号存储单元
1000	000000　0000000101		数据：数 5 存于 8 号存储单元
1001	000000　0000010001		数据：数 17 存于 9 号存储单元

3.4　运　算　器

运算器主要完成加、减、乘、除等四则运算，与、或、非、异或等逻辑运算，以及移位、比较和传送等操作。

运算器由算术逻辑部件（ALU）和累加器（ACC）、数据寄存器（R）等部分组成。运算器的核心是算术逻辑部件，它接收数据寄存器和累加器的输入，完成所有的计算。

数据寄存器用于暂存参加运算的一个操作数，该操作数来自存储器。

累加器是特殊的寄存器，既能接收来自存储器的数据作为参加运算的一个操作数，又能存储算术逻辑部件运算的中间结果和最后结果，为下一次运算做准备，因其具有累计运算的功能，所以称为“累加器”。

如图 3.9 所示，将来自存储单元的数据 0000000000000011（对应十进制数 3）存于累加器中，将来自存储单元的数据 0000000000000100（对应十进制数 4）存于数据寄存器中，然后一起送入算术逻辑部件完成乘法运算，计算结果再送入累加器中，等待下一次运算。

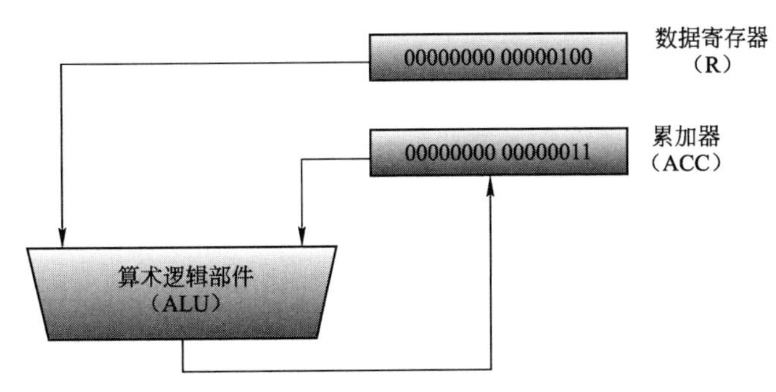

图 3.9　运算器的内部结构示意图

计算机运行时，运算器的操作和操作种类由控制器决定。运算器处理的数据来自存储器；处理后的结果数据通常送回存储器，或暂时寄存在运算器中。

3.5 控　制　器

控制器是计算机的指挥控制中心，它的主要功能是向机器的各个部件发出控制信号，使整台机器自动、协调地工作。

控制器由指令寄存器、程序计数器、操作码译码器、操作控制器、时序电路等部件组成。

① 指令寄存器用于保存当前正在执行的指令。指令的执行需持续一段时间，在这段时间内，指令是需要被保存的。

② 程序计数器用于存放存储器中下一条将要被执行指令的地址。程序在执行前需要被连续地存放在存储器中，然后由控制器控制着一条一条地从存储器中读取并执行。当计算机开始工作时，程序中的第一条指令的地址被放置在程序计数器中。这是一个具有特殊功能的寄存器，具有“自动加 1”功能，用来自动生成“下一条”指令的地址，所以程序中后续指令的地址都由它自动产生。

③ 操作码译码器对指令中的操作码进行译码，然后送往操作控制器进行分析。

④ 操作控制器识别不同的指令类别以及获取操作数的方法，产生执行指令的操作

命令，发往计算机需要执行操作的各个部件。

⑤ 时序电路在信号传输过程中，控制信号的传输次序，避免不同职能的信号发生冲突。好比在交叉路口，用信号灯控制交通秩序，红灯停，绿灯行，按一定的时间间隔转换红绿灯，这样不同方向的车辆就不会有冲突了。

如图 3.10 所示，程序开始执行时，第一条指令的地址 0000000000000000 被放置在程序计数器中；根据程序计数器的地址，从存储器中取出指令放置到指令寄存器，指令取出后，程序计数器自动加 1；操作码译码器对指令的操作码 000001 进行译码，分析出是取数指令，然后送往操作控制器；操作控制器识别指令是取数指令，而且需要从存储器中取数，从而产生执行该指令的操作命令，发往计算机需要执行操作的各个部件，即发信号给指令寄存器将地址码 0000000110 送往地址译码器、发信号给存储器进行读操作、发信号给运算器接收来自存储器的数据。

取指令、分析指令、执行指令再取下一条指令，依次周而复始地执行指令序列的过程就是程序自动执行的过程。

通常将运算器与控制器集成在一块芯片上，称为中央处理器（Center Processing Unit，CPU）。它是计算机的核心设备。图 3.11 所示为 Intel 公司 CPU 的外观。

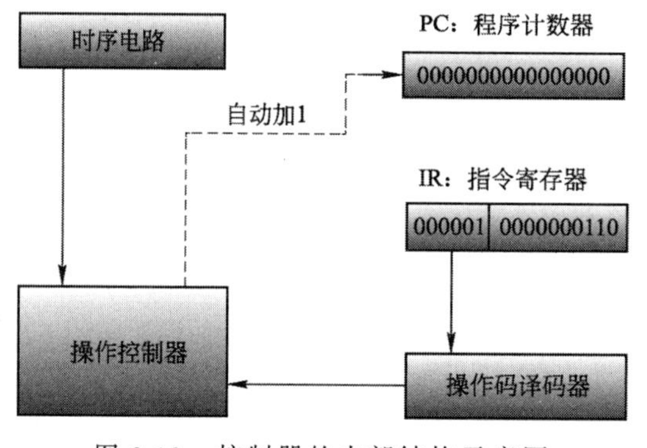

图 3.10　控制器的内部结构示意图

图 3.11　CPU 的外观

3.6　机器级程序的执行

运算器、控制器和存储器装配在一起形成完整的计算机系统。

一条指令的执行，可分为三个阶段：取指令、分析指令、执行指令。如图 3.12 所示，将程序和数据装载进存储器，以示例的形式来模拟第二条指令的执行过程。指令的有序执行是在时序电路的管制下进行的。

取指令：

① 将程序计数器中的内容（0000000000000001，对应 1 号存储单元）送给地址译码器。

② 操作控制器发信号给存储器，存储器按地址找到存储单元，将其内容（000100 0000000111）送给指令寄存器。

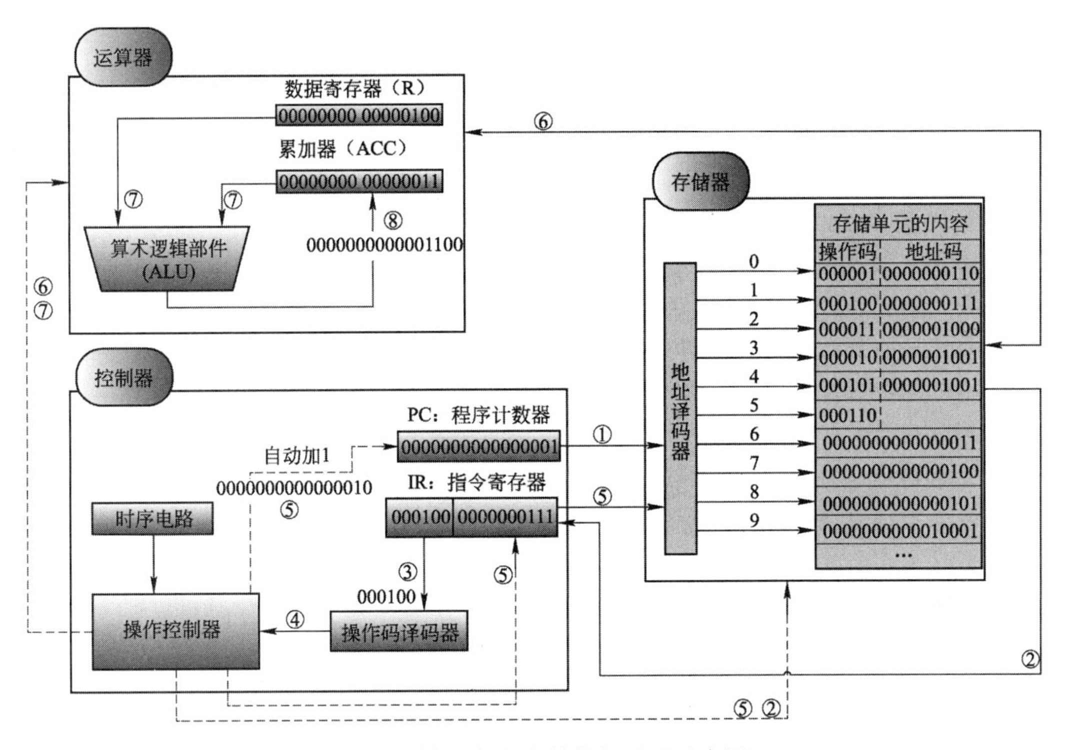

图 3.12　第二条指令的执行过程示意图

分析指令：

③ 将指令的操作码（000100）送给操作码译码器，操作码译码器对操作码进行译码。

④ 送往操作控制器进行分析，操作控制器识别指令是乘法指令，并且另外一个操作数在存储器中，从而产生执行该指令的操作命令，发往计算机需要执行操作的各个部件。

执行指令：

⑤ 发送信号给指令寄存器，将指令寄存器中的地址码（0000000111）送给地址译码器、发信号给存储器开始工作、通知程序计数器，使其值自动加 1。

⑥ 存储器按地址译码器的值找到存储单元（7 号存储单元），将其内容（0000000000000100，数据 4）读出送入运算器；发送信号给运算器，运算器中的数据寄存器接收来自存储器的数据。

⑦ 发送信号给运算器开始计算，运算器将数据寄存器（0000000000000100，数据 4）和累加器（0000000000000011，数据 3）的值作为两个输入，进行乘法运算产生结果。

⑧ 将运算结果（0000000000001100，数据 12）送给累加器。

3.7　程序设计语言与计算机性能指标

3.7.1　机器语言、汇编语言、高级语言

计算机语言指用于人与计算机之间通信的语言。计算机做的每一次动作，每一个步骤，都是按照已经用计算机语言编好的程序来执行的，程序是计算机要执行的指令的集

合，而程序全部都是人们用计算机语言来编写的。所以，人们要控制计算机，一定要通过计算机语言向计算机发出命令。计算机语言的种类非常多，总的来说可以分成机器语言、汇编语言、高级语言三大类。

1. 机器语言

计算机发明之初，人们只能用计算机的语言去命令计算机做事情，一句话，就是写出一串串由 0 和 1 组成的指令序列交由计算机执行。这种计算机能够直接解释与执行的语言就是机器语言。

计算机能直接执行的指令称为机器指令，所有机器指令的集合称为该计算机的指令系统，由机器指令所构成的编程语言称为机器语言，即机器语言是 CPU 可以直接解释与执行的指令集合。

使用机器语言是十分不方便的，特别是在程序有错需要修改时更是如此。每台计算机的指令系统往往各不相同，所以，在一台计算机上执行的程序要想在另一台计算机上执行，必须另编程序，造成了重复工作。但由于机器语言使用的是针对特定型号计算机的语言，故而运算效率是所有语言中最高的。机器语言是第一代计算机语言。

2. 汇编语言

为了减少使用机器语言编程的不便，人们进行了一种有益的改进：用一些简洁的英文字母、符号串来替代一个特定指令的二进制串，比如，用 ADD 代表加法，MOV 代表数据传递，这样一来，人们很容易读懂并理解程序在干什么，纠错及维护都变得方便了，这种程序设计语言称为汇编语言，即第二代计算机语言。然而计算机是不认识这些符号的，这就需要一个专门的程序，专门负责将这些符号翻译成二进制数的机器语言，这种翻译程序称为汇编程序。

汇编语言同样十分依赖于机器硬件，移植性不好，但效率仍十分高。针对计算机特定硬件而编制的汇编语言程序，能准确发挥计算机硬件的功能和特长，程序精练而质量高，所以至今仍是一种常用而强有力的软件开发工具。

3. 高级语言

高级语言并不是特指某一种具体的语言，而是包括很多编程语言，如 Java、C、C++、C#、Pascal、Python、Prolog 等。这些语言的语法、命令格式各不相同。

低级语言分机器语言（二进制语言）和汇编语言（符号语言），这两种语言都是面向机器的语言，和具体机器的指令系统密切相关。机器语言用指令代码编写程序，而符号语言用指令助记符来编写程序。

高级语言与计算机的硬件结构及指令系统无关，它有更强的表达能力，可方便地表示数据的运算和程序的控制结构，能更好地描述各种算法，而且容易学习掌握。但高级语言编译生成的程序代码一般比用汇编程序语言设计的程序代码长，执行速度也慢。所以，汇编语言适合编写一些对速度和代码长度要求高的程序和直接控制硬件的程序。

高级语言程序的示例——以 C 语言编程计算 a*b+c：

```
void main( )
{
  int a,b,c,result;
```

```
    a=3;
    b=4;
    c=5;
    result=a*b+c;
    printf("%d",result);
  }
```

其中，a、b、c、result 都是变量，变量的地址是由编译程序在编译过程中自动分配的，即在编译过程中，分配给 a、b、c、result 为 6、7、8、9 号存储单元，并产生上述机器级指令程序。

3.7.2 计算机系统性能指标

1. 衡量计算机性能的指标

计算机系统的性能是由其系统结构、指令系统、硬件组成、软件配置等多方面的因素综合决定的。通常从以下几个方面衡量计算机性能。

（1）字长

字长是指 CPU 能够同时处理的二进制位数。字长标志着计算机处理信息的精度和速度。字长越长，计算机的运算精度就越高，处理能力就越强。目前，微型计算机字长主要为 32 位和 64 位。

（2）主频

主频是指 CPU 的时钟频率，也就是 CPU 运算时的工作频率。一般来说，主频越高，单位时间内完成的指令数也越多，CPU 的速度也就越快。

（3）内存容量

内存容量指内存储器中能够存储信息的总字节数，反映了计算机即时存储信息的能力。内存容量越大，系统功能就越强，能处理的数据量就越庞大。目前，微型计算机常用的内存容量为 8 GB、16 GB 等。

（4）外存容量

外存容量指硬盘容量（内置硬盘），以 GB、TB 为单位。

（5）外设扩展能力

外设扩展能力是指计算机可配置外围设备的数量及类型，对整个系统的性能有很大的影响。

2. 选购笔记本计算机时应关注的参数

（1）品牌

这是选购笔记本计算机时很重要的一个参数，不同的生产商对笔记本计算机的定位各有不同，所以，购机时应该先确定自己的需求定位，然后选择合适的品牌。

（2）CPU

CPU 作为笔记本计算机的灵魂，其性能直接决定了笔记本计算机的运行体验。目前，CPU 的品牌主要有 Intel 和 AMD。Intel 在性能、稳定性方面具有优势，而 AMD 在图像处理方面更胜一筹。另外，CPU 的主频也是需要关注的参数之一。主频越高，说明 CPU 运算速度越快，性能越好。CPU 核心也与计算机性能相关，核心越多，计算机数据处理能力越强。目前笔记本计算机 CPU 大多是双核或四核，甚至八核。

（3）显卡

笔记本计算机的显卡与台式计算机有所不同，更换是相当烦琐的。目前，显卡的品牌主要有 AMD 和 NVIDIA。

（4）内存和缓存机制

它们的好坏关系着笔记本计算机的运行速度。缓存机制也同样重要，好的缓存机制可以保证计算处理数据的高速度。现在一般都是三级缓存。

（5）硬盘

硬盘的容量决定了笔记本计算机能存储的文件大小，现在多以 TB 为单位。

（6）笔记本计算机的操作系统位数

这个其实是 CPU 的参数之一，64 位 CPU 拥有更大的寻址能力，最大支持到 16 GB 内存，而 32 位只支持 4 GB 内存。

3.8 国产 CPU

国产 CPU 一路走来，坎坷不断。随着国产 CPU 的再度起航，其发展开始初具规模，诞生了龙芯、鲲鹏、飞腾、海光、兆芯、申威等一批优质企业。

1. 龙芯和申威：践行“北斗理念”先驱者

在国产 CPU 中，龙芯和申威都是践行北斗理念的先驱者。龙芯基于 MIPS 授权，研发了 LoongISA 指令系统和 LoongArch 架构；申威以 Alpha 架构为基础拓展自研架构，均为指令集授权+自研技术路线。

龙芯和申威的“授权+自研”模式，优点在于相对自主可控。较为独立的技术体系，以及打造独立的产业生态，适合对信息安全最为敏感的行业与领域。比如在军工、航天等领域作用突出。同时，独立自主的技术体系，并不代表技术水平和产品性能低下。申威 SW26010 是中国首个采用国产自研架构且性能强大的计算机芯片。“神威·太湖之光”是国内第一台全部采用国产处理器构建的连续四次蝉联世界第一的超级计算机，其搭载了申威 SW26010 处理器，是全球首台峰值计算速度超过十亿亿次的超级计算机。

但这一模式也有缺点，就是应用场景狭窄。处理器需要软硬件配套，形成商业生态才能发挥起作用。而目前龙芯和申威，都只能在军工、航天等特种领域中应用，距离形成真正意义的商业生态还有很长的路要走。

2. 鲲鹏和飞腾：借 ARM 指令集寻求“弯道超车”

与占据垄断地位的 x86 指令集相比，ARM 指令集本身就是弯道超车思维的产物。ARM 指令集的优点在于功耗小，能效比优秀，打开了移动端设备和消费类电子的市场，借助合作者的力量，更快地建立了自身市场地位。

鲲鹏和飞腾均获得 ARM v8 指令集授权研发设计 CPU 产品。华为鲲鹏打造了“算、存、传、管、智”五个子系统的芯片族，实现多场景处理器布局。对于华为而言，鲲鹏作为华为云的备用底座，近几年也在生态构建上持续发力。飞腾则基于 PKS 体系，在党政信创领域有较好的市场表现。飞腾 CPU（Phytium）、麒麟操作系统（Kylin）和

S-Security”的立体防护安全链，在安全性上优势更为明显，因此在对信息安全要求更高的领域拥有了一席之地。

ARM架构面临着一个严峻的问题，就是后续自主迭代难以为继。此前ARM公司宣布，先进微架构不会向中国企业授权，因此国内ARM芯片将止步于ARM v8。受授权模式限制，国内厂商在IP核基础上的研发需得到ARM的许可，这意味着ARM也不会允许国内厂商基于ARM指令集开发出一条新路，否则会面临侵权风险。因此ARM芯片的产品迭代可能会出现停滞，性能将来会撞上天花板。

3．海光和兆芯：依托“高铁模式”的实干者

我国的高铁，是引进技术进行本土化改造和自主创新，并最终形成自身优势的代表。因此，海光信息和兆芯，两家基于x86指令集开发自身产品的厂商，被看作是高铁模式在CPU领域的代表。

CPU与高铁的相似之处在于，不仅仅需要底层技术和产品性能上的领先，还需要建立消费应用的生态场景，才能形成技术与市场的良性循环。所以海光和兆芯可以在商业应用这一更大的市场中不断实践，积累经验升级迭代。在国产CPU探索突围的路上，这也是一种更为务实的心态。这种务实的心态已经体现在了海光的快速发展上。2016年，海光从AMD获得x86指令集永久授权和ZEN架构完全授权，并借助AMD与Intel的交叉授权模式，规避了x86指令集在基础专利和进阶专利上的限制。海光兼容x86指令集，使其获得了较高的应用兼容性，从而在高端CPU国产化替代的浪潮中，为客户降低了迁移成本，并获得广泛的软硬件生态支持。这不仅证明海光已经走出了自己的发展模式，也证明“高铁模式”可能是国产CPU实现稳定与平衡发展，在实干中走出独立发展之路的最优选择。

国产CPU产业面向三种不同应用场景，选择了三种不同的路线：龙芯和申威依靠自主研发的优势在特种应用场景上受到青睐；鲲鹏、飞腾基于ARM架构，在具有优势的特定生态中寻求弯道超车的机会；海光和兆芯基于x86指令集在商业应用领域更具优势，这都是我们面对巨头垄断时的举措。

国产CPU的发展之路刚刚开始，在技术、生态等很多方面仍有待在实践中寻找答案，国产CPU将在无人区里继续探索。

小　结

本章搭建了一个简单但功能相对完整的计算机系统。通过计算机三大核心部件——运算器、控制器、存储器，实现了指令的存储、读取、执行。

实　训

实训1　计算机系统组成

1．实训目的

① 结合实验机型，了解微型计算机的硬件组成。

② 巩固冯·诺依曼型计算机五大部件：存储器、运算器、控制器、输入设备和输出设备。

③ 熟悉机器程序的存储和执行过程。

2. 实训内容

完成下面理论知识题：

① 计算机能直接执行的程序是（　　）。

A. 源程序　　B. 机器语言程序
C. BASIC 语言程序　　D. 汇编语言程序

② 微型计算机的运算器、控制器、内存储器构成计算机的（　　）部分。

A. CPU　　B. 硬件系统
C. 主机　　D. 外设

③ U 盘和硬盘都是（　　）。

A. 计算机的内存储器　　B. 计算机的外存储器
C. 海量存储器　　D. 备用存储器

④ 计算机中运算器的主要功能是（　　）。

A. 控制计算机的运行　　B. 算术运算和逻辑运算
C. 分析指令并执行　　D. 负责存取数据

⑤ 下列关于 ROM 的说法不正确的是（　　）。

A. CPU 不能向其随机写入数据
B. ROM 中的内容断电后不会消失
C. ROM 是只读存储器的英文缩写
D. ROM 是外存储器的一种

⑥ 计算机应由五部分组成，下列（　　）不属于这五部分。

A. 控制器　　B. 总线
C. 输入/输出设备　　D. 存储器

⑦ 在计算机中，（　　）合称处理器。

A. 运算器和寄存器　　B. 存储器和控制器
C. 运算器和控制器　　D. 存储器和运算器

⑧ 微型计算机基本配置的输入和输出设备分别是（　　）。

A. 键盘和数字化仪　　B. 扫描仪和显示器
C. 键盘和显示器　　D. 显示器和鼠标

⑨ 某微型计算机的内存容量为 1 GB，指的是（　　）。

A. 1 024 M 字节　　B. 1 000 M 字节　　C. 1 024 M 位　　D. 1 024 M 字

⑩ 计算机存储器中，一个字节由（　　）位二进制位组成。

A. 8　　B. 1 000　　C. 1 204　　D. 4

⑪ 1 MB=（　　）。

A. 1 024 KB　　B. 1 000 B　　C. 1 000 KB　　D. 1 024 B

⑫ 若用户正在计算机上编辑某个文件，这时突然停电，则全部丢失的是（　　）。

A. ROM和RAM中的信息　　B. RAM中的信息

C. ROM中的信息　　D. 硬盘中的文件

⑬ 下列关于字节的叙述中正确的是（　　）。

A. 计算机的字长并不一定是字节的整数倍

B. 计算机中将8个相邻的二进制位作为一个单位，这种单位称为字节

C. 字节通常用英文单词bit来表示

D. Pentium机的字长为5字节

⑭ 微型计算机中，控制器的基本功能是（　　）。

A. 算术和逻辑运算　　B. 存储各种控制信息

C. 保持各种控制状态　　D. 控制计算机各部件协调一致地工作

⑮ 在多媒体计算机中，麦克风属于（　　）。

A. 运算设备　　B. 输出设备

C. 存储设备　　D. 输入设备

实训2　机器程序的执行

1. 实训目的

① 掌握计算机硬件体系结构。

② 掌握计算机的基本工作原理。

2. 实训内容

完成下面理论知识题：

① 冯·诺依曼计算机的结构特点是什么？

② 计算机是如何执行一条指令的？

③ 如果U盘上存储了一些数据，目前运行的程序要用到这些数据，能把它们直接送到运算器吗？为什么？

④ 如果要打印计算结果，打印机是从哪里得到这些结果的？

⑤ 内存与外存的主要区别是什么？

第4章 复杂环境的管理者——操作系统

党的二十大报告提出，“加快实施创新驱动发展战略。坚持面向世界科技前沿、面向经济主战场、面向国家重大需求、面向人民生命健康，加快实现高水平科技自立自强。以国家战略需求为导向，聚集力量进行原创性引领性科技攻关，坚决打赢关键核心技术攻坚战。”

操作系统（Operating System，OS）是计算机中最基本、最重要的基础性软件，是管理和控制计算机硬件与软件资源的计算机程序，是直接运行在“裸机”上的最基本的系统软件，任何其他软件都必须在操作系统的支持下才能运行。操作系统是用户和计算机的接口，同时也是计算机硬件和其他软件的接口。操作系统的功能包括管理计算机系统的硬件、软件及数据资源，控制程序运行，改善人机界面，为其他应用软件提供支持等，使计算机系统所有资源最大限度地发挥作用，提供了各种形式的用户界面，使用户有一个好的工作环境，为其他软件的开发提供必要的服务和相应的接口。

4.1 现代计算机的基本构成

现代计算机是一个复杂的系统。现代计算机系统由硬件、软件、数据和网络构成，硬件是指构成计算机系统的物理实体，是看得见、摸得着的实物。软件是控制硬件按指定要求进行工作的由有序指令构成的程序的集合，虽然看不见、摸不着，但却是系统的灵魂。数据是软件和硬件处理的对象，是人们工作、生活、娱乐所产生、处理和消费的对象，通过数据的聚集可积累经验，通过聚集数据的分析和挖掘可发现知识、创造价值。网络既是将个人与世界互联互通的基础手段，又是有着无尽资源的开放资源库。

硬件由主机和外围设备两大部分构成。主机的核心是CPU与存储器，CPU、存储器等被插入主电路板上，再通过内部的传输线路和扩展插槽，与控制各种不同设备的接口电路板连接，而各种外围设备则通过不同的信号线与接口电路板连接，这样所有外围设备均直接或间接与CPU相连接，接受CPU的控制。外围设备包括输入设备（鼠标、键盘、扫描仪）、输出设备（显示器、打印机、音箱）、外部存储设备（硬盘、光盘、U盘）。

各种软件研制的目的都是增强计算机的功能，方便人们使用或解决某一方面的实际问题。根据软件在计算机系统中的作用，可将软件分为系统软件和应用软件两大类。系统软件是指控制和协调计算机及外围设备，支持应用软件开发和运行的系统，是无须用户干预的各种程序的集合，主要功能是调度、监控和维护计算机系统；负责管理计算机系统中各种独立的硬件，使得它们可以协调工作。系统软件使得计算机使用者和其他软件将计算机当作一个整体而不需要顾及底层每个硬件如何工作，如操作系统、计算机语

言处理系统、数据库管理系统等。应用软件是用于解决各种实际问题、进行业务工作或者生活及娱乐相关的软件，如办公软件、互联网软件、多媒体软件、游戏软件等。虽然硬件连接着各种设备，但若没有软件则计算机是不能有效工作的，也就是说软件连接并控制着一切。

简单环境下的程序执行已在第 3 章介绍过，即：程序被存储在内存中，CPU（控制器和运算器构成）可一条接一条地取出指令并执行指令。由于技术的不断发展，现代计算机执行程序的环境越来越复杂：

① 存储环境由单一内存扩展到存储体系。内存容量小、存取速度快，用于临时存储；硬盘容量大，存取速度慢，用于永久保存信息。将性能不同的存储器组合成一个整体优化使用，形成内外存结合的存储体系。

② 计算环境由单一 CPU 扩展为多个 CPU。由一次执行一个程序，到一次执行多个程序，多个 CPU 执行多个程序。

③ 外围设备越来越多。由简单的键盘、鼠标、显示器设备扩展到各种可接入的设备。

因此，复杂环境下需要一个管理者，这个管理者就是操作系统。

4.2 操作系统的基本概念

4.2.1 操作系统的定义

早期的计算机没有操作系统，计算机的运行要在人工干预下进行，程序员兼职操作员，效率非常低。为了使计算机系统中所有软硬件资源协调一致、有条不紊地工作，必须有一个软件来进行统一的管理和调度，这种软件就是操作系统。操作系统是最基本的系统软件，是管理和控制计算机中所有软硬件资源的一组程序。现代计算机系统绝对不能缺少操作系统，而且操作系统的性能很大程度上直接决定了整个计算机系统的性能。

在计算机软件系统中，能够直接与硬件平台交流的就是操作系统。操作系统是底层的软件，它控制计算机运行的所有程序并管理整个计算机的资源，是计算机“裸机”与应用程序及用户之间的桥梁。它允许计算机用户使用应用软件——Office 办公软件、网页浏览器、QQ 聊天工具等；它允许程序员利用编程开发工具来编写程序代码。没有操作系统，用户就无法使用计算机。

4.2.2 操作系统的功能

操作系统位于底层硬件与用户之间，是两者沟通的桥梁。用户可以通过操作系统的用户界面输入命令；操作系统则对命令进行解释，驱动硬件设备，实现用户要求。因此，操作系统必须为用户提供一个良好的用户界面。除此之外，操作系统还具备处理器管理、存储器管理、设备管理、磁盘与文件管理、用户接口等功能。

1. 处理器管理

处理器管理即管理 CPU 资源。在多任务操作系统下，一段时间内可以同时运行多个程序，而处理器只有一个，那么它是如何做到的呢？其实这些程序并非一直同时占用处理器，而是在一段时间内共享处理器资源，即操作系统的处理器管理模块按照某种策略将处理器不断分配给正在运行的不同程序。

处理器管理主要是对处理器的分配和运行进行管理，而处理器的分配和运行是以进程为基本单位的，因此通常将处理器管理称为进程管理。

有了这种处理器管理机制，在操作系统的支持下，计算机可以“同时”为用户做多件事情。例如，在 Windows 10 操作系统的支持下，用户可以一边下载文件，一边听音乐。

2. 存储器管理

存储器管理即管理内存资源。在计算机中，内存容量是一种稀缺资源。在有限的存储空间中要运行并处理大量数据，就要靠操作系统的存储器管理模块来控制。另外，对于多任务系统来讲，一台计算机上要运行多个程序，也需要操作系统来为每个程序分配和回收内存空间。

存储器管理主要为多个程序的运行提供良好的环境，完成对内存的分配、保护及扩充。

3. 设备管理

设备管理提供外围设备与计算机之间的数据交互管理。操作系统能为这些设备提供相应的设备驱动程序、初始化程序和设备控制程序等，使得用户不必详细了解设备及接口的技术细节，就可以方便地对这些设备进行操作。

主机和外围设备之间需要进行数据交换。外围设备种类繁多，型号复杂。不管从工作速度上看，还是从数据表示形式上看，主机和外围设备之间都有很大的差别。如何在主机和各种复杂的外围设备之间进行有效的数据传送，这是操作系统的输入/输出管理模块要解决的问题。

4. 磁盘与文件管理

计算机内存是有限的，大量的程序和数据需要保存在外部存储设备中。这些程序和数据通常是以文件的方式在外部存储器中进行保存和管理的。

操作系统的文件管理模块将物理的外部存储器的存储空间划分为多个逻辑上的存储文件的子空间，这些子空间称为目录。一个目录中可以保存文件（或称数据文件），也可以保存目录（或称目录文件），这就构成了一个多级的目录结构。在一个目录中，文件标识不能重复；在不同的目录中，文件标识可以相同。

5. 用户接口

为了方便用户使用计算机，操作系统提供了友好的用户接口。用户只需要简单操作就能实现复杂的应用处理。一般来说，操作系统提供了三种接口：

① 命令接口：用户通过操作系统命令管理计算机系统。

② 程序接口：由一组系统调用命令组成，这是操作系统提供给编程人员的接口。用户通过在程序中使用系统调用命令来请求操作系统提供服务。

③ 图形接口：采用图形化的操作界面，用户可通过鼠标、菜单和对话框来完成对应程序和文件的操作。图形用户接口元素包括窗口、图标、菜单和对话框，图形用户接口元素的基本操作包括菜单操作、窗口操作和对话框操作等。

6. 网络通信

网络通信提供计算机之间的数据交互和服务访问。

7. 安全机制

安全机制保证计算机的运行安全和信息安全。

4.2.3 常用操作系统

操作系统种类很多，最为常用的有五种：DOS、Windows、UNIX、Linux、Mac OS。下面分别介绍这五种微机操作系统的发展过程和功能特点。

1. DOS

DOS（Disk Operating System）是Microsoft公司于1981年研制出的安装在PC上的单用户命令行界面操作系统。它曾经广泛地应用在PC上，对于计算机的应用普及可以说是功不可没。DOS的特点是简单易学，硬件要求低，但存储能力有限。因为种种原因，现在DOS已被Windows替代。

2. Windows

Windows是Microsoft公司开发的"视窗"操作系统。第一个Windows操作系统于1985年推出，替代先前的DOS。目前Windows是世界上用户最多的操作系统。

Windows是基于图形用户界面的操作系统。因其生动、形象的用户界面，十分简便的操作方法，成为目前装机普及率最高的一种操作系统。

3. UNIX

UNIX操作系统是1969年问世的。UNIX的优点是具有较好的可移植性，可运行于许多不同类型的计算机上，具有较好的可靠性和安全性，支持多任务、多处理、多用户、网络管理和网络应用；缺点是缺少统一的标准，应用程序不够丰富，并且不易学习，这些都限制了UNIX的普及应用。

4. Linux

Linux是目前全球最大的一个自由免费软件，其本身是一个功能可与UNIX和Windows相媲美的操作系统，具有完备的网络功能。

用户可以通过Internet免费获取Linux及其生成工具的源代码，然后进行修改，建立一个自己的Linux开发平台，开发Linux软件。

Linux版本很多，各厂商利用Linux的核心程序，再加上外挂程序，就形成了现在的各种Linux版本。现在流行的版本主要有Fedora Core、Red hat Linux、Mandriva/Mandrake、SUSE Linux、Debian、Ubuntu、Gentoo、Slackware、红旗Linux等。

目前，Linux正在全球各地迅速普及推广，各大软件商如Oracle、Sybase、Novell、IBM等均发布了Linux版的产品，许多硬件厂商也推出了预装Linux操作系统的服务器产品。当然，PC用户也可使用Linux。另外，还有不少公司或组织有计划地收集有关Linux的软件，组合成一套完整的Linux发行版本上市，比较著名的有RedHat（即红帽）、Slackware等公司。Linux的稳定性、灵活性和易用性都非常好，得到了越来越广泛的应用。

5. Mac OS

Mac OS 是运行在苹果公司的 Macintosh 系列计算机上的操作系统。Mac OS 是首个在商业领域获得成功的图形用户界面。Mac OS 具有较强的图形处理能力，广泛用于桌面出版和多媒体应用等领域。Mac OS 的缺点是与 Windows 缺乏较好的兼容性，影响了它的普及。

4.2.4 常见国产操作系统

1989 年，时任机电部副部长的曾培炎同志在出国访问时，了解到巴西开发了一个操作系统 COBRA。回国后，曾培炎组织专家对发展中国开发自主版权操作系统的必要性和可能性进行了多次研讨。与会专家都认为，中国应该有自己的操作系统，这是计算机工业发展的需要，是国家信息安全的需要。中国计算机技术服务公司与中国软件技术公司共同承担了这一任务（后来这两个公司合并成立了中国计算机软件与技术服务总公司，即后来的上市公司中国软件与技术服务股份有限公司，以下简称“中国软件”），研发出了国产操作系统 COSIX。从 1989 年到 1999 年，COSIX 操作系统填补了国产操作系统从无到有的空白。当时产品研发出来后，完全自主研发的产品缺少软硬件支持，没有生态能力的系统软件产品很难在市场上站稳脚跟。随着开源的兴起，Linux 进入中国，早期的操作系统开发者开始基于 Linux 研发国产操作系统，1999 年前后，“中国软件”的研发团队从 COSIX 的 UNIX 路线快速转型到了 Linux。

在随后的几年里，由于市场需求的多样化和个性化以及 Windows、Mac OS 等国外知名操作系统厂商的崛起和发展，国产操作系统并没有跟随全球化浪潮发展壮大，反而逐渐失去了市场优势。

随着科技进步和信息化浪潮的席卷，国产操作系统开始重新焕发生机。2015 年，中国计算机产业协会（CCIA）成立了“中国处理器与操作系统产业联盟”，旨在加强产业链合作和创新研发。2016 年，国务院印发了《“十三五”国家信息化规划》，明确提出要加快国产操作系统的研发和应用，促进我国信息化技术的自主创新和发展。2021 年，《中华人民共和国国民经济和社会发展第十四个五年规划和 2035 年远景目标纲要》（以下简称“十四五”规划）强调聚焦高端芯片、操作系统、人工智能关键算法、传感器等关键领域，加快推进基础理论、基础算法、装备材料等研发突破与迭代应用。同年，工业和信息化部印发《“十四五”软件和信息技术服务业发展规划》，明确提出要聚力攻坚基础软件，推动操作系统与数据库、中间件、办公套件、安全软件及各类应用的集成、适配、优化。在政府政策的支持下，国产操作系统开始迈向一个新的阶段。

中标麒麟、深度操作系统、鸿蒙等品牌开始重新得到市场关注和认可。据统计，截至 2022 年，国内使用国产操作系统的企事业单位已经超过了 100 万家。中国国产操作系统市场形成了麒麟、统信两大巨头领军、多个参与者积极发力的局面。

1. 麒麟

作为中国操作系统的核心力量，麒麟软件重点在自主创新、安全可信、开源贡献、根社区建设方面持续发力，多年来积极致力于繁荣开源应用生态发展。目前，麒麟软件与 6000 多家软硬件厂商、集成商建立长期合作伙伴关系，建设完整的自主创新产业链。截至 2022 年底，麒麟软件实现软硬件适配数超 150 万，是国内首个突破百万生态的国产

操作系统厂商，品牌影响力、用户体验显著提升。

在产业协同层面，麒麟软件主导发起桌面操作系统根社区 openKylin（开放麒麟）、积极参与 openEuler（开放欧拉）建设，贡献开源力量；在生态适配技术支撑层面，麒麟软件自研并持续优化麒麟自动化适配测试平台和工具集（Kylin Adaptation-Kit），提升适配效率；在天津等六地建成线下生态适配创新中心，为合作伙伴提供丰富的生态适配硬件设备和适配场地环境；配备专门的适配技术支撑团队提供技术服务，方便产业上下游生态伙伴方便快捷开展生态适配。

2021 年是国家“十四五”开局之年，麒麟软件紧跟“十四五”规划，加强基础信息技术服务体系建设，营造开放包容的操作系统生态。为更加深化银河麒麟操作系统应用领域，麒麟软件成立“工程中心”——专门牵头公司定制化业务，匹配市场需求、解决行业痛点。

目前，麒麟软件的定制业务在“标准化操作系统增强产品线、行业操作系统产品线、定制操作系统研发”三条主线基础上，发力行业解决方案制定，满足了不同形态的市场化需求，旗下解决方案产品在党政、金融、电信、能源、交通、教育、医疗等各个领域获得广泛应用，在天问一号、嫦娥五号等“国之重器”上实现应用部署，并服务超过 5 万家中国用户。无论是服务百姓日常生活，还是支撑“国之重器”，都有麒麟操作系统保驾护航。

2. 统信

统信软件是中国操作系统的领先企业之一。统信软件于 2019 年成立，主要从事操作系统等基础软件的研发与服务。成立时受到了市场的普遍关注，该公司成立时定下的目标为“打造中国操作系统创新生态”，而其前身深度科技则从 2004 年开始即从事相关操作软件研发。目前，统信 UOS 操作系统在桌面端达到了市场占有率第一，服务器端增速保持第一。中国工程院院士倪光南称，统信软件代表了中国在自研操作系统领域的水平。在一份根据用户使用反馈发布的十大国产操作系统软件排行榜中，排在第一、二位的分别是统信 Deepin 和统信 UOS。

2022 年 5 月，统信软件宣布以深度（Deepin）社区为基础，建设立足中国、面向全球的桌面操作系统根社区，打造中国桌面操作系统的根系统。深度社区是目前国内记录显示较悠久、活跃度较高的开源桌面操作系统社区之一，已经持续运营 15 年，系统持续更新超过 200 次，下载量超过 8000 万次，用户遍布全球 100 多个国家和地区，活跃度持续提高。2022 年 4 月 5 日 Ubuntu 开发商 Canonical 宣布对俄罗斯企业停止支持和专业服务，而 Deepin 早在 2015 年就提前布局脱离 Ubuntu，使中国用户免受影响。2022 年 Deepin 又宣布脱离 Debian，基于 Linux 内核打造立足中国、面向世界的桌面操作系统根社区（注：Ubuntu 和 Debian 都是基于 Linux 系统的上游社区）。

截至目前，统信生态适配数量已突破 100 万临界大关，生态伙伴数量超过 5400 家，社区注册用户超 24 万，应用商店上架应用达 6 万余款。

统信软件在很多重点行业都有落地，比如金融行业，统信软件桌面操作系统在金融行业的市占率达 85%，在中国银行、工商银行、建设银行、农业银行等国有大行，以及城商行、农信行、头部证券、保险公司等都有着广泛和独家应用。此外，在运营商领域，统信已为中国联通、中国电信、中国移动做了产品测试与验证，将在两年到三年内完成部署。下一步，统信软件将继续遵循国家政策的指引，优先对金融、运营商、能源三大重点行业进行深耕，同时还将拓展交通、医疗、教育等领域。

3. 欧拉、鸿蒙

（1）欧拉

欧拉即 EulerOS。EulerOS 是华为自主研发的服务器操作系统，能够满足客户从传统 IT 基础设施到云计算服务的需求。EulerOS 对 ARM64 架构提供全栈支持，打造完善的从芯片到应用的一体化生态系统。EulerOS 以 Linux 稳定系统内核为基础，支持鲲鹏处理器和容器虚拟化技术，是一个面向企业级的通用服务器架构平台。

华为欧拉源自于 Linux 原始架构。Linux 原始架构为第一层级，称作原子；第二层级是华为欧拉和阿里龙蜥，等同于红帽；第三层级是麒麟、统信，相当于欧拉衍生版。

在华为捐赠欧拉前，华为与麒麟、统信是商业竞争关系。2019 年 9 月，华为宣布将欧拉开源，并在 2019 年 12 月 31 日全面开放，使之更好地应用于千行百业，促进数字经济的发展。据统计，2021 年装机量已经达到 102 万套，其中物理机装机量达到 52.7 万套，商业发行版装机量达到 34.5 万套。截至 2022 年 12 月底，开源欧拉社区企业成员超过 600 家，商业累计装机部署数量达到 300 万套。

这是中国第一次在基础软件领域，依托全产业链力量，构筑关键技术根基，通过开源共建的方式，快速跨越一个技术路线的生态拐点。可以说，EulerOS 覆盖了构建数字基础设置的全栈场景，结合华为自研的鲲鹏芯片以及 openGuass 开源数据库系统，致力建设数字中国的坚实底座。

（2）鸿蒙

鸿蒙操作系统（HUAWEI Harmony OS），是华为公司在 2019 年 8 月 9 日于东莞举行华为开发者大会上正式发布的操作系统。

鸿蒙操作系统是一款“面向未来”、面向全场景（移动办公、运动健康、社交通信、媒体娱乐等）的分布式操作系统。在传统的单设备系统能力的基础上，提出了基于同一套系统能力、适配多种终端形态的分布式理念，能够支持多种终端设备。

鸿蒙操作系统可以更好地服务于物联网领域。作为一个全场景全设备的操作系统，鸿蒙系统可以支持更多的智能设备接入，并且可以实现设备之间的互联互通。这对于物联网领域来说是非常重要的，因为物联网领域的发展需要有一个统一的标准和平台。而鸿蒙系统的推出可以为物联网领域的发展提供更加稳定和完整的技术支持。

2021 年 9 月，鸿蒙操作系统凭借在互联网产业创新方面发挥的积极作用，在 2021 年世界互联网大会上获得“领先科技成果奖”。

华为从芯片研发、操作系统开始做类似于苹果 IOS、安卓的生态系统，开始创建自己的生态。但是在编程语言方面，目前国内的软件企业都是用国外的编程软件。2021 年 10 月 22 日华为开发者大会上，华为表示将发布自研鸿蒙编程语言“仓颉”，将鸿蒙和欧拉在应用开发生态上进行打通，扩展鸿蒙的生态建设道路，为程序员打开国产编程语言的科技创新思路。华为埋头研究“仓颉”编程语言，从底层基础开始，就像是在自己盖一座大楼，从地基开始一步步往上积累。在国家大力倡导科技创新、国产替代的良好环境下，“仓颉编程”的推出势必会乘风破浪，勇往向前。这对于打破国外垄断和封锁，建立我国自己计算机的深层操作体系，对于整个国家科技安全而言意义重大。“仓颉编程”是属于中国的第一套编程语言，在目前国内计算机行业工作者大多依赖于C++、Java等国外编程语言的背景下，在科技安全创新为主的今天，长远意义上来说会有巨大的影响。

尽管国产操作系统在技术研发和市场应用方面取得了可喜的进展，但其面临的压力仍然巨大。一方面，国外知名操作系统厂商的竞争优势仍然较为明显，在市场份额和用户认可度方面占据了很大的优势。另一方面，国内操作系统生态链的建设和完善仍然相对薄弱，导致国产操作系统的应用场景和领域受限。

作为我国信息化领域的重要组成部分，国产操作系统正在经历一个崭新的发展阶段。虽然在面对市场竞争和技术创新方面，国产操作系统仍然面临不少挑战和困难，但在政府政策和市场需求的支持下，相信它可以不断发展壮大，为我国科技创新和社会发展注入强大的动力。

4.3 Windows 10 操作系统

Windows 10是微软公司研发的一款跨平台及设备应用的操作系统。与以往Windows操作系统相比，它具备更完善的硬件支持、更完美的跨平台操作体验、更节能省电功能、更安全的系统保护措施。

4.3.1 “开始”菜单

1.“开始”菜单简介

在Windows 10操作系统中，采用了全新设计的“开始”菜单。单击桌面左下角的“开始”按钮或按键盘上的Windows徽标键，即可打开Windows 10操作系统的“开始”菜单，如图4.1所示。

①左下方。在“开始”菜单的左下方分别是用户账户、文件资源管理器、“设置”按钮和“电源”按钮。

②左侧。左侧是所有应用列表，最近添加的应用位列在最前面，然后按照应用的首字母排序，单击对应的图标，即可快速查找应用。

③右侧。在“开始”菜单右侧为屏幕磁贴区，可以在此固定程序，也可对磁贴进行移动、分组等操作。

2. 设置“开始”菜单中的显示项目

用户可以指定“开始”菜单上显示的项目，方法如下：

① 单击“个性化”选项。在“开始”菜单的左下角单击“设置”按钮，打开“Windows设置”窗口，如图4.2所示，单击“个性化”选项。

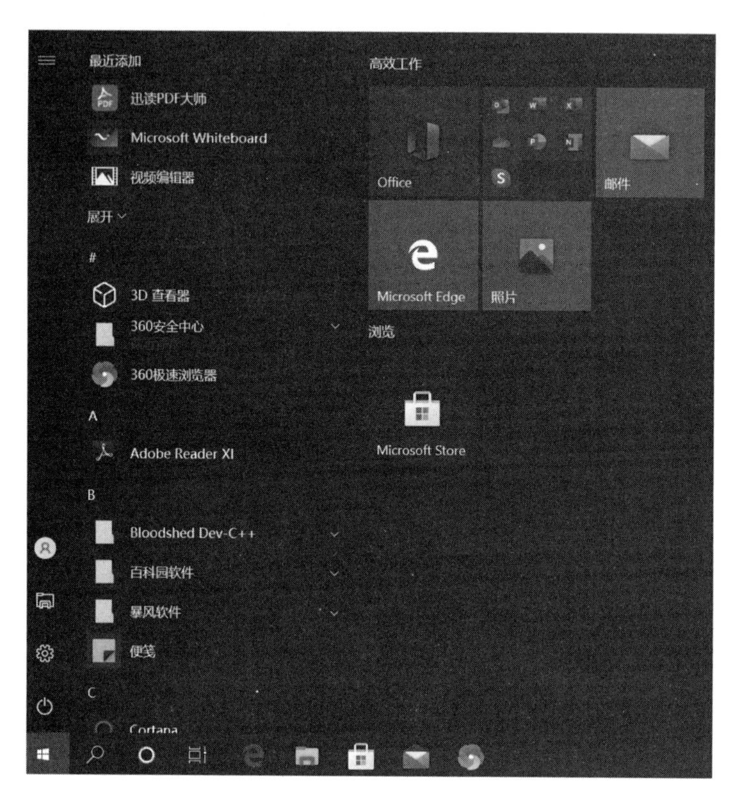

图 4.1 “开始”菜单

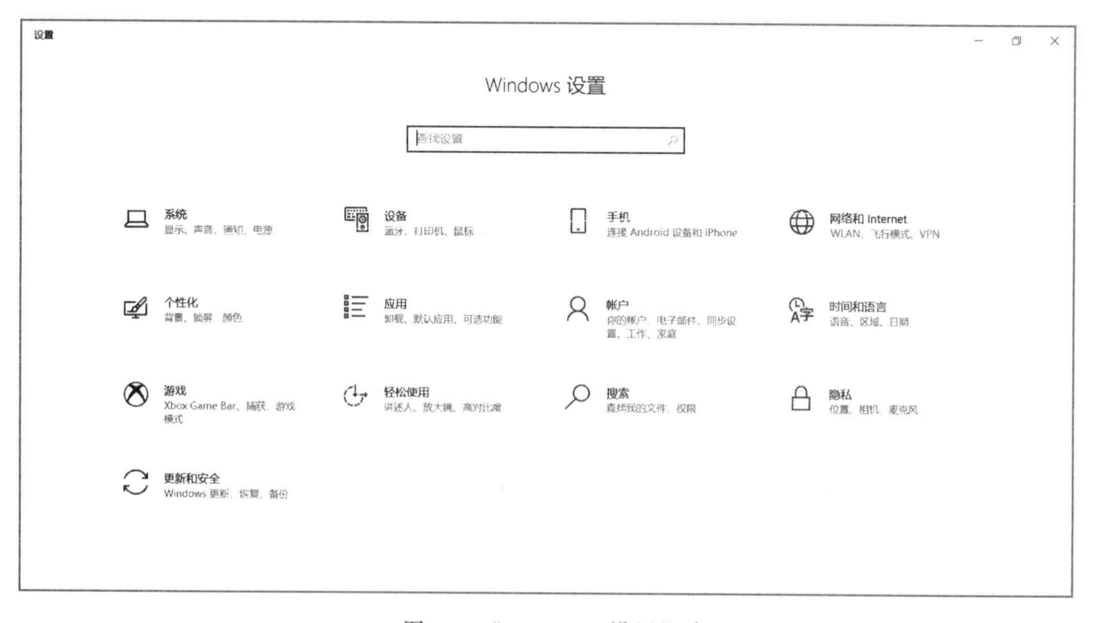

图 4.2 “Windows 设置”窗口

② 设置显示项目。打开“个性化”设置窗口，如图 4.3 所示，在窗口左侧选择“开始”选项，在右侧根据需要设置“开始”菜单，单击对应的开关按钮。单击“选择哪些文件夹显示在‘开始’菜单上”选项。

③ 设置要显示的文件夹。如图 4.4 所示，在打开的窗口中设置要显示在“开始”菜单中的文件夹（默认的文件夹包括“文件资源管理器”和“设置”），单击相应的开关按钮即可，如打开“图片”和“音乐”选项。

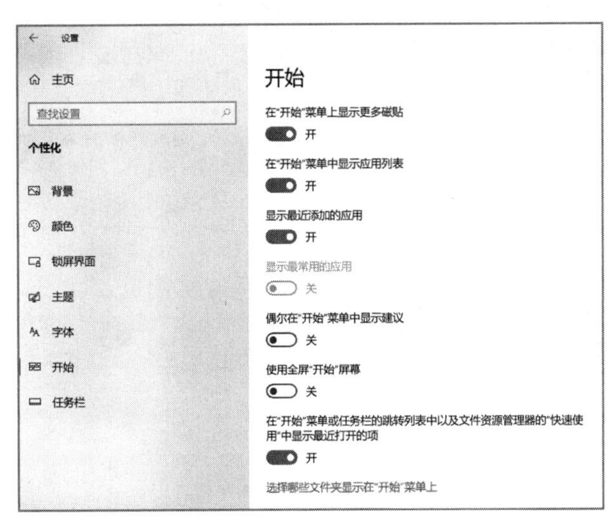

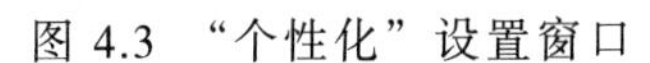

图 4.3 “个性化”设置窗口

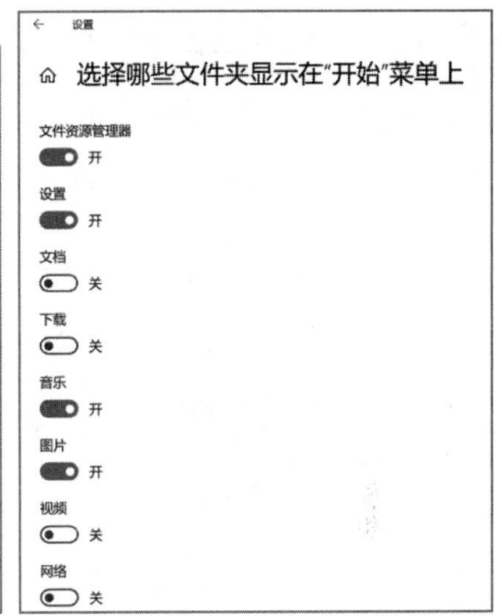

图 4.4 “选择哪些文件夹显示在‘开始’菜单上”窗口

3. 快速查找应用

Windows 10 操作系统全新的“开始”菜单比以前更有条理，在应用列表中增加了首字母索引功能，可以更加快速地查找计算机中的应用，方法如下：

① 查看所有应用。打开“开始”菜单，拖动应用列表右侧的滚动条或滑动鼠标滚轮，即可查看所有应用。

② 查找“计算器”。在应用列表中，在任意字母上单击，进入首字母检索界面，如图 4.5 所示，要查找“计算器”，单击“J”按钮。

③ 选择应用。此时即可在应用列表上方显示以拼音 J 开头的应用，如图 4.6 所示，选择“计算器”应用，即可启动“计算器”应用。

4. 管理磁贴

① 将应用固定到“开始”菜单的磁贴区域。在“开始”菜单的右侧称为磁贴区域，用户可以将应用固定到磁贴区中，以便快速访问。打开“所有应用”列表，找到要固定到“开始”菜单的应用（如“计算器”）并右击，选择“固定到‘开始’屏幕”命令，即可在“开始”菜单右侧的磁贴区显示“计算器”应用，如图 4.7 所示。

提示：也可以将要固定到“开始”菜单中的应用直接拖动到磁贴区中进行固定。右击文件夹，在弹出的快捷菜单中选择“固定到‘开始’屏幕”命令也可以将文件夹固定到磁贴区。

② 删除磁贴。右击磁贴，在弹出的快捷菜单中选择“从‘开始’屏幕取消固定”命令，如图 4.8 所示。

③ 创建分组。将磁贴拖至空白区域，当出现深蓝色栏时释放鼠标，即创建分组。单击深蓝色栏，输入分组名称，按回车键确认即可。采用同样的方法可将其他磁贴移至该组中。

图 4.5　首字母检索界面

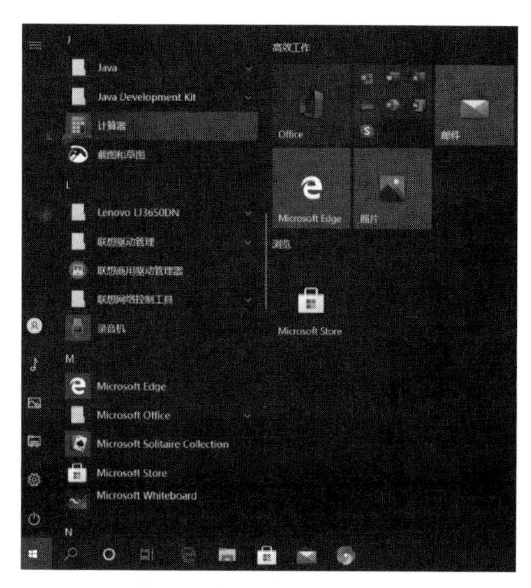

图 4.6　列表上方显示以拼音 J 开头的应用

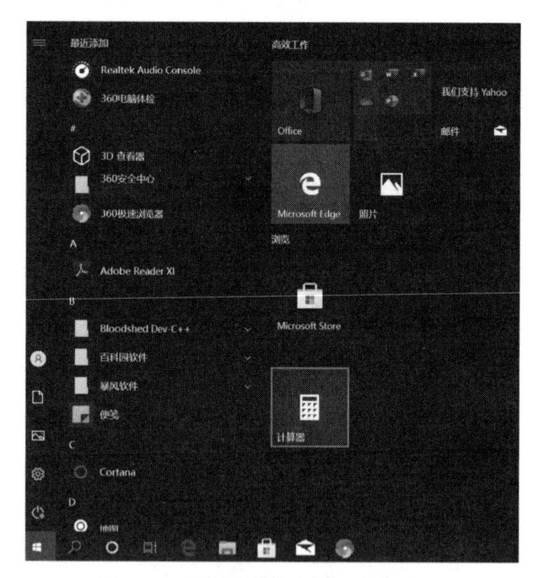

图 4.7　“计算器”固定到磁贴区

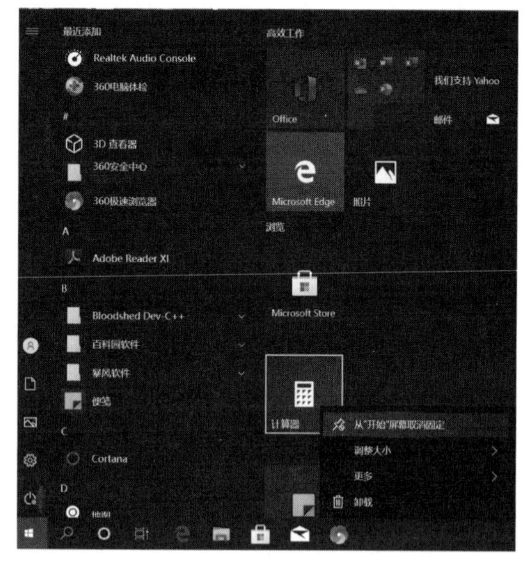

图 4.8　将“计算器”从磁贴区删除

5. 关机、重启与睡眠

① 关机：在不使用计算机时，关闭退出 Windows 10 操作系统。

② 重启：在使用计算机过程中出现故障时，让操作系统自动修复故障而重新启动的操作。

③ 睡眠：是 Windows 10 的一种节能状态，“睡眠”状态下的计算机会将数据保存在内存中，并禁止除内存外的其他硬件通电，使计算机处于低耗能状态；当需要唤醒时，

按“电源”键或晃动鼠标，即可将计算机恢复到睡眠前的工作状态。

提示：睡眠状态下的数据并没有保存到硬盘中，若计算机突然断电，那么没有保存的信息将会丢失，因此在进入“睡眠”状态前建议先保存信息。

在“开始”菜单的左下角单击“电源”按钮，如图 4.9 所示，在弹出的列表中选择选项，即可实现相应的操作。

图 4.9　单击“电源”按钮弹出的列表选项

4.3.2　任务栏

Windows 10 操作系统的任务栏位于窗口底部，如图 4.10 所示，由“开始”按钮和搜索框、应用程序图标区、通知区域、语言栏等组成，中间空白的区域用于显示正在运行的应用程序和打开的窗口。下面将详细介绍任务栏的常用操作。

图 4.10　任务栏

1. 将应用固定到任务栏

用户可以将应用固定到任务栏上，以便快速启动它。下面以将“计算器”固定到任务栏为例介绍，方法如下：

① 选择命令。打开“开始”菜单，右击“计算器”应用，在弹出的快捷菜单中选择“固定到任务栏”命令。

② 查看效果。此时即可在任务栏应用程序图标区域显示计算器，如图 4.11 所示。

图 4.11　“计算器”固定到任务栏

提示：若要将已经启动的程序固定到任务栏，可右击任务栏的程序图标，在弹出的快捷菜单中选择“将此程序固定到任务栏”命令。右击已固定到任务栏的图标，在弹出的快捷菜单中选择“从任务栏取消固定此程序”命令即可取消固定。

2. 将搜索框设置为图标

在任务栏中搜索框占据了一部分空间，用户可将搜索框更改为搜索图标，以便节约空间来添加其他常用的程序图标，方法如下：

① 选择命令。在任务栏的空白处右击，如图 4.12 所示，在弹出的快捷菜单中选择“搜索”命令，在展开的子菜单中选择“显示搜索图标”命令。

② 查看效果。此时，任务栏中的搜索框变为搜索按钮，如图 4.13 所示，单击该按钮即可打开搜索界面。

图 4.12　选择“显示搜索图标”命令

图 4.13　搜索框变为搜索图标效果

3. 自定义通知区域

通知区域位于任务栏的最右侧，包括系统时钟、输入法、音量和一些程序图标（如即时通信信息、网络连接和更新等事项的状态或通知）。安装应用程序时，一些程序图标也会被添加到通知区域。

显示或隐藏通知区域图标。通知区域有时会布满杂乱的程序图标，用户可以设置这些图标保持始终可见或进行隐藏，方法如下：

① 选择“任务栏设置”命令。在任务栏的空白处右击，在弹出的快捷菜单中选择“任务栏设置”命令。

② 单击选项。打开“设置”窗口，如图 4.14 所示，在通知区域选项下单击“选择哪些图标显示在任务栏上”选项。

③ 打开要显示的程序图标。在打开的窗口中单击程序右侧的开关按钮，即可设置显示或隐藏通知区域图标，如图 4.15 所示，如打开“腾讯 QQ”“360 安全卫士”右侧的开关按钮。

④ 查看通知区域图标。此时，设置显示的图标在任务栏通知区域变为始终可见。

提示：启用和关闭系统图标。系统图标包括“时钟”“音量”“操作中心”“输入指示”等，默认都处于显示状态，用户可根据需要在通知区域显示或隐藏系统图标。打开“任务栏”设置窗口，如图 4.14 所示，单击“打开或关闭系统图标”选项，操作方法同上。

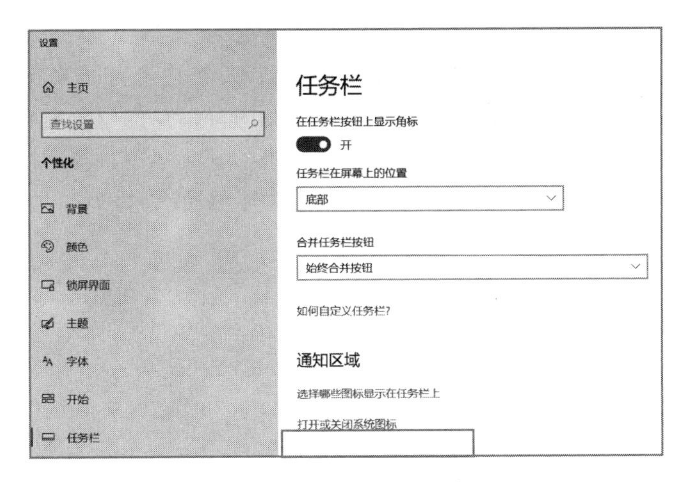

图 4.14 “任务栏”设置窗口

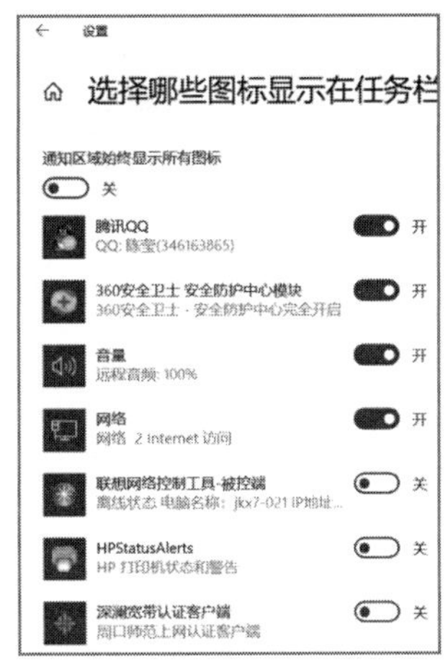

图 4.15 选择要显示的程序

4.3.3 文件与文件夹

1. 文件与文件夹简介

（1）文件

保存在计算机中的各种信息和数据都被统称为文件，如一张图片、一份办公文档、一个应用、一首歌曲、一部电影等。文件各组成部分的作用如下：

① 文件名：用于表示文件的名称。文件名包括文件主名和扩展名两个部分。文件的主名可由用户来定义，以便对其进行管理；文件的扩展名由系统指定，表示文件的类型。即文件名的格式是：主文件名.扩展名。

② 文件图标：表示文件的类型，由应用程序自动建立，不同类型的文件其文件图标和扩展名也不相同。

③ 文件描述信息：显示文件的大小和类型等信息。

（2）文件夹

文件夹可以看作是存储文件的容器。文件夹还可以存储其他文件夹。文件夹中包含的文件夹通常称为“子文件夹”。可以创建任意数量的子文件夹，每个子文件夹中又可以容纳任意数量的文件和其他子文件夹。

2. 文件与文件夹的基本操作

（1）文件与文件夹显示方式

Windows 10 提供八种文件视图方式，便于用户在使用过程中快速了解文件夹的相关信息，用户可根据需要随时更改文件的显示方式。

在窗口（此电脑、C 盘、D 盘、文件夹）中单击“查看”选项卡，在“布局”组中可看到所有的视图方式，如图 4.16 所示。

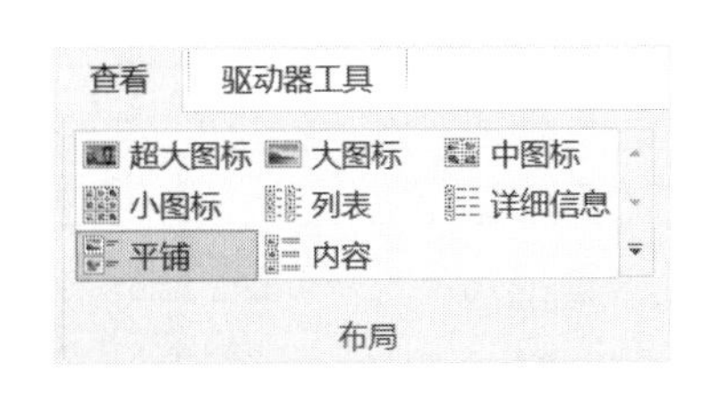

图 4.16 文件视图方式

提示：在窗口的空白处右击，在弹出的快捷菜单中选择“查看”命令，在打开的快捷菜单中选择对应的视图方式。

（2）新建文件与文件夹

新建文件或文件夹的方式有很多，用户可以根据使用习惯，选择一种适合自己的方式。

方法 1：通过右键快捷菜单新建。在需要创建文件和文件夹的窗口空白位置右击，在弹出的快捷菜单中选择“新建”命令，如图 4.17 所示，在弹出的子菜单中选择“文件夹”或文件的类型选项，此时将新建一个文件夹或文件，根据需要修改名称即可。

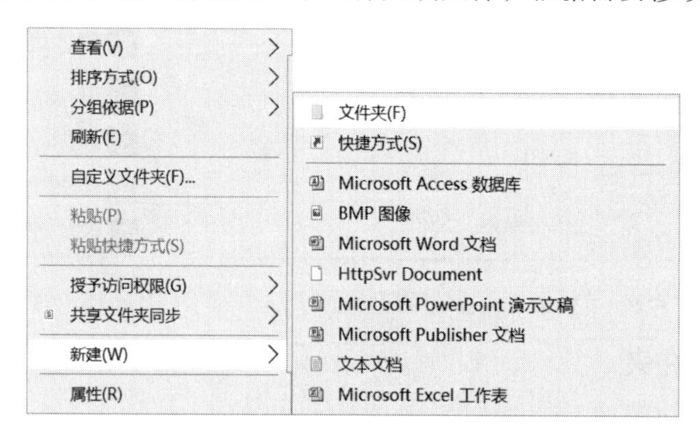

图 4.17 “新建”的快捷菜单

方法 2：通过“主页”选项卡新建。单击“主页”选项卡，如图 4.18 所示，在“新建”组中单击“新建文件夹”按钮即可新建一个文件夹，或单击“新建项目”按钮右侧的下拉按钮，在打开的列表中选择需要新建的文件类型即可新建一个指定类型的文件。

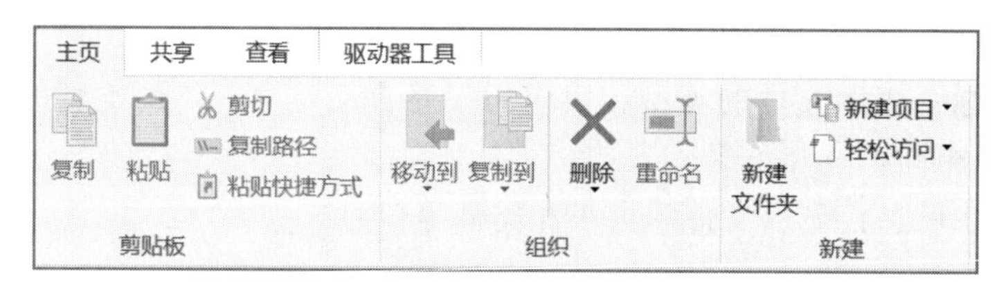

图 4.18 “主页”选项卡

（3）选择文件与文件夹

使用 Windows 的一个显著特点是：先选定操作对象，再选择操作命令。只有在选定对象后，才可以对它们执行进一步的操作。选定对象的方法如表 4.1 所示。

表 4.1 选定不同对象时的操作方法

选定对象	操作
单个对象	单击所要选定的对象
多个连续的对象	鼠标操作：单击第一个对象，按住【Shift】键，单击最后一个对象
	键盘操作：移动光标到第一对象上，按住【Shift】键，移动光标到最后一个对象上
多个不连续的对象	单击第一个对象，按住【Ctrl】键，单击剩余的每一个对象

（4）重命名文件与文件夹

重命名就是修改文件与文件夹名称的操作，方法如下。

方法 1：单击文件名。选择要重命名的文件或文件夹，然后单击文件或文件夹的名称，此时文件名将进入编辑状态，输入新名称即可。

方法 2：使用右键快捷菜单。右击需要重命名的文件或文件夹，在弹出的快捷菜单中选择“重命名”命令。

方法 3：单击功能按钮。选择要重命名的文件或文件夹，然后在“主页”选项卡的“组织”组中单击“重命名”按钮。

方法 4：使用快捷键。选择要重命名的文件或文件夹，然后按【F2】键，即可进入编辑状态。

（5）复制、移动文件或文件夹

复制文件或文件夹是指对文件或文件夹从当前位置复制一份到其他位置，当前位置的文件或文件夹不会被删除；移动文件或文件夹是将文件或文件夹从当前位置移至其他位置。复制和移动操作的方法类似，其操作步骤如表 4.2 所示。

表 4.2　复制、移动操作步骤

步　骤	复　制	移　动
①	选定对象	
②	方法 1：“主页”选项卡/“复制”按钮	“主页”选项卡/“剪切”按钮
	方法 2：右击，在弹出的快捷菜单中选择“复制”命令	右击，在弹出的快捷菜单中选择“剪切”命令
	方法 3：按【Ctrl+C】组合键	按【Ctrl+X】组合键
③	打开目标窗口	
④	方法 1：“主页”选项卡/“粘贴”按钮	
	方法 2：右击，在弹出的快捷菜单中选择“粘贴”命令	
	方法 3：按【Ctrl+V】组合键	

（6）删除文件与文件夹

可以删除不需要的文件或文件夹，方法如下。

方法 1：选择需要删除的文件或文件夹，在“主页”选项卡中单击“删除”按钮即可。

方法 2：右击需要删除的文件或文件夹，在弹出的快捷菜单中选择“删除”命令。

方法 3：选择文件或文件夹，按【Del】键。

（7）搜索文件与文件夹

若不确定某个文件的存放位置，可以通过搜索功能来找到它。需要注意的是，若要对整个计算机进行搜索，则必须在“此电脑”窗口中进行；若打开某一个磁盘，则只对该磁盘进行搜索。方法如下：

① 输入关键字搜索。在桌面上双击“此电脑”图标，打开“此电脑”窗口，在窗口右上角的搜索框中输入“计划”关键字。

② 显示搜索结果。系统将自动进行搜索，并将结果显示在窗口右侧，如图 4.19 所示，双击即可打开文件；选择所需的文件，在“搜索”选项卡的“选项”组中单击“打开文件位置”按钮，可打开文件所在的位置。

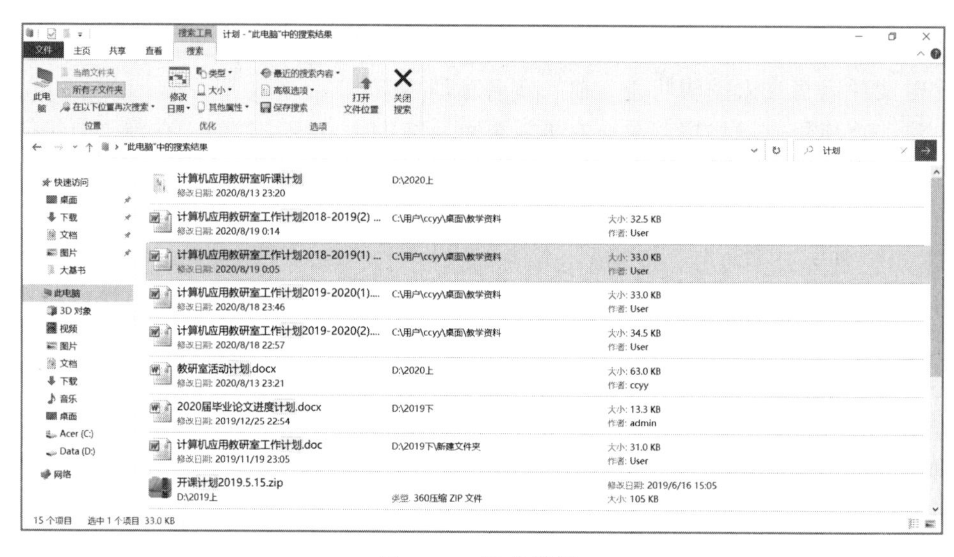

图 4.19　搜索结果

3．文件与文件夹的属性

文件和文件夹的属性包括文件的名称、大小、创建时间、显示的图标、共享设置以及文件加密等属性。可以根据需要设置文件和文件夹的属性，或者进行安全性设置，以确保文件不被他人随意查看或修改。

（1）显示文件扩展名

默认情况下系统隐藏了文件的扩展名，查看文件扩展名的方法：选择“查看”选项卡，在“隐藏/显示”组中勾选“文件扩展名”复选框，如图 4.20 所示，即可显示各文件的扩展名。

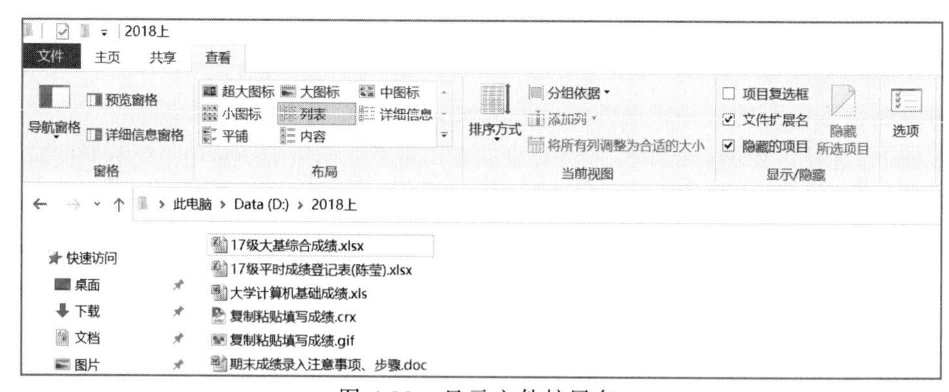

图 4.20　显示文件扩展名

（2）隐藏文件或文件夹

为了自身安全，操作系统默认情况下会将一些关键文件或文件夹设置为隐藏状态，还可以根据需要将不想让他人看到的文件或文件夹隐藏起来。

隐藏文件或文件夹的方法如下：

① 单击“隐藏所选项目”按钮。选择需要隐藏的文件或文件夹，选择“查看”选项卡，如图 4.21 所示，在“显示/隐藏”组中单击“隐藏所选项目”按钮。

② 确认隐藏。如果隐藏的对象是文件夹，会弹出“确认属性更改”对话框（隐藏的对象是文件，则不会弹出这个对话框），选中“将更改应用于所选项、子文件夹和文件”单选按钮，单击“确定”按钮。

③ 查看效果。此时隐藏的文件或文件夹呈灰色显示，若取消选中“隐藏的项目”复选框，则不会显示该文件或文件夹。

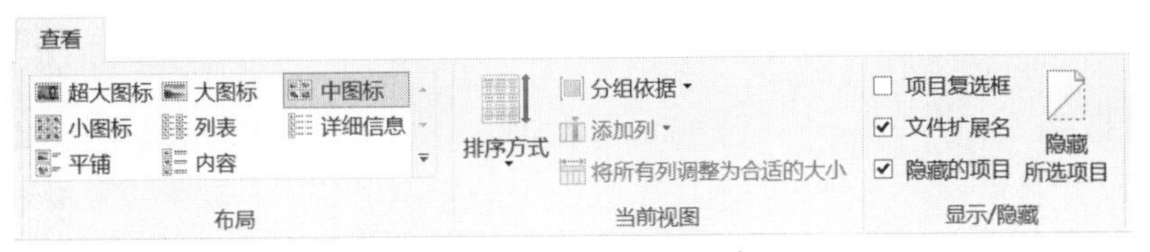

图 4.21 “查看”选项卡

提示：取消隐藏文件或文件夹的操作方法：若在文件窗口中没有显示隐藏的文件，可在“查看”选项卡中勾选“隐藏的项目”复选框。此时将显示隐藏的文件或文件夹，选中所需显示的文件或文件夹，在“查看”选项卡中单击“隐藏所选项目”按钮即可。

（3）查看文件或文件夹属性

除了文件名外，文件还有文件类型、位置、大小等属性。查看文件或文件夹属性的方法如下。

方法 1：选择文件或文件夹并右击，在弹出的快捷菜单中选择“属性”命令，即可弹出文件或文件夹属性对话框。

方法 2：选择文件或文件夹，在“主页”选项卡中“打开”组中单击“属性”按钮，即可弹出文件或文件夹属性对话框。

图 4.22 中显示的是文件夹“2019 下”的属性对话框；图 4.23 中显示的是文件“17 级大基综合成绩.xlsx”的属性对话框，其中的重要属性有以下两种。

图 4.22 文件夹属性对话框

图 4.23 文件属性对话框

- 只读属性：设置为只读属性的文件只能读取，文件中的信息不能被修改。
- 隐藏属性：具有隐藏属性的文件，在默认情况下是不显示的。

提示：在文件或文件夹属性对话框中，也可以隐藏/显示文件或文件夹。

例 4-1：操作视频

【例 4-1】文件与文件夹的基本操作。

① 新建：在 D 盘下新建文件夹 EXAM 和 SUM；新建文件 WORD.docx。

② 复制：将文件夹 SYS 中“YYB.doc”、“SJK2.mdb”和“DT2.xls”复制到文件夹 EXAM 中。

③ 移动：将 GX 文件夹中以 E 和 F 开头的全部文件移动到文件夹 SUM 中。

④ 重命名、删除、设置文件属性：将文件夹 SYS 中“YYB.doc”改名为“DATE.doc”，删除“SJK2.mdb”，设置文件“EBOOK.doc”文件属性为隐藏。

⑤ 搜索：搜索 GX 文件夹下所有的“*.dat”文件，并将其移动到文件夹 SUM 中。

4.3.4 系统设置

Windows 10 系统设置通过两种方式实现，分别是 Windows 设置和控制面板。

1. 控制面板和 Windows 设置窗口

控制面板是 Windows 的经典功能，各种系统设置都被集成在其中，包括系统和安全、网络和 Internet、硬件和声音、程序、用户账户、外观和个性化、时钟和区域、轻松使用等相关功能的查看与设置。单击“开始”菜单→“Windows 系统”→“控制面板”命令，即可启动控制面板，如图 4.24 所示。

图 4.24 “控制面板”窗口

Windows 10 引入了新的系统设置窗口，称为“Windows 设置”窗口。控制面板中的各种设置功能逐渐被转移到“Windows 设置”窗口中，但是由于“Windows 设置”窗口尚不能完成所有设置，因此目前仍保留控制面板。在“Windows 设置”窗口可以完成 Windows 桌面与个性化设置、网络和 Internet 设置、应用程序管理、设备管理等操作。

单击“开始”菜单左下角的“设置”按钮启动“Windows 设置”窗口，如图 4.25 所示。

图 4.25 “Windows 设置”窗口

2. 桌面设置

Windows 10 操作系统不仅为用户提供了高效、易行的工作环境，而且带来了更多的全新体验。用户可以根据自己的使用习惯设置 Windows 10 操作系统的个性化外观，从而在视觉上带来不一样的体验。

（1）桌面图标

在 Windows 10 操作系统安装完成之后，桌面默认只显示“回收站”图标，用户可以添加“此电脑”“用户的文件”“网络”“控制面板”等系统图标。方法如下：

① 打开“个性化”设置窗口。单击“开始”菜单左下角的“设置”按钮，在打开的“Windows 设置”窗口中单击“个性化”选项，即打开“个性化”设置窗口。

② 单击“桌面图标设置”选项。在“个性化”设置窗口的左侧选择“主题”选项，然后在右侧单击“桌面图标设置”选项，如图 4.26 所示。

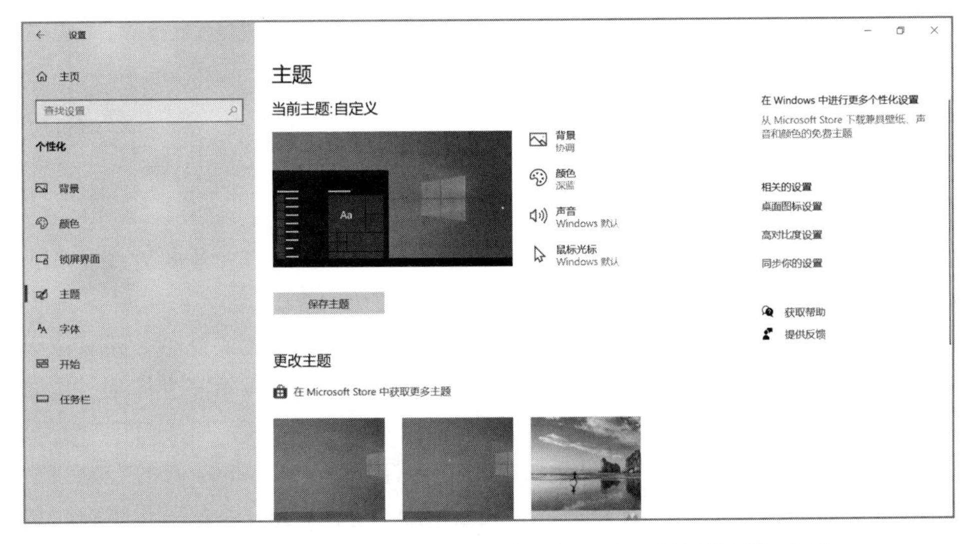

图 4.26 在“个性化”设置窗口中选择“桌面图标设置”选项

③ 选择桌面图标。在弹出的“桌面图标设置”对话框中，勾选要添加的图标复选框，单击“确定”按钮，如图 4.27 所示。

④ 查看系统图标。返回系统桌面，即可查看添加的系统图标。

（2）桌面背景

桌面背景又称桌面壁纸，即在系统桌面上所看到的图片。在 Windows 10 操作系统中，桌面背景可以设置为图片、纯色和幻灯片放映三种方式。

将桌面背景设置为图片，方法如下：

① 打开“个性化”设置窗口。单击“开始”菜单左下角的“设置”按钮，在打开的“Windows 设置”窗口中单击“个性化”选项，即打开“个性化”设置窗口。

图 4.27 “桌面图标设置”对话框

② 选择图片。在“个性化”设置窗口的左侧选择“背景”选项，默认“背景”为“图片”，如图 4.28 所示，单击“浏览”按钮，选择合适的图片即可。

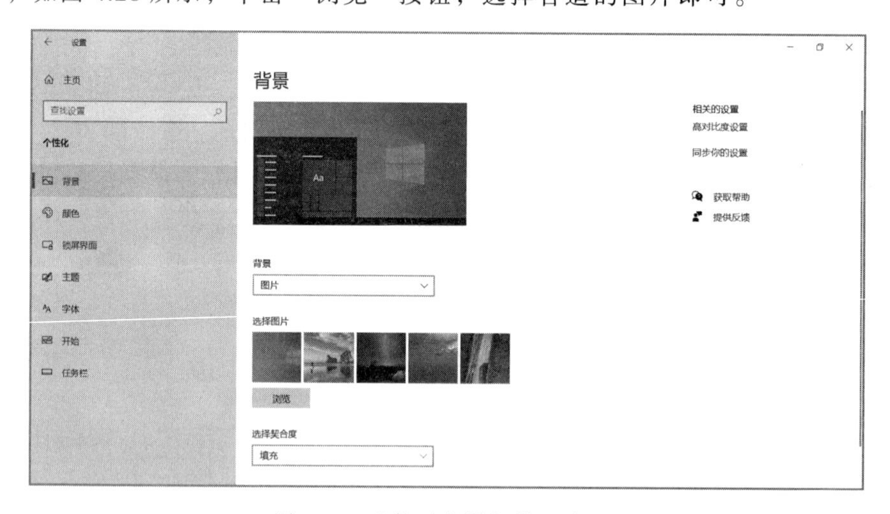

图 4.28 “桌面背景”设置窗口

也可以将多张图片应用到桌面，使其轮流播放，这就是幻灯片放映方式。

（3）设置屏幕显示

通过对屏幕显示进行设置，可以将屏幕上的文字和图标变大或变小。还可以设置屏幕分辨率，屏幕分辨率是指屏幕图像的精密度，是指显示器能显示多少像素。屏幕显示的点、线都由像素组成，像素越高，画面越精细。

单击“开始”菜单左下角的“设置”按钮，在打开的“Windows 设置”窗口中单击“系统”按钮，即打开“系统”设置窗口，如图 4.29 所示，在“系统”设置窗口的左侧选择“显示”选项，在右侧可以更改文本、应用等项目的大小，可以设置显示分辨率。

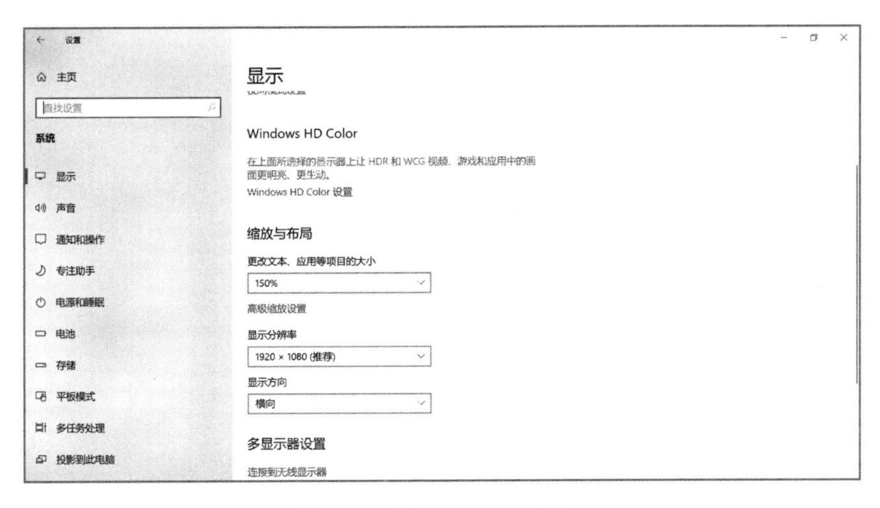

图 4.29 “系统”设置窗口

例 4-2：操作视频

【例 4-2】显示设置。

① 设置桌面背景：选择背景为“幻灯片放映”，多张图片在 D 盘“桌面图片”文件夹中，图片每隔 1 分钟将自动更换。

② 设置桌面图标：在桌面上显示“控制面板”图标。

③ 设置屏幕显示大小：150%；屏幕分辨率：1 280 × 1 024。

3. 鼠标设置

对鼠标进行个性化设置，如设置鼠标和光标的大小等，可以使其更加符合用户的使用习惯，方法如下：

① 打开“设备”设置窗口。单击“开始”菜单左下角的“设置”按钮，在打开的“Windows 设置”窗口中单击“设备”按钮，即打开“设备”设置窗口。

② 打开“光标和指针”设置窗口。在“设备”设置窗口的左侧选择“鼠标”选项，如图 4.30 所示，在右侧“相关设置”栏中单击“调整鼠标和光标大小”选项，即可进入“光标和指针”设置窗口，如图 4.31 所示。

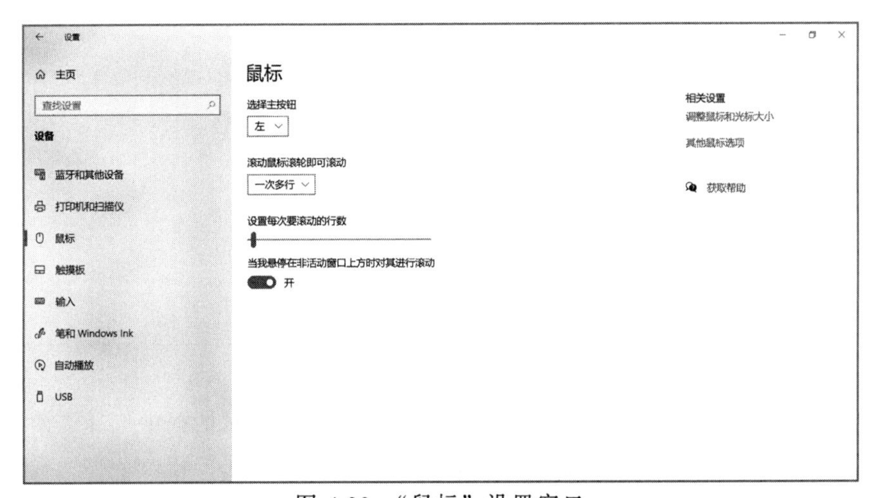

图 4.30 “鼠标”设置窗口

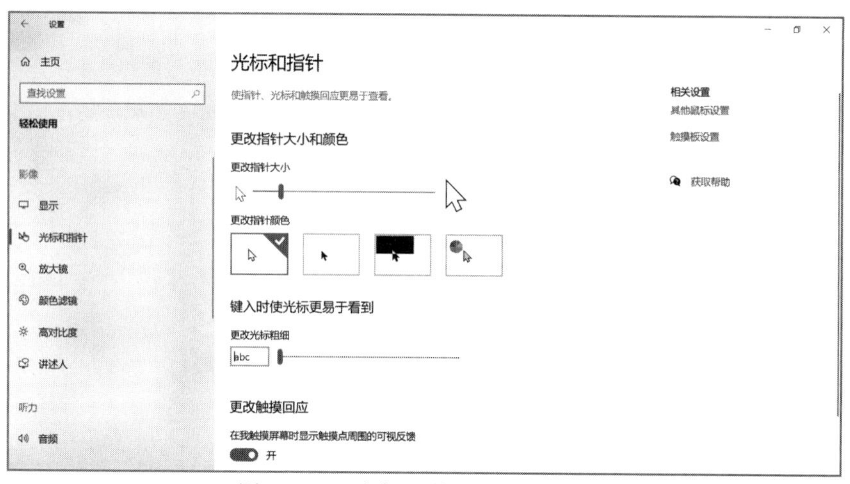

图 4.31 “光标和指针”设置窗口

③ 设置指针的大小、颜色和光标的粗细。在“更改指针大小”栏中拖动滑块设置指针大小，在“更改指针颜色”栏中选择指针颜色；在“更改光标粗细”栏中拖动滑块设置粗细。

④ 看效果。此时即可看到指针的变化、光标的变化。

4. 日期和时间设置

Windows 10 操作系统显示的日期和时间默认情况下会自动与系统所在区域的互联网时间同步，显示的是当前时区的时间。用户可以通过设置，添加其他时区的日期和时间，方法如下：

① 打开“时间和语言”设置窗口。单击“开始”菜单左下角的“设置”按钮，在打开的“Windows 设置”窗口中单击“时间和语言”选项，即打开“时间和语言”设置窗口。

② 单击“添加不同时区的时钟”选项。在“时间和语言”设置窗口中，如图 4.32 所示，在“相关设置”栏中单击“添加不同时区的时钟”选项。

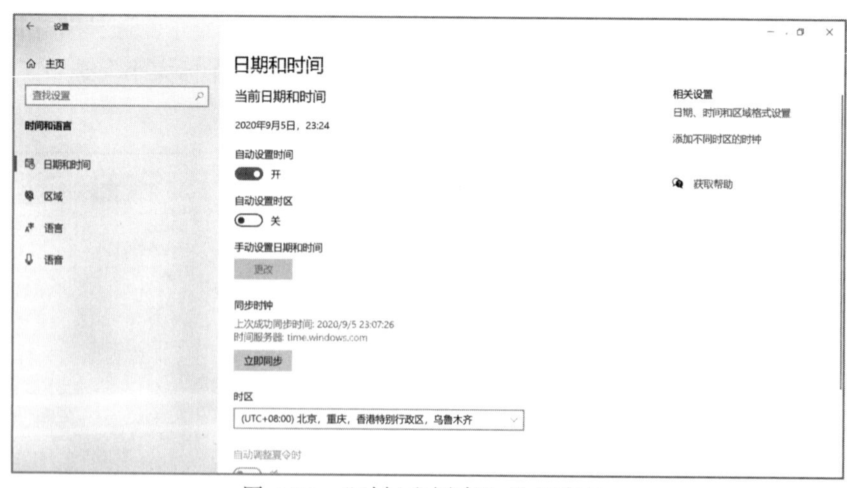

图 4.32 “时间和语言”设置窗口

③ 设置时钟。如图 4.33 所示，在打开“日期和时间”对话框中选择“附加时钟”选项卡，在其中选择时区，然后输入时钟名称，单击“确定”按钮。

④ 查看效果。返回桌面，将鼠标指针移动到日期和时间区域，如图 4.34 所示，即

可显示添加的时钟。

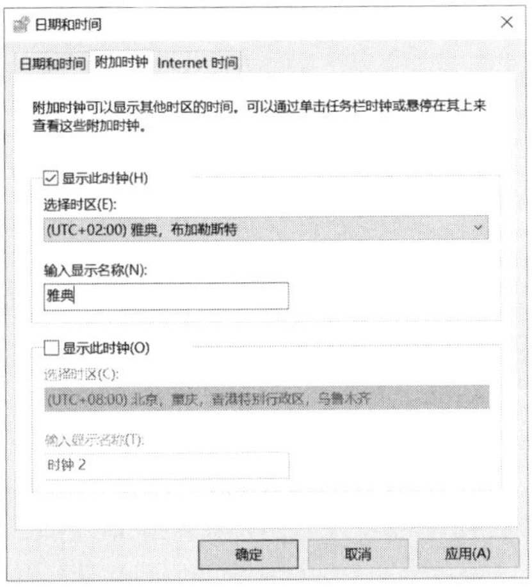

图 4.33 “日期和时间”对话框

图 4.34 添加不同区域时钟的效果

4.3.5 附件和 Windows 10 小程序

1. 画图

画图是 Windows 10 操作系统自带的一款集图形绘制与编辑功能于一身的小工具。现在要用画图工具画一幅“群山图”，如图 4.35 所示，并把它保存起来，用它来做桌面的背景墙纸。

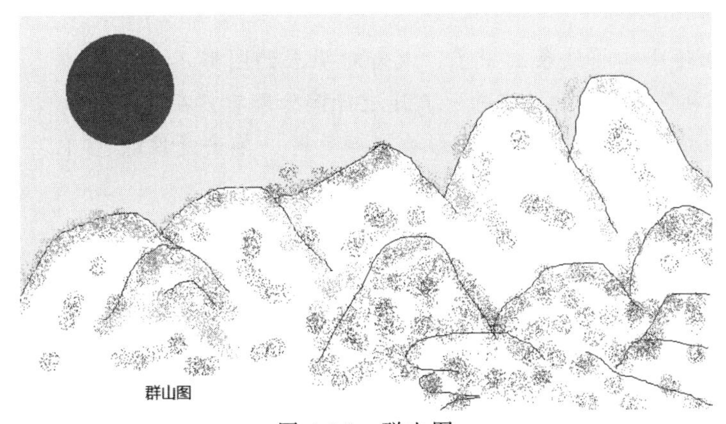

图 4.35 群山图

打开“开始”菜单，在“Windows 附件”列表中选择“画图”选项。启动画图工具后，即可打开画图窗口，如图 4.36 所示，其中包括快速访问工具栏、功能选项卡和功能区、绘图区、状态栏及缩放比例工具等。

图 4.36 “画图”界面

画图工具中所有的绘制命令都集成在“主页”选项卡中，包括以下几个命令组。

“图像”组：主要用于选择图像。

“工具”组：提供了绘制图形时所需的各种常用工具。

“刷子”组：使用刷子功能绘制图形。

“形状”组：提供了许多图形样式，选择某一样式，即可在画布中绘制相应的图形。

“粗细”组：用于设置所有绘图工具的粗细程度。

“颜色”组：“颜色 1”为前景色，用于设置图像的轮廓线颜色。“颜色 2”为背景色，用于设置图像的填充色。

【例 4-3】绘制“群山图”，将此图片作为桌面背景。

例 4-3：操作视频

提示：如果不小心将线条画歪了，或者对原来的图形不太满意，只需要单击“工具”组中的“橡皮擦”工具进行擦除即可。在选择“工具”组中的“用颜色填充”按钮为图形填充颜色时，单击是用颜色 1 填色，右击是用颜色 2 填色。

2. 截图工具

Windows 10 操作系统自带的截图工具用于帮助用户截取屏幕上的图像，使用截图工具可以获取任意形状、矩形、窗口和全屏四种方式的图像。

打开截图工具的方法是：打开“开始”菜单，在“Windows 附件”列表中选择“截图工具”选项。打开“截图工具”窗口，如图 4.37 所示。

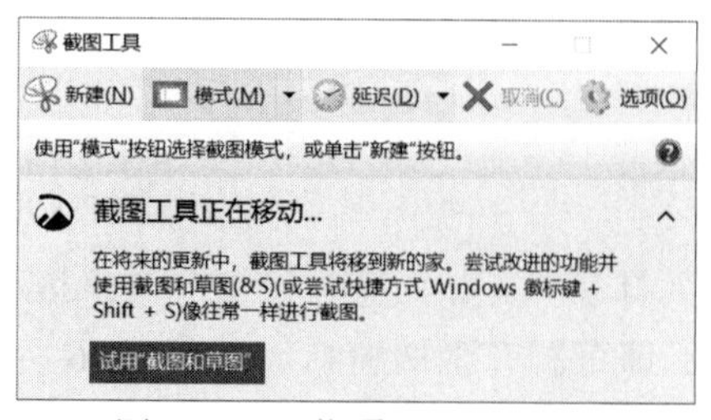

图 4.37 “截图工具”窗口

（1）截图选项

单击“模式”按钮右侧的箭头按钮，在打开的下拉列表中有四个选项：

①“任意格式截图”：围绕对象绘制任意格式的形状。

②“矩形截图”：在对象的周围拖动光标构成一个矩形。

③“窗口截图”：选择一个窗口，例如希望捕获的是浏览器窗口或对话框。

④“全屏幕截图”：捕获整个屏幕。

捕获截图后，会自动将其复制到“截图工具”窗口和剪贴板。可在“截图工具”窗口中添加注释、保存或共享该截图；也可以直接将该截图粘贴到目标窗口。

（2）矩形截图

如想获取屏幕中心的徽标图案，方法如下：

① 打开“截图工具”窗口。打开“开始”菜单，在“Windows 附件”列表中选择“截图工具”选项。

② 设置截图类型。单击“模式”按钮右侧的箭头按钮，从下拉列表中选择“矩形截图”选项。

③ 进入截图状态。进入矩形截图状态，此时屏幕变为灰色，鼠标光标变成“+”形状。

④ 选择截取图像。将鼠标指针移到所需截图的位置，按住鼠标左键不放拖动鼠标，被选中的区域图像变清晰，选中框呈红色实线显示。选取好所需截图后释放鼠标左键，弹出“截图工具”窗口，如图 4.38 所示。

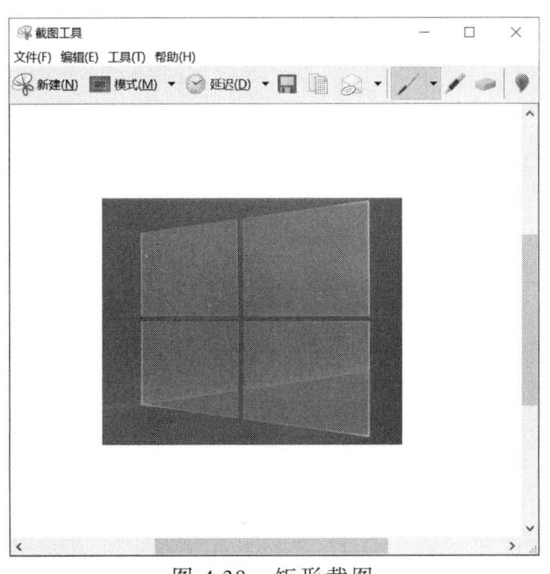

图 4.38 矩形截图

（3）窗口截图

如想捕获计算器操作界面，方法如下：

① 打开图像窗口。打开“计算器”程序窗口。

② 打开“截图工具”程序。打开“开始”菜单，在“Windows 附件”列表中选择“截图工具”选项。

③ 设置截图类型。单击“模式”按钮右侧的箭头按钮，从下拉列表中选择“窗口截图”选项。

④ 进入截图状态。进入窗口截图状态，单击“新建”按钮，然后再单击“计算器”窗口的标题栏，此时当前窗口周围出现红色边框，表示该窗口为截图窗口，如图 4.39 所示，单击确定截图。

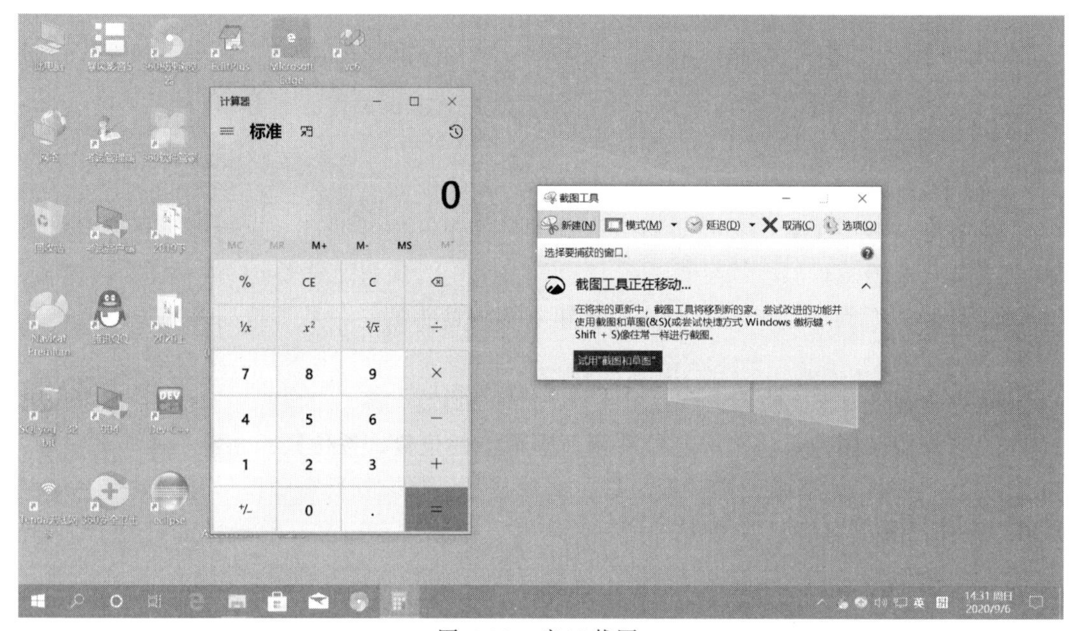

图 4.39　窗口截图

提示：剪贴板是信息的临时存储区域。可以选择文本或图形，然后使用“剪切”或“复制”命令将所选内容移至剪贴板，在使用下一次“复制”或“剪切”命令前，它会一直存储在剪贴板中，供“粘贴”命令使用。

除了使用截图工具截图外，可以通过键盘上的【PrtScn】键获取整个屏幕的截图，可以通过【Alt+PrtScn】组合键获取活动窗口的截图。

3. 计算器

Windows 10 操作系统提供了功能强大的计算器工具，使用它可以进行标准、科学型及程序员模式的运算，还可以进行货币、体积、长度等单位间的换算。在“开始”菜单中选择“计算器”选项，即打开“计算器”窗口，如图 4.40 所示。

（1）使用程序员计算器

计算器除了可以进行标准数字的计算，还提供了程序员计算器，可以实现进制转换、与、或、非等逻辑运算。单击“计算器”窗口左上角的“打开导航”按钮≡，在下拉列表中选择“程序员”选项，如图 4.41 所示，其中 HEX、DEC、OCT、BIN 分别代表十六进制、十进制、八进制、二进制。选择 HEX 选项，即可切换到十六进制键盘；选择 BIN 选项，即可进入二进制键盘，在此界面下实现进制数的转换。

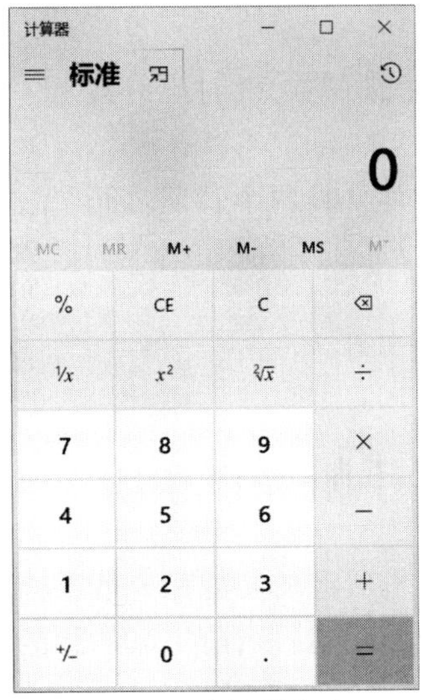

图 4.40 “计算器”窗口

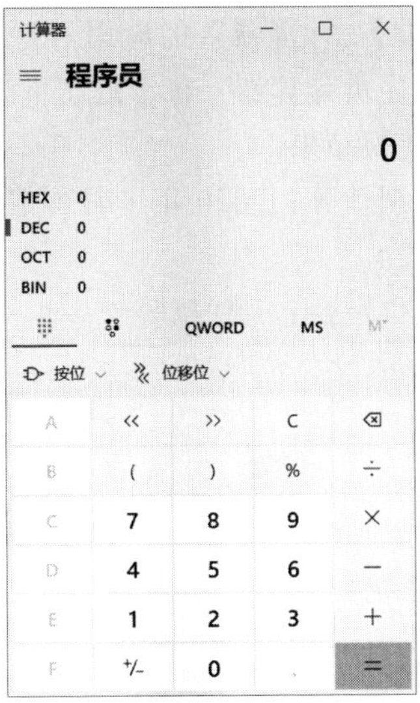

图 4.41 “计算器—程序员”窗口

（2）日期计算

可以计算两个日期间隔的天数，即从现在起到某月某日，要经过几月几周几天。如想知道今天到下个月 9 号之间有多长时间。单击“计算器”窗口左上角的“打开导航”按钮≡，在下拉列表中选择“日期计算”选项，如图 4.42 所示，在此界面下计算两个日期间隔的天数。

（3）单位转换

计算器工具支持各类单位换算，包括货币、体积、长度、重量、温度、能量、区域、速度、时间、功率、数据、压力和角度等。单击“计算器”窗口左上角的“打开导航”按钮≡，在下拉列表中选择“重量”命令，如图 4.43 所示，在此界面下进行各类单位换算。

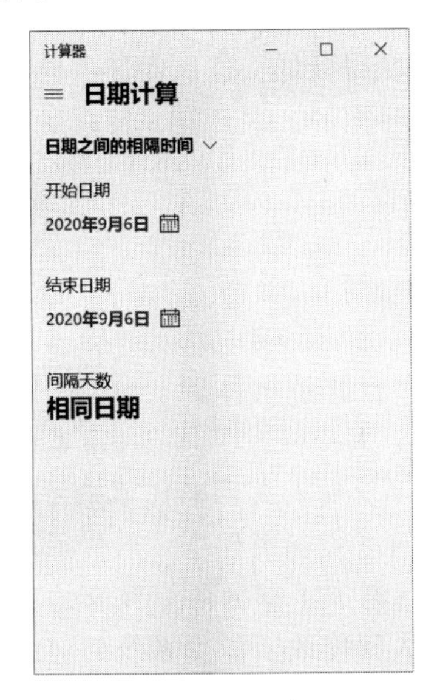

图 4.42 “日期计算”界面

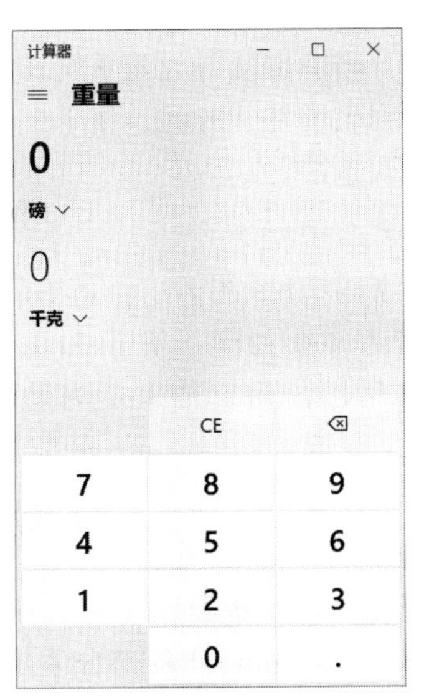

图 4.43 “重量”换算界面

【例 4-4】“计算器”的应用。

例 4-4：操作视频

① 程序员计算器：在十进制下输入 25，查看十进制数 25 对应的其他进制的转换结果。

② 日期计算：2020 年 9 月 6 日到 2020 年 10 月 9 日两个日期之间的间隔天数。

③ 单位转换：1 克拉等于多少克？

4.4 当前主流智能手机操作系统

操作系统可以说是手机最重要的组成部分，手机所有的功能都要依靠操作系统来实现，而用户的感知也基本都是来自与操作系统之间的互动。当前主流的智能手机操作系统如下：

1. iOS

iOS 可以视作 i Operating System（i 操作系统）的缩写，是 iPhone 的操作系统，由苹果公司开发，主要是供 iPhone 使用。

iOS 最大的特点是“封闭”，苹果公司要求所有对系统做出更改的行为（包括下载音乐、安装软件等）都要经由苹果自有的软件来操作，虽然提高了系统的安全性，但也限制了用户的个性化需求。

2. Android

Android 中文音译为安卓，是由 Google（谷歌）公司于 2007 年 11 月 5 日发布的基于 Linux 平台的开源手机操作系统，主要供手机、上网本等终端使用。Android 系统最大的特点是“开放”，它采用了软件堆层的架构，主要分为三部分，底层 Linux 内核只提供基本功能，其他应用软件则是由各公司自行开发，这就给了内置该系统的设备厂商很大的自由空间，同时也使得为该系统开发软件的门槛变得极低，这也促进了软件数量的增长。因为安卓系统是开放的，便于生产商进行用户界面的二次开发，所以安卓手机销量的增长是最快速的。

3. 基于 Android

（1）小米 MIUI 系统

MIUI 是小米公司旗下基于 Android 系统深度优化、定制、开发的第三方手机操作系统，能够给国内用户带来更为贴心的 Android 智能手机体验。MIUI 是一个基于 CyanogenMod 深度定制的 Android 流动操作系统，它大幅修改了 Android 本地的用户接口并移除了其应用程序列表（Application Drawer）以及加入大量来自苹果公司 iOS 的设计元素。MIUI 系统亦采用了和原装 Android 不同的系统应用程序，取代了原装的音乐程序、调用程序、相册程序、相机程序及通知栏，添加了部分原本没有的功能。由于 MIUI 重新制作了 Android 的部分系统数据库表并大幅修改了原生系统的应用程序，因此，MIUI 的数据与 Android 的数据互不兼容，有可能直接导致的后果是应用程序的不兼容。

小米科技在 2011 年 8 月发布推出一部搭载 MIUI，名为小米手机的智能手机，2012 年 5 月 15 日发布“青春版”小米手机。

2012 年 8 月 16 日，小米正式宣布 MIUI 中文名为“米柚”，并发布基于 Android 4.1 的 MIUI 4.1 版本，最大特点是“如丝般顺滑”。其具有更安全的操作系统；内置科大讯飞提供的全球最好的中文语音技术；内置由金山快盘提供的云服务；可以在网页上浏览通信录、发送短信具有通过短信和网络找回手机功能；具有大字体模式。

MIUI 是小米公司基于 Android 原生深度优化定制的手机操作系统，对 Android 系统有多项优化和改进。MIUI 还是中国首个基于互联网开发模式进行开发的手机操作系统，根据社区发烧友的反馈意见不断进行改进，并更新迭代。2020 年 4 月 27 日，MIUI 发布 MIUI 12。

（2）Emotion UI

Emotion UI 是华为基于 Android 进行开发的情感化操作系统。其具有独创的 Me Widget 整合常用功能，一步到位；快速便捷的合一桌面，减少二级菜单；缤纷海量的主题；触手可及的智能指导；贴心的语音助手。

2014 年 8 月，华为发布 EMUI 3.0，彻底颠覆 EMUI 设计风格，对于杂志锁屏进行了一系列优化。2015 年 4 月发布 EMUI 3.1，首次在 P8 旗舰机相机内使用流光模式。从 EMUI 9.0 开始，华为提出 EMUI“质享生活”的理念。目前主流版本为 EMUI 10.1。

4．鸿蒙操作系统

2019 年 8 月 9 日，华为正式发布鸿蒙系统。

2020 年 9 月 10 日，华为鸿蒙系统升级至华为鸿蒙系统 2.0 版本，即 HarmonyOS 2.0，并面向 128KB-128MB 终端设备开源。

2022 年，鸿蒙系统 Harmony OS 登陆欧洲。

2022 年 1 月 12 日，华为鸿蒙官方宣布，HarmonyOS 服务开放平台正式发布，鸿蒙生态有望渐入佳境。

2022 年 6 月 15 日，华为鸿蒙 Harmony OS 3.0 开发者 Beta 版开启了公测。

目前搭载鸿蒙系统的智能手机在全球的市场份额为 2%，鸿蒙已经成为全球第三大智能手机系统。鸿蒙系统的目标是面向全场景、全连接、全智能时代，基于开源的方式，搭建一个智能终端设备操作系统的框架和平台，促进万物互联产业的繁荣发展。

鸿蒙操作系统是华为公司开发的一款基于微内核、耗时 10 年、4000 多名研发人员投入开发、面向 5G 物联网、面向全场景的分布式操作系统。它不是安卓系统的分支或修改而来的，性能上不弱于安卓系统。它将手机、计算机、平板、电视、工业自动化控制、无人驾驶、车机设备、智能穿戴统一成一个操作系统，并且面向下一代技术而设计，能兼容全部安卓的所有 Web 应用。若安卓应用重新编译，在鸿蒙系统上，运行性能提升超过 60%。同时由于鸿蒙系统微内核的代码量只有 Linux 宏内核的千分之一，其受攻击机率也大幅降低。

在 Android 和 iOS 垄断的手机市场，鸿蒙 OS 想要突围，还有漫漫长路。中国工程院院士倪光南接受媒体采访时也表示，不是技术比人家差，而是在生态系统的建设上更加难一些。因为其他国家先入为主，已经在市场中建立了一个完备的生态系统，而新的生态系统必须通过市场的良性循环才能建立起来，这是很不容易的。同时，他认为，包括操作系统在内的核心技术，中国是肯定需要掌握的。关键核心技术还是要立足于自主创新，要自主可控。希望自主研发的操作系统，能够在中国市场的支持下，更快建立起自己的生态系统。

鸿蒙问世时恰逢中国整个软件业亟需补足短板，鸿蒙给国产软件的全面崛起产生了战略性的带动和刺激。中国软件行业枝繁叶茂，但没有根，华为要从鸿蒙开始，构建中国基础软件的根。美国打压华为对鸿蒙问世起到了催生作用，它毫无疑问是被美国逼出来的，而美国倒逼中国高科技企业的压力已经成为战略态势。中国全社会已经下了要独立发展本国核心技术的决心，鸿蒙是时代的产物。

小　结

本章对计算机操作系统的概念、功能进行了阐述。计算机操作系统是计算机的重要组成部分，和计算机硬件系统类似，它为计算机系统提供了软件平台的支持。目前操作系统种类很多，本章仅以大家熟悉的 Windows 为例简要介绍了其功能和操作方法。

实　训

实训 1　文件与文件夹管理

1. 实训目的

① 掌握文件与文件夹的选择、新建、复制、移动、删除、重命名等基本操作。

② 熟悉文件和文件夹的显示方式。

③ 掌握文件属性的设置。

④ 熟悉搜索文件的方法。

2. 实训内容

① 建立一个文件夹，名称为 071041023。

② 在当前文件夹下查找满足下列条件的文件：文件名第 3 个字符为 c，文件大小不超过 500 KB，并复制到 071041023 文件夹下。

③ 在 071041023 文件夹下新建指向 C 盘的快捷方式，名称为“本地磁盘(C)”。

④ 在 071041023 文件夹下新建一个文件名为 071041023.txt 的文本文件，输入以下内容（请正确输入各种符号）后保存，设置该 txt 文件属性为“隐藏”。

归园田居·其一

（陶渊明，365—427年）

少无适俗韵，性本爱丘山。
误落尘网中，一去三十年。
羁鸟恋旧林，池鱼思故渊。
开荒南野际，守拙归园田。
方宅十余亩，草屋八九间。
榆柳荫后檐，桃李罗堂前。
暧暧远人村，依依墟里烟。
狗吠深巷中，鸡鸣桑树颠。
户庭无尘杂，虚室有余闲。
久在樊笼里，复得返自然。

实训2 系统设置

1. 实训目的

① 掌握桌面个性化设置、任务栏和“开始”菜单的设置。

② 熟悉各种附件工具的使用方法。

2. 实训内容

（1）显示设置

① 设置桌面主题为“鲜花”。

② 设置桌面背景为“幻灯片放映”，时间间隔为“1分钟”；桌面图标显示“网络”。

③ 设置屏幕保护程序为“3D文字”，等待时间为“5分钟”。

④ 设置屏幕分辨率为1024×768。

（2）任务栏与“开始”菜单设置

① 任务栏设置为使用小图标。

② 通知区域设置音量图标为“隐藏图标和通知”。

第5章 问题求解

计算机是对数据（信息）进行自动处理的机器系统，从根本上说，计算机是一种工具，人们可以通过使用计算机来解决问题。随着计算机科学的发展，使用计算机进行问题求解已经成为计算机科学最基本的方法。计算机问题求解是以计算机为工具、利用计算思维解决实际问题的实践活动。

问题求解，需要由问题到算法，再到程序。算法被誉为计算学科的灵魂，算法思维是重要的计算思维。算法是计算机求解问题的步骤的表达，会不会编程序本质上还是看能否找出问题求解的算法。本章重点描述计算机求解问题的过程与典型问题的算法设计。

5.1 算法与程序

算法指的是解决问题的方法，而程序是该方法具体的实现。算法要依靠程序来完成功能，程序需要算法作为灵魂。

5.1.1 基本概念

1. 算法

【例5-1】以黑、蓝两色墨水交换为例说明一个最简单的算法过程。

问题描述：有黑和蓝两个墨水瓶，因为疏漏把黑墨水装在了蓝瓶中，而蓝墨水装在了黑瓶中，要求将其互换。

算法分析：因为两个墨水瓶的墨水不能直接交换，所以引入第三个墨水瓶，假设第三个墨水瓶为白色，其交换步骤如下：

① 将黑瓶中的蓝墨水装入白瓶中。

② 将蓝瓶中的黑墨水装入黑瓶中。

③ 将白瓶中的蓝墨水装入蓝瓶中。

④ 交换结束。

可以看出，算法是对解题方案的准确而完整的描述，即是一组严谨地定义运算顺序的规则，并且每一个规则都是有效的，且是明确的，没有二义性，同时该规则将在有限次运算后终止。

算法可以理解为基本运算及规定的运算顺序所构成的完整的解题步骤，或者按照要求设计好的有限的确切的计算序列，并且这样的步骤和序列可以解决一类问题。

2. 程序

程序是为实现特定目标或解决特定问题而用程序设计语言描述的适合计算机执行的指令（语句）序列。一个程序应该包括以下两方面的内容：

① 对数据的描述。在程序中要指定数据的类型和数据的组织形式，即数据结构。

② 对操作的描述，即操作步骤，也就是算法。

3. 算法与程序的区别

算法不等于程序，也不是计算方法。算法是指逻辑层面上解决问题的方法的一种描述，一个算法可以被多种不同的程序实现，即程序可以作为算法的一种描述，但程序通常还需考虑很多与方法和分析无关的细节问题，这是因为在编写程序时要受到计算机系统运行环境的限制。算法可以被计算机程序模拟出来，但程序只是一个手段，让计算机去机械式地执行，算法才是灵魂，驱动计算机“怎么去”执行。程序的编制不可能优于算法的设计，算法并不是程序或函数本身。程序中的指令必须是机器可执行的，而算法中的指令则无此限制。

5.1.2 算法的基本特征

1. 有效性

算法中的每一步操作都应该能有效执行，一个不可执行的操作是无效的。例如，一个数被 0 除的操作就是无效的，应当避免这种操作。

2. 确定性

算法中每一步的含义必须是确切的，不可出现任何二义性。

3. 有穷性

一个算法必须在执行有限个操作步骤后终止。例如，在数学中的无穷级数，在计算机中只能求有限项，即计算的过程是有穷的。

算法的有穷性还应包括合理的执行时间的含义。因为，如果一个算法需要执行成千上万年，显然失去了实用价值。

4. 有零个或多个输入

这里的输入是指在算法开始之前所需要的初始数据。输入的个数取决于特定的问题，有些特殊算法也可以没有输入。

5. 有一个或多个输出

输出是指与输入有某种特定关系的量，在一个完整的算法中至少会有一个输出。

5.1.3 算法的基本表达方法

算法是需要表达的，算法思维能力的提升也是通过不断地表达训练来完成的。算法通常有三种基本的表达方法：自然语言、流程图和伪代码。

1. 自然语言

自然语言是人们日常所用的语言，使用这些语言不用专门训练，所描述的算法自然且通俗易懂。

其缺点也是明显的：

① 由于自然语言容易有歧义性，可能导致算法表达的不确定性。

② 自然语言的语句一般较长，从而导致表达的算法较长。

③ 由于自然语言有串行性的特点，因此当一个算法中循环和分支较多时就很难清晰地表示出来。

④ 自然语言表达的算法不便用程序设计语言翻译成计算机程序。

【例 5-2】 用自然语言表达 $sum=1+2+3+4+5+\cdots+(n-1)+n$ 的算法。

用自然语言表达算法如下：

① 输入 n 的值。

② sum←0。

③ i←1。

④ 如果 i<=n，执行第⑤步，否则输出 sum，结束。

⑤ sum←sum+i。

⑥ i←i+1。

⑦ 执行第④步。

2．流程图

流程图是描述算法的常用工具，采用美国国家标准化协会（American National Standard Institute，ANSI）规定的一组图形符号来表达算法，可以很方便地表示顺序、分支和循环结构的算法。另外，用流程图表达的算法不依赖于任何具体的计算机和计算机程序设计语言，从而有利于不同环境的算法设计。标准流程图符号及功能如表 5.1 所示。

表 5.1 标准流程图符号及功能

符号名称	符　号	功　　能
起止框		表示算法的开始和结束
输入/输出框		表示算法的输入/输出操作，框内填写需输入或输出的各项
处理框		表示算法中的各种处理操作，框内填写处理说明或算式
判断框		表示算法中的条件判断操作，框内填写判断条件
注释框		表示算法中某操作的说明信息，框内填写文字说明
流程线	和	表示算法的执行方向
连接点		表示将画在不同地方的流程线连接起来

【例 5-3】用流程图表达 sum=1+2+3+4+5+…+(*n*−1)+*n* 的算法。

这是一个循环结构的问题，程序中使用的各参数和数学表达式相同，流程图如图 5.1 所示。

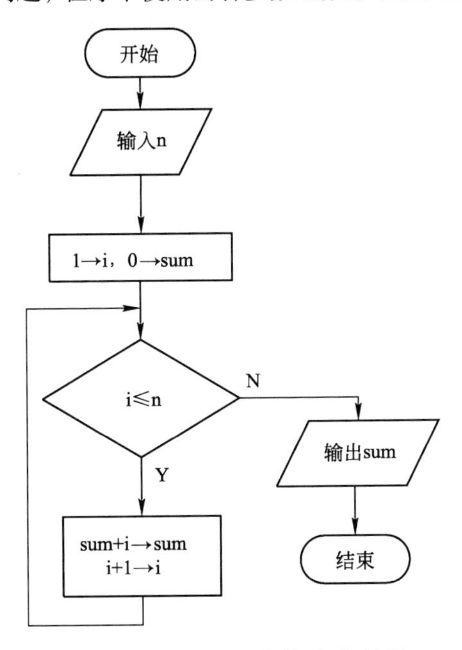

图 5.1 求累加和的算法流程图

3．伪代码

伪代码是介于计算机语言与自然语言之间的一种语言，通常采用自然语言、数学公式和符号混合使用来描述算法的步骤，并以编程语言的书写形式表达算法的不同结构，既清晰地表达了算法的功能，又忽略了一些语言的细节，使人们可以很清晰地表达算法，同时又能很容易地转换成具体计算机语言所表达的程序，已成为算法表达的一般形式。

【例 5-4】用伪代码表达 sum=1+2+3+4+5+…+(*n*−1)+*n* 的算法。

```
算法开始;
输入 n 的值;
i←1;
sum←0;
循环开始 i<=n
{
    sum←sum+i;
    i←i+1;
}
循环结束
输出 sum 的值;
算法结束。
```

5.2 计算机求解问题过程

面对一个问题，不能马上就动手编程，要经历一个思考、设计、编程以及调试的过程，具体分为以下五个步骤：

① 分析问题（确定计算机做什么）。
② 建立模型（将原始问题转换为数学模型或者模拟数学模型）。
③ 设计算法（形式化地描述解决问题的途径和方法）。
④ 编写程序（将算法翻译成计算机程序设计语言）。
⑤ 调试测试（通过各种数据进行测试，改正程序中的错误）。

1. 分析问题

准确、完整地理解和描述问题是解决问题的第一步，要做到这一点，必须注意以下问题：在未经加工的原始表达中，所用的术语是否都清楚其准确定义？题目提供了哪些信息？这些信息有什么用？题目要求得到什么结果？题目中有哪些假定？是否有潜在的信息？判定求解结果所需要的中间结果有哪些？等等。针对每个具体的问题，必须认真审查问题描述，理解问题的真实要求。

2. 建立模型

用计算机解决实际问题必须有合适的数学模型。对一个实际问题建立数学模型，可以考虑如下两个基本问题：最适合于此问题的数学模型是什么？是否有已经解决了的类似问题可借鉴？

如果上述第二个问题的答复是肯定的，那么通过类似问题的分析、比较和联想，可加速问题的解决。但上述第一个问题更为重要。选择恰当的数学工具来表达已知的和要求的量受多种因素影响：设计人员的数学知识水平，已知的数学模型是否表达方便，计算是否简单，所要进行的操作种类的多少与功能的强弱等。同一问题可以用不同的数学工具建立不同的模型，因此，要对不同的模型进行分析、比较，从中选出最有效的模型。然后根据选定的数学模型，对问题进行重新描述。

此时，应考虑下列问题：模型能否清楚地表示与问题有关的所有重要信息？模型中是否存在与所期望的结果相关的数学量？是否能够正确反映输入/输出的关系？用计算机实现该模型是否有困难？如能取得令人满意的回答,那么该数学模型可作为候选模型。

3. 设计算法

设计算法是指设计求解某一特定类型问题的一系列步骤，而这些步骤是可以通过计算机的基本操作来实现的。算法设计要同时结合数据结构的设计，数据结构的设计就是选取信息存储方式，如确定问题中的信息是用数组存储还是用普通变量存储。不同的数据结构的设计将导致算法的差异很大。算法的设计与模型的选择密切相关，但同一模型仍然可以有不同的算法，并且它们的有效性可能有相当大的差距。

算法确定之后，可进一步形式化为伪代码或者流程图。

4. 编写程序

根据已经形式化的算法，选用一种程序设计语言编程实现。

5. 调试测试

上机调试、运行程序，得到运行结果。对于运行结果要进行分析和测试，看看运行结果是否符合预期，如果不符合，要进行判断，找出问题所在，对算法或程序进行修正，直到得到正确的结果。

下面用一个简单的例子来说明问题的求解过程。

【例 5-5】大约在 1 500 年前，我国古代数学名著《孙子算经》中记载了这样一道题目：今有鸡兔同笼，上有三十五头，下有九十四足，问鸡兔各几何。

求解过程：

根据题意建立数学模型，假设鸡数量为 chook，兔数量为 rabbit，因为共有 35 头，所以得到 rabbit+chook=35；因为共有 94 足，鸡有 2 条腿，兔有 4 条腿，所以得到 2*chook+4*rabbit=94。因为 rabbit+chook=35，所以鸡的数量为 0<=chook<=35，那么兔的数量为 rabbit=35-chook，可以使用穷举法对鸡的数量为 0～35 的所有可能情况进行遍历；判断脚数是否等于 94，即判断 2*chook+4*rabbit=94 是否成立，若成立，则表示找到答案。

根据以上分析，得到利用穷举法解决鸡兔同笼问题的算法流程图如图 5.2 所示。

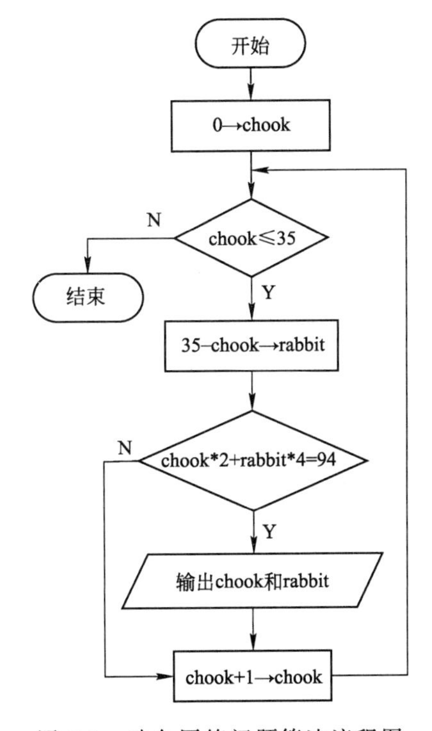

图 5.2　鸡兔同笼问题算法流程图

根据鸡兔同笼问题算法流程图，用穷举法编写的 C 语言程序如下：

```
#include <stdio.h>
int main()
{
    int chook,rabbit;
    for(chook=0;chook<=35;chook++)
    {
        rabbit=35-chook;
        if(chook*2+rabbit*4==94)
            printf("鸡有: %d 只, 兔子有: %d 只。",chook,rabbit);
    }
    return 0;
}
```

编译执行以上程序，即可计算得出鸡和兔的数量，具体运行结果如图 5.3 所示。

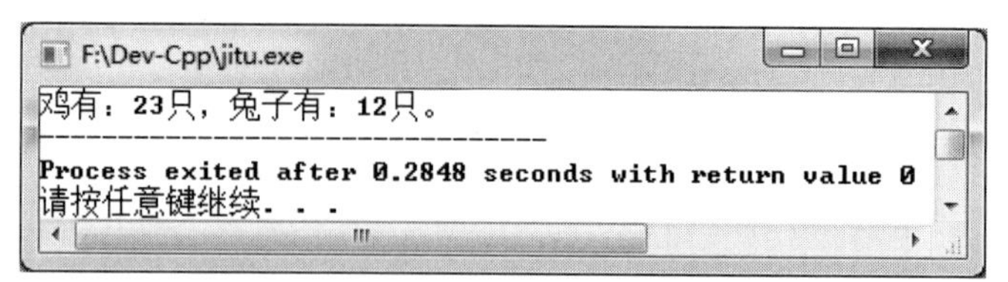

图 5.3　鸡兔同笼程序运行结果

5.3　典型问题的算法设计

下面以几个典型问题为例，给出分析解决途径，并设计所适用的算法。

5.3.1　排序问题

排序在实际生活中非常常见，特别是在事务处理中。一般认为，日常的数据处理中有 1/4 的时间花在排序上。据不完全统计，到目前为止的排序算法有上千种，排序是算法设计中的一个重要研究课题，也已经有了很多高效的方法。

【例 5-6】 有序列{5,2,9,4,1,7,6}，将该序列从小到大进行排列。

（1）算法设计 1：用冒泡排序解决方案

① 首先进行第一趟冒泡排序，对序列中的 7 个数进行如下操作：依次比较相邻的两个数的大小，将较大数交换到右边。在扫描的过程中，不断将相邻两个数中较大的数向右移动，最后将序列中的最大数 9 换到序列的最右边。

② 进行第二趟冒泡排序，对左边 6 个数进行同样的操作，其结果是使次大的数 7 被放在了 9 的左边。

③ 依此类推，直到排好序为止（若在某一趟冒泡过程中，没有发现一个逆序，则可提前结束冒泡排序）。

具体操作步骤如下：

序列长度 $n=7$

原序列	5	2	9	4	1	7	6
第一趟（从左往右）	5←→	2	9	4	1	7	6
	2	5	9←→	4	1	7	6
	2	5	4	9←→	1	7	6
	2	5	4	1	9←→	7	6
	2	5	4	1	7	9←→	6
	2	5	4	1	7	6	9
第一趟结束后	2	5	4	1	7	6	9
第二趟（从左往右）	2	5←→	4	1	7	6	9
	2	4	5←→	1	7	6	9
	2	4	1	5	7←→	6	9
	2	4	1	5	6	7	9

第二趟结束后	2	4	1	5	6	7	9
第三趟（从左往右）	2	4←→	1	5	6	7	9
	2	1	4	5	6	7	9
第三趟结束后	2	1	4	5	6	7	9
第四趟（从左往右）	2←→	1	4	5	6	7	9
	1	2	4	5	6	7	9
第四趟结束后	1	2	4	5	6	7	9
最后结果	1	2	4	5	6	7	9

（2）算法设计 2：用选择排序解决方案

① 找到序列中的最小数 1，使其与左边第 1 个数 5 进行交换，1 被排在左边第 1 位。

② 在剩下的 6 个数中再找最小数 2，使其与左边第 2 个数 2 进行交换，2 被排在左边第 2 位。

③ 依此类推，直至所有的数都排完。

具体操作步骤如下（有方框的元素是刚被选出来的最小元素）：

原序列	5	2	9	4	1	7	6
第一趟选择（从左往右）	5	2	9	4	1	7	6
	[1]	2	9	4	5	7	6
第二趟选择（从左往右）	1	[2]	9	4	5	7	6
第三趟选择（从左往右）	1	2	9	4	5	7	6
	1	2	[4]	9	5	7	6
第四趟选择（从左往右）	1	2	4	9	5	7	6
	1	2	4	[5]	9	7	6
第五趟选择（从左往右）	1	2	4	5	9	7	6
	1	2	4	5	[6]	7	9
第六趟选择（从左往右）	1	2	4	5	6	[7]	9

（3）算法设计 3：用简单插入排序解决方案

① 将序列中的第 1 个数 5 放在一个队列中。

② 将序列中第 2 个数与队列中第 1 个数进行比较，如果比其小，则放在左边，如果比其大，则放在右边，2 比 5 小，所以将 2 放在 5 的左边。

③ 将序列中第 3 个数与队列中的两个数进行比较，找到一个插入后仍保持有序的位置，将第 3 个数插入该位置，9 大于 5，应放到 5 的右边。

④ 依此类推，直至将所有的数都插入相应位置。

具体操作步骤如下：

	5	2	9	4	1	7	6
		↑ j=2					
	2	5	9	4	1	7	6
			↑ j=3				
	2	5	9	4	1	7	6
				↑ j=4			
	2	4	5	9	1	7	6
					↑ j=5		
	1	2	4	5	9	7	6
						↑ j=6	
	1	2	4	5	7	9	6
							↑ j=7
插入排序后的结果	1	2	4	5	6	7	9

5.3.2　汉诺塔问题——递归算法

【例5-7】问题描述：据传说，古印度的僧侣们闲暇时会在 3 个黑木柱间移动厚重的金圆盘，这就是汉诺塔问题。圆盘大小都不相同，按照大小分别标号为 1～n，1 号盘最小。每个圆盘正中留有和木柱粗细相匹配的洞口。一开始，他们把圆盘按一定次序叠放，最小的 1 号放最上面，最大的 n 号在最下面，如图 5.4 所示。接下来的任务就是把盘子一个一个地从第一个柱子移动到第三个柱子，如果必要的话，中间的柱子可以用来过渡。此处要遵循的准则只有三条：

图 5.4　汉诺塔问题

① 只能移动最上面的圆盘，一次只能移动一个圆盘。

② 移动圆盘时，只能从一个柱子直接移动到另一个柱子，不可放到其他地方。

③ 大圆盘不能放在小圆盘上面。

问题分析：为了讨论方便，我们且将第一个柱子标记为柱 A（起始柱），第二个柱子为柱 B（过渡柱），第三个柱子为柱 C（目标柱）。将问题的规模（即盘子的数量 n）缩小，首先看 5 个盘子的汉诺塔问题的求解思路。

① 假设要将 A 柱上的 5 个盘子移到 C 柱，则需要首先将其上面的 4 个盘子移到 B 柱，然后将最下面的盘子由 A 柱移到 C 柱，再将 B 柱上的 4 个盘子移到 C 柱，如图 5.5（a）所示，此时的前提是能够将 4 个盘子从一个柱子移到另一个柱子，问题转换为 4 个盘子的汉诺塔问题。

② 要将 A 柱上的 4 个盘子移到 C 柱，则需要首先将其上面的 3 个盘子移到 B 柱，然后将最下面的盘子由 A 柱移到 C 柱，再将 B 柱上的 3 个盘子移到 C 柱，如图 5.5（b）所示，此时的前提是能够将 3 个盘子从一个柱子移到另一个柱子，问题转换为 3 个盘子的汉诺塔问题。

③ 要将 A 柱上的 3 个盘子移到 C 柱，则需要首先将其上面的 2 个盘子移到 B 柱，然后将最下面的盘子由 A 柱移到 C 柱，再将 B 柱上的 2 个盘子移到 C 柱，如图 5.5（c）所示，此时的前提是能够将 2 个盘子从一个柱子移到另一个柱子，问题转换为 2 个盘子

的汉诺塔问题。

④ 2 个盘子的汉诺塔问题与此类似，即转换为 1 个盘子的汉诺塔问题，如图 5.5（d）所示，而对于 1 个盘子的汉诺塔问题，直接从一个柱子移到目标柱即可。

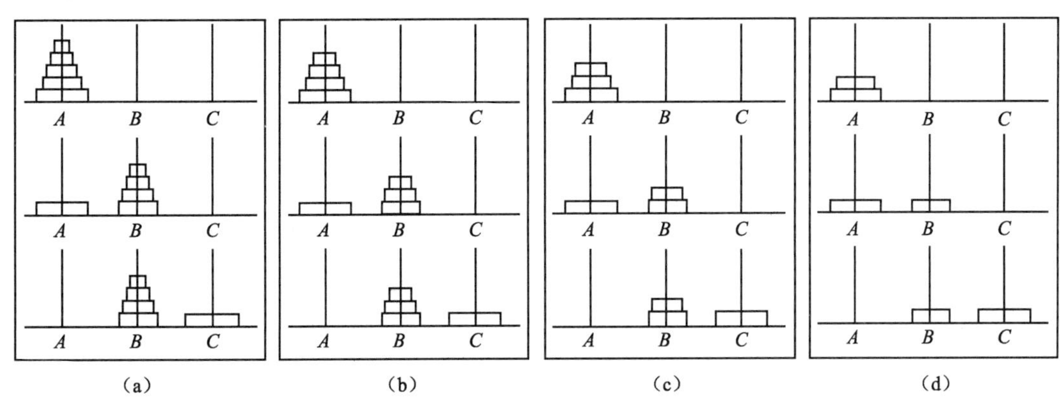

图 5.5 汉诺塔问题的递归求解思维示意图

根据以上分析可见，汉诺塔问题可采用递归算法求解。

算法设计：递归算法就是把问题转换为规模缩小了的同类问题的子问题，对这个子问题用函数（或过程）来描述，然后递归调用该函数（或过程）以获得问题的最终解。递归算法描述简洁而且易于理解，所以使用递归算法的计算机程序也清晰易读。递归算法的应用一般有以下三个要求：

① 每次调用在规模上都有所缩小。

② 相邻两次重复之间有紧密的联系，前一次要为后一次做准备（通常前一次的输出就作为后一次的输入）。

③ 在问题的规模最小时，必须直接给出解答而不再进行递归调用，因而每次递归调用都是有条件的（以规模未达到直接解答的大小为条件）。

通常，设计递归算法需要关键的两步：

① 确定终止条件。终止条件一般来说就是该问题的最初项的条件，比如在汉诺塔问题中，1 个盘子的汉诺塔问题，直接将其从一个柱子移到目标柱子上，不是通过递归公式计算得到，而是直接给出，因此 n=1 就是该问题的终止条件，记为 $h(1,x,y,z)$，将 1 个盘子从 x 柱借助于 z 柱移到 y 柱上（此时可能不需要 z 柱，但为保持与后面的一致性，需要保留参数 z）。

② 确定递归公式。确定该问题的递归关系是怎样的，比如在汉诺塔问题中，当 n>1 时，假设 n 个盘子能够从一个柱子移到另一个柱子上，记为 $h(n,x,y,z)$，将 n 个盘子从 x 柱借助于 z 柱移到 y 柱上，则 n+1 个盘子的移动问题就是 $h(n+1,x,y,z)$，可借助于 $h(n,x,y,z)$求解：

- 将 n 个盘子由 x 柱借助于 y 柱移到 z 柱上，即 $h(n,x,z,y)$。
- 将 x 柱上的一个盘子移到 y 柱上。
- 将 n 个盘子由 z 柱借助于 x 柱移到 y 柱上，即 $h(n,z,y,x)$。

根据以上分析，有了递归算法的思维，递归函数用伪代码描述如下：

```
void hanoi(n,x,y,z)
{
```

```
        if(n>1)
        {
            hanoi(n-1,x,z,y)
            print(x,"→",y)
            hanoi(n-1,z,y,x)
        }
        else
            print(x,"→",y)
    }
```

递归是人类常用的一种描述问题的方式，是以有限的方式描述规模任意大问题的方法，这也是计算思维的重要方法之一。

5.3.3 最大公约数问题——迭代算法

【例 5-8】问题描述：公约数又称“公因数”。如果一个整数同时是几个整数的约数，称这个整数为它们的公约数；公约数中最大的称为最大公约数。

问题分析：欧几里得算法（又称辗转相除法）是求解最大公约数的传统方法，其算法的核心基于这样一个原理：如果有两个正整数 a 和 b（$a \geqslant b$），r 为 a 除以 b 的余数，则有 a 和 b 的最大公约数与 b 和 r 的最大公约数是相等的这一结论。经过反复迭代执行，直到余数 r 为 0 时结束迭代，此时的除数便是 a 和 b 的最大公约数。

欧几里得算法是经典的迭代算法。迭代计算过程是一种不断用变量的旧值递推新值的过程，是用计算机解决问题的一种基本方法。它利用计算机运算速度快、适合做重复性操作的特点，让计算机对一组指令（或一定步骤）重复执行，在每次执行这组指令（或这些步骤）时都从变量的原值推出它的一个新值。

利用迭代算法解决问题，需要考虑以下三个问题：

① 确定迭代变量。在可以用迭代算法解决的问题中，至少存在一个可直接或间接地不断由旧值递推出新值的变量，这个变量就是迭代变量。

② 建立迭代关系式。所谓迭代关系式，指如何从变量的前一个值推出其下一个值的公式（或关系）。迭代关系式的建立是解决迭代问题的关键，通常可以使用递推或倒推的方法来完成。

③ 对迭代过程进行控制。在什么时候结束迭代过程是编写迭代程序必须考虑的问题，不能让迭代过程无休止地执行下去。迭代过程的控制通常可分为两种情况：一种是所需的迭代次数是个确定的值，可以计算出来；另一种是所需的迭代次数无法确定。对于前一种情况，可以构建一个固定次数的循环来实现对迭代过程的控制；对于后一种情况，需要进一步分析得出可用来结束迭代过程的条件。

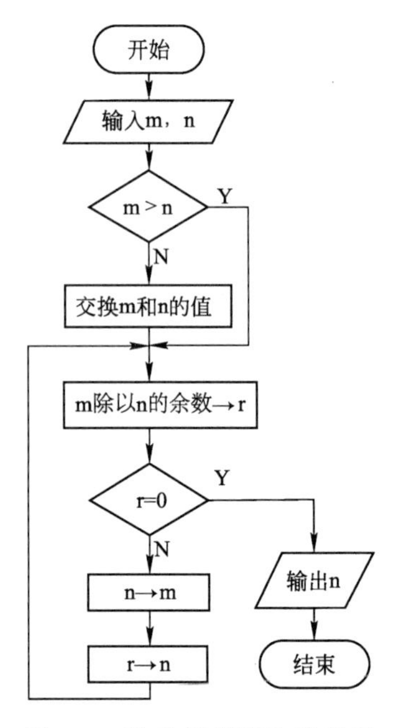

图 5.6 欧几里得算法流程图

算法设计：用迭代算法求解最大公约数的流程图如图 5.6 所示，以求 112 和 24 的最大公约数为例，其步骤如下。

第 1 步：112 ÷ 24=4，余 16。

第 2 步：24 ÷ 16=1，余 8。

第 3 步：16 ÷ 8=2，余 0。

算法结束，最大公约数为 8。

5.3.4 斐波那契数列问题

【例 5-9】问题描述：著名意大利数学家列昂纳多·斐波那契（Leonardo Fibonacci）于 1202 年提出一个有趣的数学问题——假定一对雌雄的大兔每月能生一对雌雄的小兔，每对小兔过一个月能长成大兔再生小兔，假定在不发生死亡的情况下，由一对初生的兔子开始，一年后能繁殖出多少对兔子？于是得到一个数列：

1，1，2，3，5，8，13，21，34，55，89，144，233，377，610，…

这就是著名的斐波那契数列。由于斐波那契数列有系列奇妙的性质，所以在现代物理、生物、化学等领域都有直接的应用。为此，美国数学学会从 1963 年起还专门出版了以《斐波那契数列季刊》为名的杂志，用于刊载这方面的研究成果。这里我们讨论的问题是：求出该数列的前 n 项。

问题分析：题目中的数列有十分明显的特点，即当前项数据（从第 3 个数开始）为前面相邻两项之和。该问题看似简单，但实际做起来就会遇到问题。比如，如果要计算第 30 项是多少，那么必须知道第 29 项和第 28 项是多少，如此下来，必须依次计算第 4 项、第 5 项、第 6 项……第 28 项、第 29 项，然后才能得到第 30 项的数据。所以在数学上，斐波那契数列是以递归的方法来定义的。

数学方法：根据以上分析，斐波那契数列可以如下递归方法定义。

$$\begin{cases} F_1=1 \\ F_2=1 \\ F_n = F_{n-1} + F_{n-2} \end{cases}$$

（1）算法设计 1：用递归算法解决方案

按照递归算法的计算思维方法，该问题可用递归算法来解决。

① 终止条件：n=1 或 n=2。

② 递归公式：$F_n = F_{n-1} + F_{n-2}$（$n \geqslant 3$）。

该问题的递归函数用伪代码描述为：

```
int Fib(int n)
{  if(n==1 或 n==2) return 1;                //终止条件，不需要递归
   if(n>=3) return Fib(n-1)+Fib(n-2);      //通过递归公式求解
}
```

（2）算法设计 2：用迭代算法解决方案

根据以上分析及迭代算法的计算思维方法，该问题可用迭代算法来解决，该问题的迭代算法用伪代码描述如下：

```
算法开始;
输入 n 的值;
a←1;
```

```
b←1;
if(n==1 或 n==2) c←1;
循环开始
i=3 to n
{
    c←a+b;
    a←b;
    b←c;
    i←i+1;
}
循环结束
输出 c 的值;
算法结束。
```

下面以计算斐波那契数列的第 6 项为例，对递归算法与迭代算法的执行过程进行比较。

递归算法程序简洁，但是其计算量较大。当计算高阶 Fib 时，始终要计算低阶的 Fib，由于低阶的 Fib 未能保留，因此重复计算频繁出现，因此计算量大增，如图 5.7 所示。

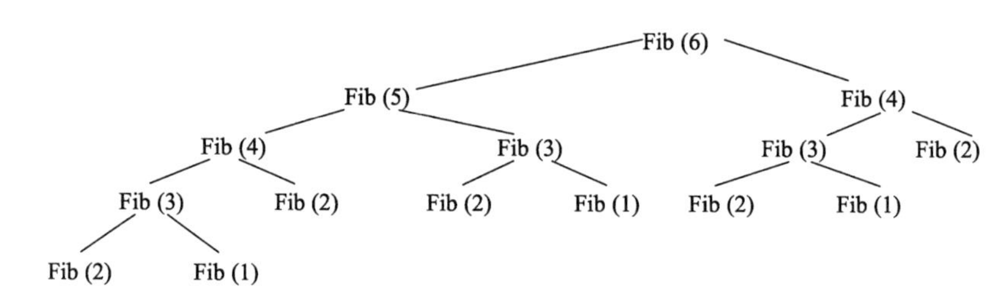

图 5.7　斐波那契数列递归模拟计算的重复性示意图

表 5.2 所示为斐波那契数列的计算过程及其中的“迭”与“代”。每次迭代时，a 被前次的 b 替换，b 被 c（前次的 $a+b$）替换，i 逐次加 1。当 $i=n$ 时，c 为 F_n。可以看出此程序只是一个循环，计算量有限。因此，迭代算法比递归算法要快得多。

表 5.2　斐波那契数列的迭代过程示意

a	b	c	i
1	1	2	3
1	2	3	4
2	3	5	5
3	5	8	6

由以上可以看出，迭代与递归有着密切的联系，甚至一类如“$F_1=1$，$F_2=1$，$F_n=F_{n-1}+F_{n-2}$”的递归关系也可以看作数列的一个迭代关系。可以证明：迭代程序都可以转换为与其等价的递归程序，反之则不然，如汉诺塔问题，便很难用迭代方法求解。就效率而言，递归程序的实现要比迭代程序的实现耗费更多的时间和空间，因此在具体实现时又希望尽可能地将递归程序转换为等价的迭代程序。

小　　结

本章首先介绍了算法的概念、基本特征和表达方法，然后以鸡兔同笼为例介绍了计算机求解问题的过程，最后通过典型问题的算法设计介绍了排序算法、递归算法和迭代算法的基本概念和简单设计，培养学生进行算法设计的计算思维能力，要求学生能够通过设计算法解决实际问题，并能正确地表达算法。

实　　训

实训1　算法相关概念及典型问题的算法设计思想

1．实训目的

① 了解算法与程序的关系。

② 熟悉算法的基本特征。

③ 掌握算法的三种基本表达方法。

④ 了解计算机求解问题的过程。

⑤ 掌握典型问题的算法设计思想。

2．实训内容

完成下面理论知识题：

① 算法与程序的关系是（　　）。

A．算法是对程序的描述　　B．算法决定程序，是程序设计的核心

C．算法与程序之间无关系　　D．程序决定算法，是算法设计的核心

② 在流程图中，表示算法中的条件判断时使用（　　）图形框。

A．菱形　　B．矩形　　C．圆形　　D．平行四边形

③ 下面不属于算法应该具备的基本特征的是（　　）。

A．输入/输出　　B．有穷性　　C．确定性　　D．执行性

④ 某食品连锁店5位顾客贵宾消费卡的积分依次为905、587、624、750、826，若采用选择排序算法对其进行从小到大排序，则第二趟的排序结果是（　　）。

A．587　624　750　905　826　　B．587　826　624　905　750

C．587　905　624　750　826　　D．587　624　905　750　826

⑤ 用计算机解决问题时，首先应该确定程序“做什么”，然后再确定程序“如何做”，那么，“如何做”属于用计算机解决问题的（　　）步骤。

A．分析问题　　B．设计算法　　C．编写程序　　D．调试程序

⑥ 下列关于算法的叙述中错误的是（　　）。

A．一个算法至少有一个输入和一个输出

B．算法的每一个步骤必须确切的定义

C．一个算法在执行有穷步之后必须结束

D．算法中有待执行的运算和操作必须是相当基本的

⑦ 有 5 位运动员 100 m 成绩依次为 13.8、12.5、13.4、13.2、13.0，若采用冒泡排序算法对其进行从小到大排序，则第一趟的排序结果是（　　）。

A. 12.5　13.8　13.2　13.0　13.4　　B. 12.5　13.4　13.2　13.0　13.8

C. 12.5　13.0　13.4　13.2　13.8　　D. 12.5　13.2　13.0　13.4　13.8

⑧ 在某赛季中，某球队 5 场比赛得分依次为 90、89、97、70、114，若采用选择排序算法对其进行从大到小排序，则第二趟的排序结果是（　　）。

A. 114　97　70　89　90　　B. 114　89　97　70　90

C. 114　97　90　89　70　　D. 114　97　89　70　90

⑨ 下列关于递归的说法不正确的是（　　）。

A. 程序结构更简洁

B. 占用 CPU 的处理时间更多

C. 要消耗大量的内存空间，程序执行慢，甚至无法执行

D. 递归法比递推法的执行效率更高

⑩下列关于“递归”的说法不正确的是（　　）。

A. “递归”源自数学上的递推式和数学归纳法

B. “递归”与递推式一样，都是自递推基础计算起，由前项（第 n-1 项）计算后项（第 n 项），直至最终结果的获得

C. “递归”是自后项（即第 n 项）向前项（第 n-1 项）代入，直到递归基础获取结果，再从前项计算后项获取结果，直至最终结果的获得

D. “递归”是由前 n-1 项计算第 n 项的一种方法

实训 2　算法设计

1. 实训目的

① 熟悉算法的三种基本表达方法。

② 掌握实际问题的算法设计方法。

2. 实训内容

完成以下算法设计题：

① 两个旅行者计划到一个城市去旅行。从他们的旅馆开始，他们想去参观如下地点：一家书店、一家科技馆、一家风味餐厅和一个超级市场。通过城市的地图可以查到这些地点的位置。根据地图的比例尺，我们知道地图上的 1 cm 代表实际上的 1 km 的路程。这两个旅行者想知道自己的旅行总路程是多长（提示：可以利用一张地图、一个计算器和一把尺子）。用自然语言或流程图描述解决这个问题的算法。

② 设计求 n! 的算法。（要求用递归与迭代两种方法）

③ 相传韩信才智过人，从不直接清点自己军队的人数，只要让士兵先后以 3 人一排、5 人一排、7 人一排地变换队形，而他每次只掠一眼队伍的排尾就知道总人数了。输入 3 个非负整数 a、b、c，表示每种队形排尾的人数（a<3，b<5，c<7），输出总人数的最小值（或报告无解）。已知总人数不小于 10，不超过 100。设计算法求总人数。

第 2 篇

应 用 技 能

第 6 章 WPS 文字

WPS Office 是金山软件股份有限公司研发的一套符合中文编辑习惯的国产办公软件，由 WPS 文字、WPS 表格、WPS 演示三大功能模块组成，支持.docx、.xlsx、.pptx 等多种格式的文件制作，同时也支持流程图、脑图、PDF、表单的制作与修改。WPS Office 有个人版、企业版、教育考试专用版等多个版本，为不同的办公人群提供服务。本书介绍 WPS Office 教育考试专用版。

WPS 文字集文本编辑、图文混排、表格处理、文档打印等功能于一体，具有所见即所得的特点，使用场景十分广泛，是现今广为使用的文字处理工具之一。

6.1 认识 WPS Office 和 WPS 文字

6.1.1 软件的启动与退出

1. 启动 WPS Office 常用方式

方法 1：利用“开始”菜单启动。操作方法：选择“开始”→“所有程序”→“WPS Office”命令。

方法 2：通过桌面快捷方式启动。操作方法：双击桌面上的 WPS Office 快捷图标。

方法 3：通过打开计算机中的相关文件启动。操作方法：双击计算机中任一文字文档、电子表格、演示文档等文件。

2. 退出 WPS Office 常用方式

方法 1：通过“关闭”按钮退出。

方法 2：通过按【Alt+F4】组合键完成退出。

6.1.2 WPS 首页界面

WPS Office 启动后，首页界面分为六大区域：标签栏、全局搜索框、主导航栏、文件列表、文件详情面板、设置和账号，如图 6.1 所示。

标签栏：从左到右依次显示所有打开的文件，用户可以使用“新建”标签新建文件，也可以通过窗口控制按钮最小化、最大化/还原和关闭文件。

全局搜索框：用来搜索文档、模板、办公技巧等，也支持输入网址，跳转至网页。

主导航栏：包含新建、打开、文档等按钮以及其他应用图标。用户可以在此新建或打开文档，也可以单击其他应用图标进入应用界面。

文件列表：展示并管理最近操作过的文件，用户可以单击文件实现快速访问。

设置和账户：包含意见反馈、稻壳皮肤、全局设置按钮，以及 WPS 个人账户登录入口。用户可以实现 WPS 皮肤设置、查看所使用的 WPS 办公软件版本编号等操作。

消息中心：展示账号的相关状态和推送办公技巧。当选中文件列表区的文件时，将直接显示文件详情，覆盖原有信息。

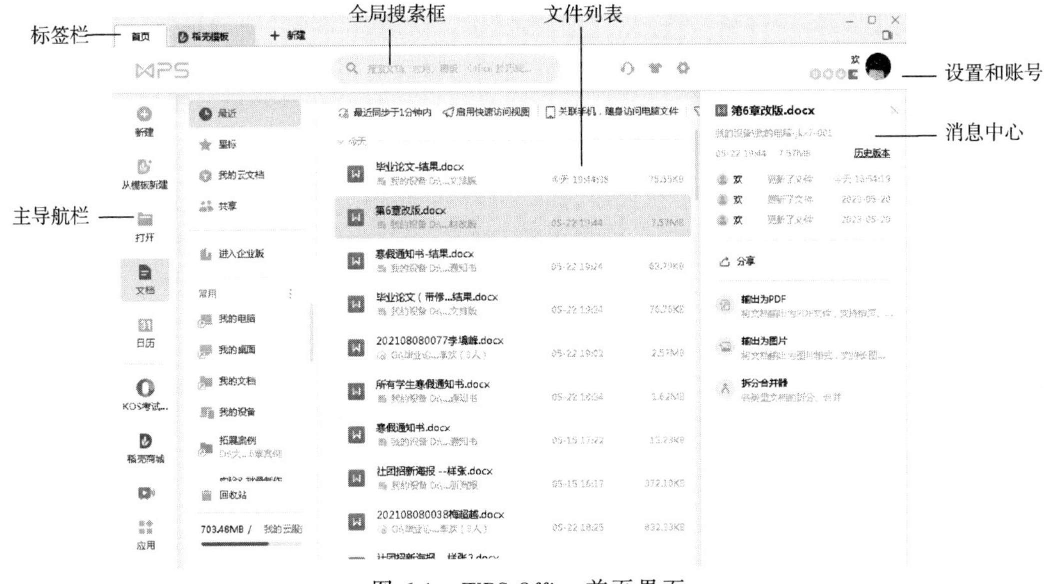

图 6.1　WPS Office 首页界面

6.1.3　WPS 文字文档的工作界面

WPS 文字文档的工作界面由标签栏、功能区、导航窗格、编辑区、任务窗格和状态栏六大部分组成，如图 6.2 所示。

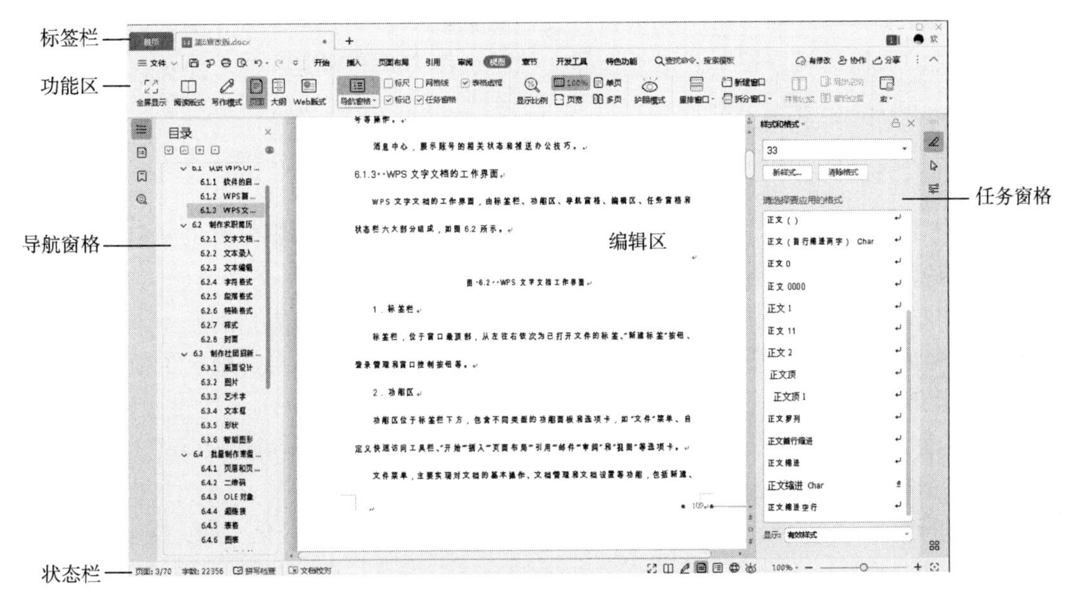

图 6.2　WPS 文字文档工作界面

1. 标签栏

标签栏位于窗口最顶部，从左往右依次为已打开文件的标签、“新建标签”按钮、登录管理和窗口控制按钮等。

2. 功能区

功能区位于标签栏下方，包含不同类型的功能面板和选项卡，如“文件”菜单、自定义快速访问工具栏、“开始”“插入”“页面布局”“引用”“审阅”和“视图”等选项卡。

文件菜单主要实现对文档的基本操作、文档管理和文档设置等功能，包括新建、打开、保存、打印、分享、加密、备份与恢复、帮助和设置等内容。

自定义快速访问工具栏配备有许多如“新建”“保存”“打印”“撤销”等常用的功能按钮。用户可通过自定义设置在快速访问工具栏中移除或添加功能按钮。

选项卡分类放置多个功能按钮，单击功能按钮可以完成相应操作；单击对话框按钮，可在弹出的对话框或窗格中完成对应的高级功能设置。

3. 导航窗格

导航窗格一般位于文档编辑区左侧，可以隐藏。主要功能是快速查看、调整和定位文档结构，包括目录窗格、章节窗格、书签窗格等。

4. 编辑区

编辑区位于窗口中央，是录入与编辑文字和处理各种对象的工作区域。当文档内容超过窗口的显示范围时，编辑区域的右侧和底端会分别显示垂直和水平滚动条。

5. 任务窗格

任务窗格一般位于文档编辑区右侧，可以隐藏。主要功能是对文档进行便捷化操作，包括样式和格式窗格、选择窗格、属性窗格等。

6. 状态栏

状态栏位于窗口底端，用于展示当前文档的页数和总页数、字数、输入语言及输入状态等信息。右侧的视图控制区用于选择文档的视图方式和调整文档的显示比例。

6.2 制作求职简历

杨晓燕是文学院大四学生，需要制作一份求职简历。这份求职简历主要包括个人介绍、学习与实践经历、获奖情况、兴趣爱好等信息，需要使用 WPS 文字完成文本的录入、编辑和排版，使简历文档内容完整、结构清晰，并能展示出自己的亮点。

杨晓燕上网搜索并学习了制作求职简历的注意事项和格式要求，确定了简历内容和文档风格，最后结合所学的 WPS 知识，得出如下设计思路：

① 启动 WPS Office，新建一个空白文字文档，保存为“求职简历.docx”。

② 根据确定好的简历内容，输入文本并进行编辑。

③ 进行字符格式、段落格式和特殊格式排版，应用样式，美化文档，突出重点。

④ 添加封面。

最终效果如图 6.3 所示。

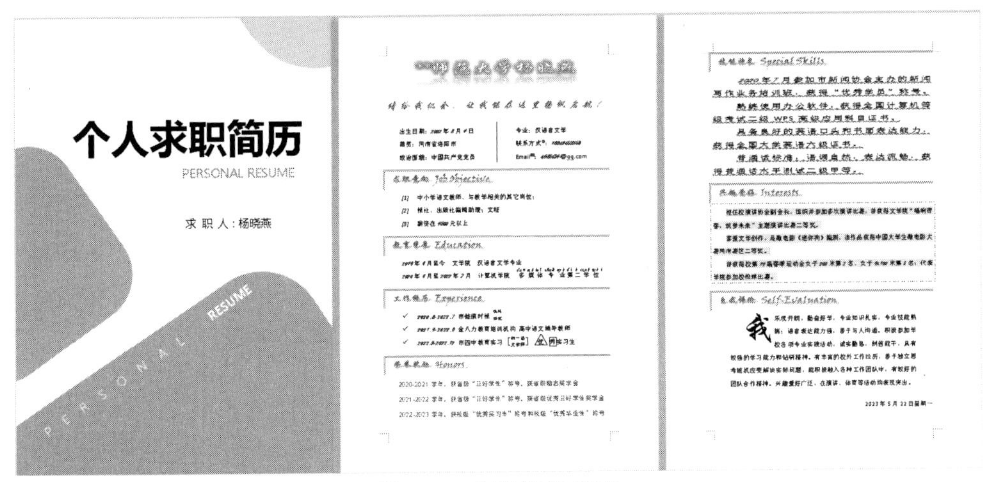

图 6.3　求职简历样张

6.2.1　文字文档的创建与保存

1. 新建文字文档

WPS 文字中，可以创建空白文字文档，也可以根据模板快速创建各种专业的文字文档。

方法：启动 WPS Office，在如图 6.1 所示的首页界面中单击“新建”标签，或者在如图 6.2 所示的文字文档工作界面中单击“文件”菜单下的“新建”命令，都可以切换至“新建”界面，如图 6.4 所示，单击“文字”模块下的“新建空白文档”命令或某一模板，均可完成文字文档的新建操作。

图 6.4　“新建”界面

2. 保存文字文档

为了防止已经编辑好的文字文档丢失，需要及时保存，以便后期查看和编辑。

方法 1：单击快速访问工具栏中的“保存”按钮。

方法 2：选择“文件”菜单中的“保存”或“另存为”命令。

方法 3：使用【Ctrl+S】组合键完成保存。

对于首次保存的文字文档，或者需另存的文字文档，会弹出“另存文件”对话框，需要设置保存的文件名、保存类型、保存位置等信息。

【例 6-1】在 WPS Office 中新建一个空白文字文档，并保存在 D 盘，文件名为“求职简历.docx”。

例 6-1：操作视频

6.2.2 文本录入

文字是文字文档的主要内容，包括中英文字符、各种符号、日期与时间等。

1. 文本录入

在编辑区进行文本输入时，鼠标光标自左向右移动。当一行文本输入完，鼠标光标会自动跳转到下一行；按【Enter】键可结束本段落开启新段落，鼠标光标即定位于新段落继续完成输入。文档中每一段落结束位置均有一个段落标记“↵”，标识着本段落结束。本案例文本内容如图 6.5 所示。

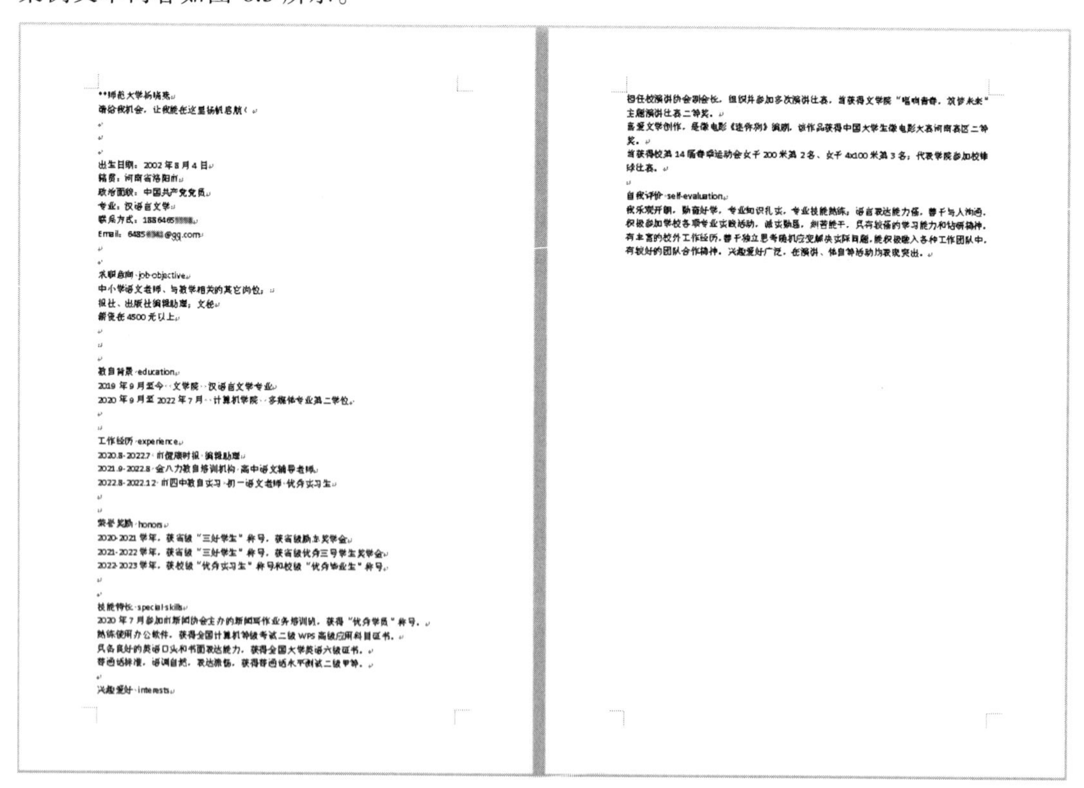

**师范大学杨璐璐
请给我机会，让我能在这里扬帆启航！

出生日期：2002 年 8 月 4 日
籍贯：河南省洛阳市
政治面貌：中国共产党党员
专业：汉语言文学
联系方式：1886465
Email：6485@qq.com

求职意向 job objective
中小学语文老师、与教学相关的其它岗位；
报社、出版社编辑助理；文秘
薪资在 4500 元以上

教育背景 education
2019 年 9 月至今 文学院 汉语言文学专业
2020 年 9 月至 2022 年 7 月 计算机学院 多媒体专业第二学位

工作经历 experience
2020.8-2022.7 市健康时报 编辑助理
2021.9-2022.8 金八力教育培训机构 高中语文辅导老师
2022.8-2022.12 市四中教育实习 初一语文老师 优秀实习生

荣誉奖励 honors
2020-2021 学年，获省级“三好学生”称号，获省级励志奖学金
2021-2022 学年，获省级“三好学生”称号，获省级优秀三号学生奖学金
2022-2023 学年，获校级“优秀实习生”称号和校级“优秀毕业生”称号

技能特长 special skills
2020 年 7 月参加市新闻协会主办的新闻写作业务培训班，获得“优秀学员”称号。
熟练使用办公软件，获得全国计算机等级考试二级 WPS 高级应用科目证书。
具备良好的英语口头和书面表达能力，获得全国大学英语六级证书。
普通话标准，语调自然，表达流畅，获得普通话水平测试二级甲等。

兴趣爱好 interests

担任校演讲协会副会长，组织并参加多次演讲比赛，曾获得文学院“唱响青春，筑梦未来”主题演讲比赛二等奖。
喜爱文学创作，是微电影《迷你剧》编剧，该作品获得中国大学生微电影大赛河南赛区二等奖。
曾获得校第 14 届春季运动会女子 200 米第 2 名、女子 4x100 米第 3 名；代表学院参加校排球比赛。

自我评价 self-evaluation
我乐观开朗，勤奋好学，专业知识扎实，专业技能熟练，语言表达能力强，善于与人沟通，积极参加学校各项专业实践活动，诚实勤恳，刻苦能干，具有较强的学习能力和钻研精神，有丰富的校外工作经历，善于独立思考随机应变解决实际问题，能积极融入各种工作团队中，有较好的团队合作精神，兴趣爱好广泛，在演讲、体育等活动均表现突出。

图 6.5 “求职简历.docx”文本内容

2. 录入符号、日期和时间等特殊文本

WPS 文字提供了多种特殊文本的录入，如“@”“★”“※”“≮”“☑”等，统称“符号”，均集合在如图 6.6 所示的“符号”下拉列表和“符号”对话框中。

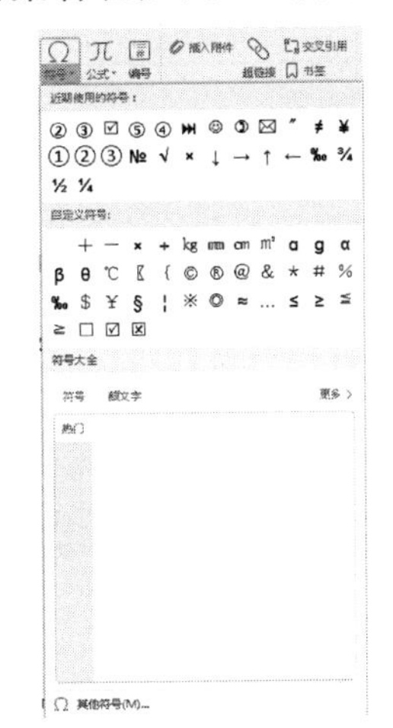

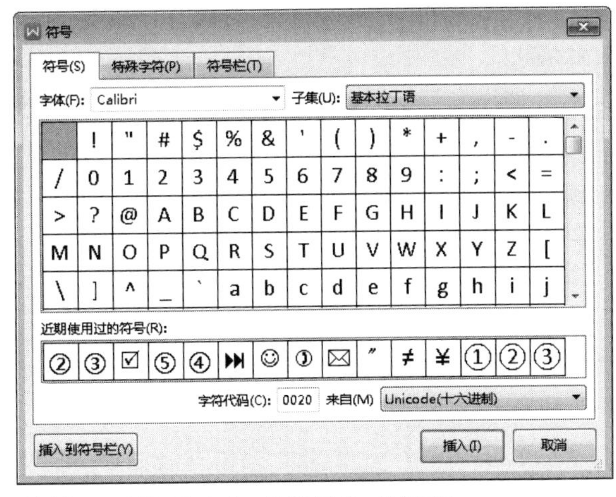

图 6.6 “符号”下拉列表和“符号”对话框

WPS 文字提供系统日期和时间的输入，以减少用户的手动输入量；需在如图 6.7 所示的“日期和时间”对话框中，设置语言类型、可用格式、自动更新等选项。

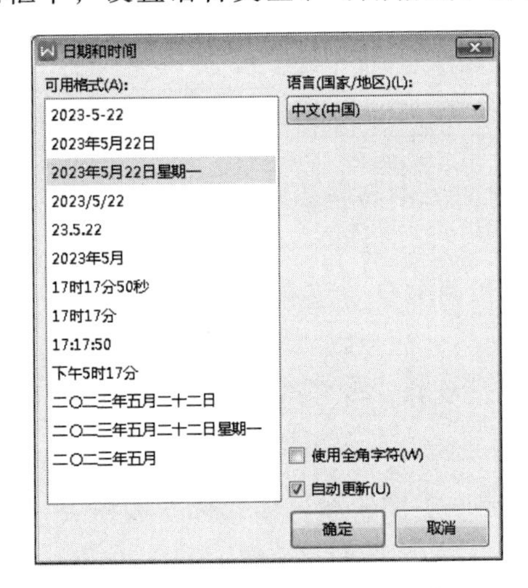

图 6.7 “日期和时间”对话框

【例 6-2】在文档“求职简历.docx”中，完成文本内容的输入；在文本“联系方式”和“E-mail”后插入符号“✆”和“✉”；在文档最后插入能自动更新的日期和时间。

例 6-2：操作视频

6.2.3 文本编辑

WPS 文字提供了复制、移动、查找和替换等文本编辑功能，使文档准确、完善。

1．选定文本

文本的选定是对文本编辑的前提。选定文本的操作方法如表 6.1 所示。

表 6.1　选定文本的操作方法

选定文本类型	操作步骤
连续文本	鼠标光标定位于文本起始处，按住鼠标左键不放拖动至文本结束处松开
分散文本	按住【Ctrl】键，拖动鼠标选定多个不同区域的文本
选定单行或多行文本	鼠标指向行左侧空白处，指针变成形状时单击，选定整行文本；若按住鼠标左键不放，向下或向上拖动鼠标，即选中多行文本
垂直（矩形）区域文本	按住【Alt】键，拖动鼠标左键选定一块矩形文本区域
整篇文本	按【Ctrl+A】组合键；或者单击“开始”选项卡的“选择”下拉按钮，选择“全选”命令；或者在编辑区左侧的空白处，连续单击 3 次鼠标左键

2．复制和移动文本

选定文本后，复制和移动文本的操作方法如表 6.2 所示。

表 6.2　复制和移动文本的操作方法

操作类型	操作步骤
功能区按钮	单击“开始”选项卡的“复制”（或“剪切”）和“粘贴”按钮
右键菜单命令	右击后在弹出的右键菜单中选择“复制”（或“剪切”）和“粘贴”命令
组合键	【Ctrl+C】（复制）、【Ctrl+X】（剪切）、【Ctrl+V】（粘贴）

提示：WPS 文字提供多种文本粘贴操作，常用的有“粘贴”“保留源格式粘贴”“只粘贴文本”三个命令操作。

①“粘贴”命令：被粘贴内容保留原有格式。

②“保留源格式粘贴”命令：与“粘贴”命令效果基本一致，被粘贴内容保留原有格式。

③“只粘贴文本”命令：被粘贴内容只保留文本，应用目标位置的格式。

3．删除文本

鼠标光标定位，按【Delete】键删除鼠标光标左侧内容；按【Backspace】键删除鼠标光标右侧内容。

4．撤销和恢复文本

单击快速访问工具栏中的“撤销”按钮，可以快速撤销最新录入的文本；单击快速访问工具栏中的“恢复”按钮，对撤销的命令进行恢复，可以复原之前已撤销的文本。

例 6-3：操作视频

5．查找和替换文本

WPS 文字的查找和替换功能可以实现在文字文档中快速查找相关内容，也可以将查找的内容替换成其他内容和格式。

【例 6-3】在文档“求职简历.docx”中查找文本内容“英语”；使用替换功能将文中所有“老师”替换成“教师”；使用替换功能删除文

中的所有空段落；使用替换功能为所有数字添加格式：西文字体为 Freestyle Script、四号字，标准色 红色、加粗。

提示：在文字文档中做替换操作时，查找内容和替换后的内容均可以用户自己输入或在“特殊格式”列表中选择；查找内容通常不设定格式，而替换后的格式可在“格式”列表中设置，包括字体、段落、样式、边框等。

本例题中删除文中所有空段落，除了使用替换功能完成，还可以使用“删除空段”命令完成，具体方法：单击“开始”选项卡的“文字工具”下拉按钮（在 WPS Office 的其他版本中为“文字排版”），选择“删除”列表中的“删除空段”命令。

6.2.4　字符格式

WPS 文字提供的字符格式，可以重点突出文本内容，美化文档。

常用的字符格式包括字体、字号、加粗、下划线、字体颜色、上标等，命令均集合在“开始”选项卡中；单击字体对话框按钮 ，打开“字体”对话框进行高级格式设置，如图 6.8 所示。

图 6.8　“字体”对话框

WPS 文字还提供了多种文字效果，包括艺术字、阴影、倒影和发光等设置，均集合在“文字效果”下拉列表中；也可以通过“更多设置”按钮，在“属性”窗格中自定义文字效果，包括文本填充和文本轮廓效果，以及阴影、倒影、发光和三维格式等效果的自定义设置，如图 6.9 所示。

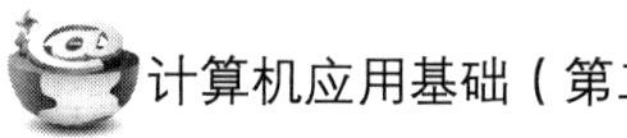

图 6.9 “文字效果”下拉列表和文字“属性”窗格

【例 6-4】为文档中的文本设置字符格式。

例 6-4：操作视频

① 标题文本：华文行楷，一号字，加粗，字符放大至 150%，应用第 4 种艺术字文本效果、“半倒影，8pt 偏移量”倒影效果和第 4 行第 5 列的发光变体效果。

② 第 2 段文字：华文行楷，小二号，倾斜，字体颜色为“印度红 着色 2”。

③ 其余文字：中文字体为宋体，小四号字；➀、✉符号为上标效果；“技能特长”主题内容：字符间距加宽 2 磅，添加红色双波浪线的下划线。

提示：WPS 文字文档的默认字体为宋体，字号大小为五号；编辑文档中，单击“清除格式”按钮，可以快速清除选中文本的所有格式。

6.2.5 段落格式

WPS 文字中段落格式的合理设置，可以使文档层次分明、结构清晰。

常用的段落格式包括对齐方式、段落缩进、段间距和行间距等，命令均集合在“开始”选项卡中，如图 6.10 所示；单击段落对话框按钮，打开“段落”对话框进行高级设置，如图 6.11 所示。

图 6.10 段落格式功能按钮

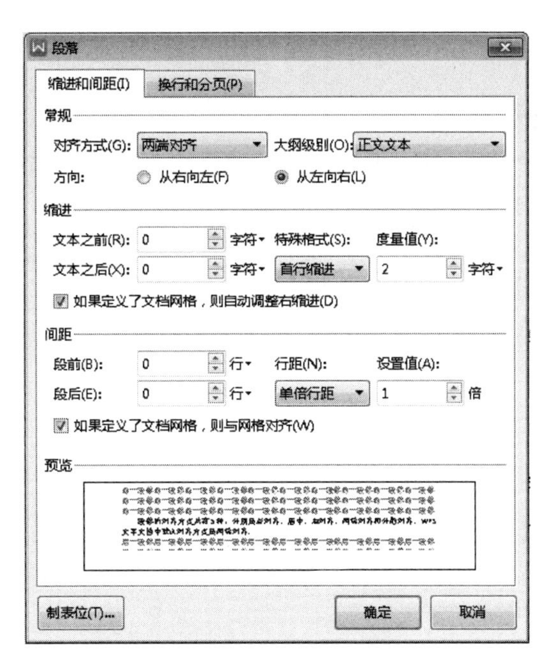

图 6.11 “段落”对话框

1. 对齐方式

段落的对齐方式共有五种，分别是左对齐、居中、右对齐、两端对齐和分散对齐。WPS 文字文档中默认对齐方式是两端对齐。

2. 段落缩进

① 文本之前或文本之后缩进，指文本段落与左侧页边距或者右侧页边距的距离。

② 首行缩进，指文本段落中第一行从左向右缩进的距离。

③ 悬挂缩进，指文本段落中除第一行外其余各行从左向右缩进的距离。

3. 段间距

段间距是指本段落与前、后段落的距离，包括段前间距和段后间距。

4. 行距

行距是指段落中行与行之间的垂直距离，包括单倍行距、1.5 倍行距、2 倍行距、最小值、固定值、多倍行距，默认的行间距是单倍行距。

例 6-5：操作视频

【例 6-5】为文档中的各段落设置段落格式。

① 标题段落：居中对齐；第二段段落：分散对齐、段后间距 0.5 行；余下所有正文段落：设置首行缩进 2 字符，行间距为固定值 24 磅。

② “自我评价”主题内容段落：文本之前和文本之后均缩进 3 字符；日期段落：段前间距为 1.5 行，右对齐。

提示：段落格式的计量单位有字符、英寸、厘米、毫米、行、磅，可根据实际情况切换；首行缩进和悬挂缩进的设置均在“特殊格式”中完成。

6.2.6 特殊格式

1. 项目符号与编号

为段落添加项目符号或编号，可使文档条理清楚，便于阅读和理解。

项目符号，由各种字符、图形符号等组成；

编号，由数字、英文字母和括号、点等各种符号组成。

WPS 文字提供了多种项目符号和编号，分别集合在“开始”选项卡的“项目符号”下拉列表和“编号”下拉列表中，如图 6.12 所示。用户可以选择预设的项目符号和编号，也可以自定义项目符号和新编号格式。

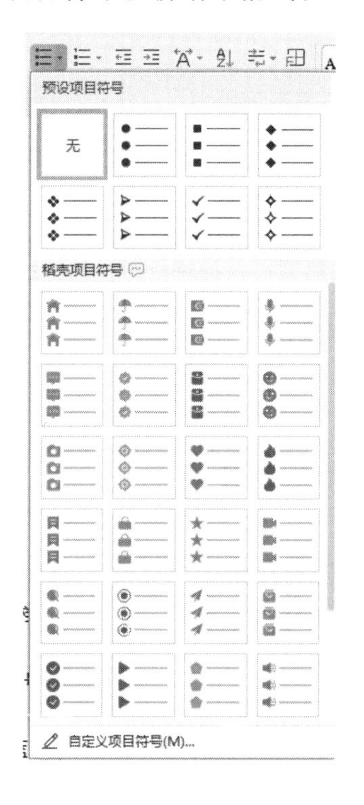

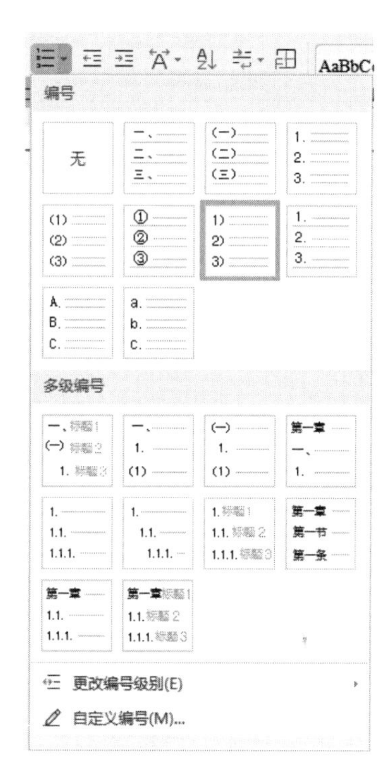

图 6.12 “项目符号”下拉列表和“编号”下拉列表

例 6-6：操作视频

【例 6-6】为文档中的段落添加项目符号和编号。

① 添加项目符号。为“工作经历”主题下的 3 个段落添加蓝色、四号字大小的对勾样式的项目符号，项目符号位置缩进 1 厘米，制表位位置 2 厘米。

② 添加编号。为“求职意向”主题下的 3 个段落添加“*[1] [2]*……”格式（五号、倾斜）的编号，编号位置：对齐位置 1 厘米，制表位位置 2 厘米。

2. 边框和底纹

WPS 文字提供了丰富的文字或段落的边框和底纹效果，各命令均集合在“开始”选项卡的“边框”下拉列表和“底纹颜色”下拉列表中，如图 6.13 所示。

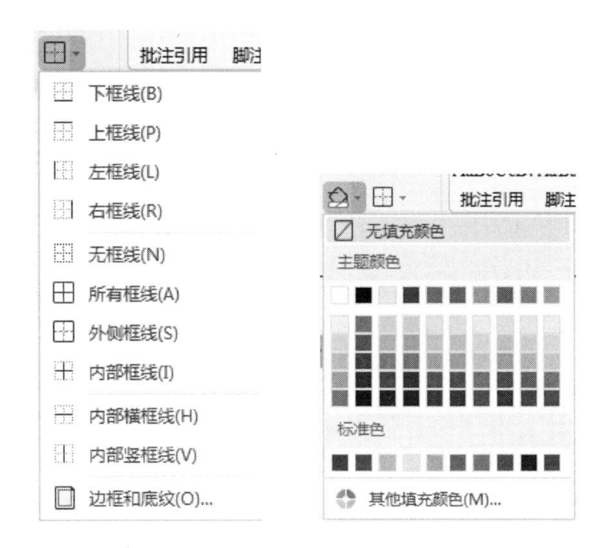

图 6.13 “边框”下拉列表和“底纹颜色”下拉列表

【例 6-7】为文档中的段落和文字添加边框和底纹。

① 添加边框。为“兴趣爱好”主题下的 3 个段落添加浅蓝色、第 4 种虚线、1.5 磅粗细的方框型边框，应用于段落。

② 添加底纹。为“兴趣爱好”主题下的 3 个段落文字添加“巧克力黄 着色 6 淡色 80%”的底纹，应用于文字。

提示：同样的边框和底纹格式设置，应用于段落或应用于文字，会呈现不同的效果。

例 6-7：操作视频

3. 首字下沉

首字下沉，指将段落首字设置为大号字符并添加下沉或悬挂效果，可以单击“插入”选项卡的“首字下沉”按钮 首字下沉 完成。这类格式在报纸、杂志和期刊中较为常见。

【例 6-8】为文档的“自我评价”主题下的段落添加首字下沉效果：华文行楷、下沉 3 行。

例 6-8：操作视频

4. 分栏

当文档内容长度受限或者排版有特殊要求时，可以使用分栏功能将内容分为两栏或多栏展示，其命令均集合在“页面布局”选项卡的“分栏”下拉列表中。这类格式被广泛应用于报纸、杂志和期刊中。

【例 6-9】为文档中的个人信息内容设置分栏效果：2 栏、栏宽相等、带分隔线。

提示：取消分栏，可选择“分栏”列表中的“一栏”命令；对文档最后一段文字进行分栏时，需在文档末尾新增一空段落，再进行分栏。

例 6-9：操作视频

5．字符格式其他选项

WPS 文字提供了图 6.14 所示的拼音指南、更改大小写、带圈字符、字符边框等格式效果的设置，命令均集合在“开始”选项卡的字符格式“其他选项”下拉列表中。

pī nyī nzhǐ nán
拼音指南　带 圈 字 符　字符边框

句首字母大写：He likes apples.

图 6.14　字符格式其他选项设置效果

例 6-10：操作视频

【例 6-10】为文档中的文本设置字符格式效果。

① 拼音指南。为文本“多媒体专业第二学位”添加拼音，拼音格式：华文隶书、10 磅字号。

② 更改大小写。所有主题标题中的英文设置为词首字母大写。

③ 带圈字符。为文本“优秀实习生”的“优”字添加带圈字符：“Δ”，增大圈号样式。

④ 字符边框。为文本“优秀实习生”的“秀”字添加字符边框。

提示：使用“开始”选项卡的“字符底纹”按钮，可以实现为所选文字快速添加灰色的底纹。

6．中文版式

WPS 文字提供了图 6.15 所示的合并字符、双行合一、字符缩放等格式效果的设置，命令均集合在“开始”选项卡的“中文版式”下拉列表中。

合并字符　[双行合一效果]　缩放字符

图 6.15　中文版式效果

例 6-11：操作视频

【例 6-11】为文档中的文本设置中文版式效果。

① 合并字符。文本“编辑助理”，设置合并字符：楷体、9 磅。

② 双行合一。文本“初一语文教师”，更改字号为小二号，设置双行合一：带括号，括号样式为[] 。

③ 缩放字符。“技能特长”主题下的 4 个段落文本均缩放至 150%。

提示：取消双行合一效果，可在“双行合一”对话框中选择“删除”按钮，将效果清除。缩放字符功能，还可以通过“字体”对话框的“字符间距”标签下的“缩放”按钮实现。

6.2.7　样式

样式是一组已命名的字体、段落、编号、边框、文本效果、制表位等格式的组合。文档中使用样式进行排版，可以快速统一文档格式，提高操作效率。

1．应用内置样式

WPS 文字提供了多种内置样式，包括正文、各级标题、题注、引用、目录等，各样式命令均放置在图 6.16 所示的“样式”列表中，单击即可完成应用。

图 6.16 样式功能按钮

2. 修改样式

文档的多个段落或文本应用了内置样式后，可以对该样式进行修改，包括样式名称、样式基准，字体、段落、边框等格式，如图 6.17 所示。修改后的样式格式会自动更新应用了所有带此样式的段落或文本上，极大地提高了文档格式的设置效率。

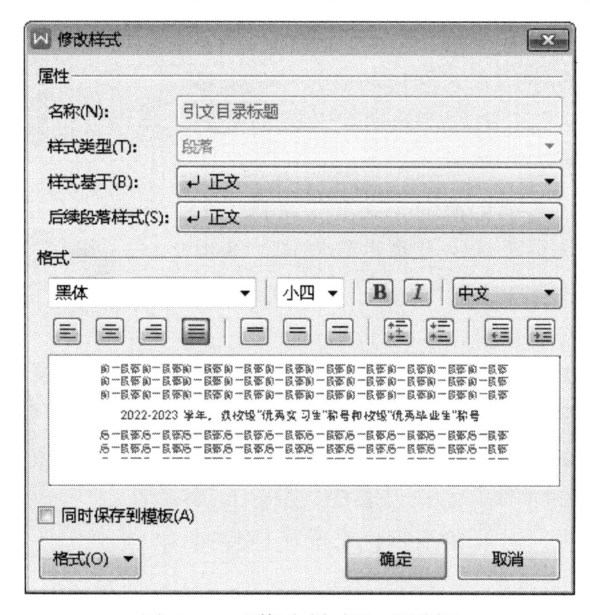

图 6.17 “修改样式”对话框

【例 6-12】为文档内容应用样式，并修改样式格式。

例 6-12：操作视频

① 应用样式。为“荣誉奖励”主题下的 3 个段落应用“引文目录标题”样式。

② 修改样式。修改“引文目录标题”样式：字体格式为黑体、小四号、蓝色，段落格式为文本之前缩进 2 个字符，段前间距 0.5 行，1.3 倍行距；其余格式不更改；同时保存到模板。

3. 新建样式

当 WPS 文字提供的内置样式不能满足排版需要时，用户可以单击“新样式”下拉按钮，选择“新样式”命令，在打开的“新建样式”对话框（设置选项与“修改样式”对话框一致）中完成样式的新建，并应用。

【例 6-13】为文档内容新建样式，并应用。

例 6-13：操作视频

① 新建样式。为“求职意向”主题标题段落新建样式：样式名称为“主题标题”、样式类型为“段落”、样式基于和后续段落样式为“正文”；字体格式：中文字体为华文行楷、西文字体为 Viner Hand ITC、小二、加粗；段落格式：首行缩进为 0.5 字符，段前间距 1 行、单倍行距；边框格式：双线、“矢车菊蓝　着色 5”、0.5 磅的上边框和左边框；文字效果：文本填充为渐变填充效果：第 2 种线性渐变样式、色标颜色为“矢车菊蓝　着色 5 深色 25%”、位置为 40%，以及右上对角透视阴影效果。同时保存至模板。

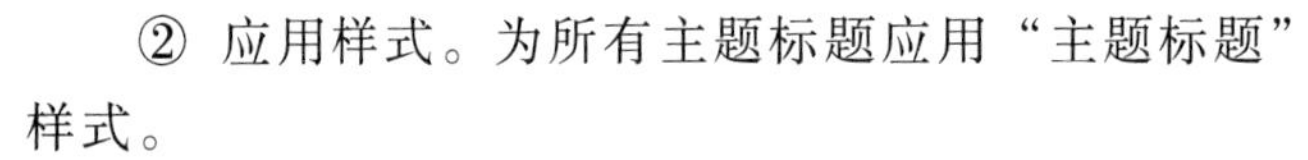

② 应用样式。为所有主题标题应用“主题标题”样式。

提示： 多个段落或文本应用相同格式，可使用格式刷功能，即将选定文本、段落等内容的格式复制到其他文本、段落等内容上。单次复制格式的方法：选定内容，单击“开始”选项卡的“格式刷”按钮，鼠标指针变成“♙I”形状，再选中目标内容即可。多次复制格式，则需要双击“格式刷”按钮，应用完毕后，单击“格式刷”退出功能应用。

6.2.8　封面

WPS 文字提供了多种效果的预设封面页，均集合在“插入”选项卡的“封面页”下拉列表中，如图 6.18 所示。用户选定封面后，可简单编辑，完成文档封面的快速制作。

图 6.18　“封面页”下拉列表

【例 6-14】为文档制作封面。

例 6-14：操作视频

① 为文档插入封面：个人求职简历。

② 编辑封面。删除多余文字内容，输入求职人：“杨晓燕”。

提示： 单击“封面页”下拉列表中的“删除封面页”命令，可以删除当前封面页。

至此，求职简历文字文档制作完毕。

6.3　制作社团招新海报

海报是信息传递的一种宣传工具。成功的海报设计，应主题明确、内容简洁，图形、文字、色彩等元素组合得当，既要有强烈的视觉效果，也要能准确表达所要传达的信息。

杨晓燕作为社团宣传委员，需为舞蹈社团设计招新海报。依据社团招新资料，杨晓燕确定海报文本、图形、色彩等元素；结合所学的 WPS 文字知识，得出如下设计思路：

① 新建一空白文字文档，保存为“社团招新海报.docx”。

② 版面设计，包括纸张大小、页边距、方向等页面设置，使用分栏符完成版面划分，以及主题、背景、页面边框等页面美化。

③ 图文混排，包括图片、艺术字、文本框、形状、智能图形等对象的插入与编辑。

最终效果如图6.19所示。

图6.19 社团招新海报样张

6.3.1 版面设计

社团招新海报共划分为三个版面，整体的版面布局如图6.20所示。

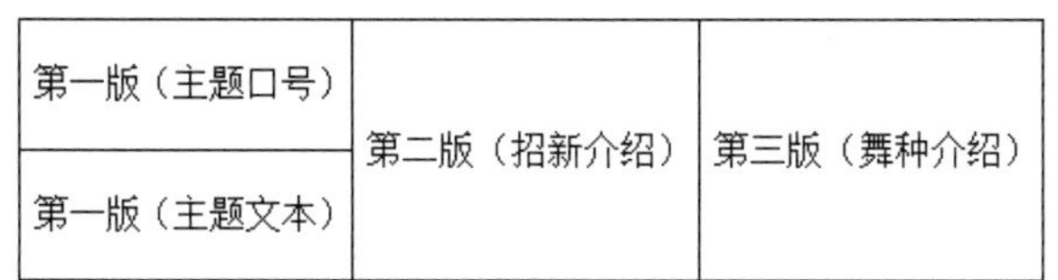

第一版（主题口号）	第二版（招新介绍）	第三版（舞种介绍）
第一版（主题文本）		

图6.20 “社团招新海报”版面布局

WPS文字中实现版面设计，主要包括页面设置、版面定位、页面美化三部分。

1. 页面设置

页面设置，指根据文字文档的打印或排版要求对文档进行页边距、纸张、页面版式、文档网格、分栏等格式设置。各命令均集合在“页面布局”选项卡中，如图6.21所示；单击 ⌟ 按钮，打开“页面设置”对话框进行高级设置，如图6.22所示。

图 6.21　页面设置功能按钮

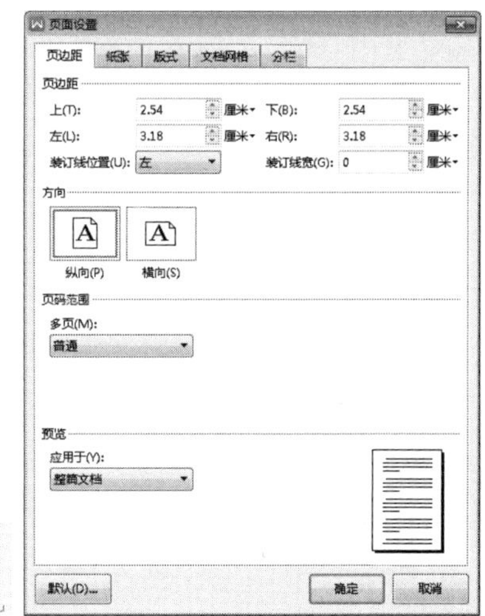

图 6.22　“页面设置”对话框

例 6-15：操作视频

【例 6-15】创建空白文字文档，进行页面设置。

① 创建文档。新建一空白文字文档，保存为“社团招新海报.docx”。

② 页面设置。A3 纸张，横向；上、下页边距为 1cm，左、右页边距为 1.5cm；页眉距边界 0.75 厘米；整篇文档分为栏宽相等的 3 栏。

提示：在“页面设置”对话框中，“页边距”标签可以自定义上下左右页边距、装订线和纸张方向等；“纸张”标签可以自定义纸张大小等；“版式”标签可以自定义页眉、页脚距边界的距离，页面垂直对齐方式等；“文档网格”标签可以自定义文字排列方向、行网格、字符数和行数等；“分栏”标签可以自定义整篇文档的分栏效果。

2．版面定位

海报页面已分为 3 栏即 3 个版面，需分别定位在 3 个版面中，添加对应的文本内容，效果如图 6.23 所示。

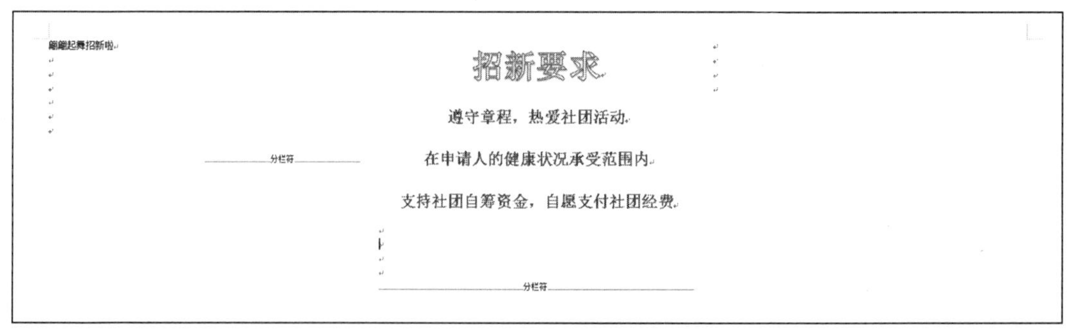

图 6.23　海报版面

【例 6-16】定位文档的 3 个版面，并添加相应的文本内容。

① 版面定位。插入分栏符，使鼠标光标定位在每个版面中。

② 添加文本内容。第 1 版版面文字内容：“翩翩起舞招新啦”；第 2 版面添加如样

张所示的文字，蓝色、小二号字、加粗，3 倍行距、居中对齐；文本“招新要求”应用第 4 个艺术字文字效果，小初号字。

例 6-16：操作视频

提示：在文字文档中显示格式标记，便于浏览、操作，具体方法为：单击“文件”菜单下的“选项”按钮，在打开的对话框中选择“视图”标签，在右侧窗格的“格式标记”区勾选“全部”，单击“确定”按钮。

3．页面美化

在 WPS 文字文档中，常使用主题、背景、水印和页面边框功能进行页面美化设计，各命令均集合在“页面布局”选项卡中，如图 6.24 所示。

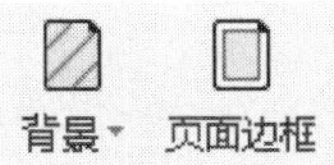

图 6.24　页面美化功能按钮

主题，指整个文档的总体设计，包括主题颜色、主题字体和主题效果等设置方案。

背景，指页面的背景色，包括各种颜色、图片背景、水印，以及渐变、纹理、图案等多种效果。

水印，是纸面上一种特殊的暗纹，一般分为文字水印和图片水印。现代社会，通常在人民币、证券、机密文档中采用此方式，用以防止造假。

页面边框，指整个页面的边框效果，默认应用于整篇文档。

【例 6-17】为文档进行页面美化设计。

例 6-17：操作视频

① 应用主题。应用“模块”主题，“活力”主题字体方案。

② 设置页面颜色。渐变填充效果：双色，颜色 1 为“橙色　着色 1　淡色 60%”，颜色 2 为“白色　背景 1”，底纹样式为水平、第 3 种变形。

③ 添加文字水印。内容为“快来加入吧”，方正舒体、144 号字、热情的粉红色、70%透明度、倾斜。

④ 添加页面边框。边框格式：第 5 种线条样式、橙色、1.5 磅粗细，应用于整篇文档。

提示：单击“插入”选项卡的“水印”下拉按钮，也可以添加水印；删除水印，可选择“水印”下拉列表中的“删除文档中的水印”命令；取消页面背景，可选择“背景”下拉列表中的“删除页面背景”命令；取消页面边框，可选择“页面边框”对话框中的“无”命令。

6.3.2　图片

WPS 文字中可以插入来源于本地计算机、扫描仪或者手机的图片，各命令均集合在“插入”选项卡的“图片”下拉列表中，如图 6.25 所示。

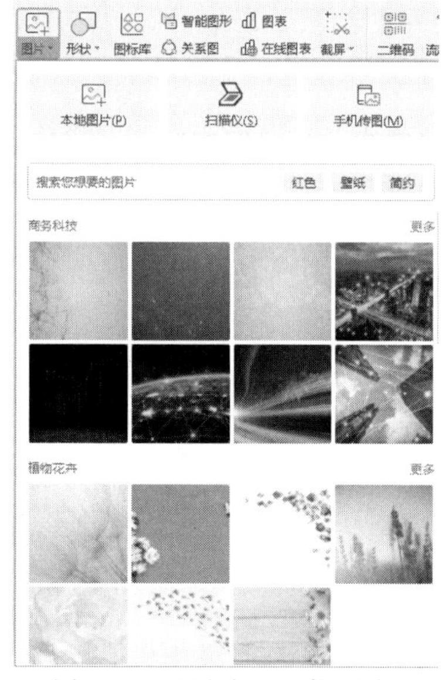

图 6.25 “图片”下拉列表

对于已插入的图片，使用“图片工具”选项卡的各命令完成编辑操作。单击 按钮，在“布局”对话框和“属性”窗格中自定义图片高级格式，包括位置、文字环绕、大小、填充与线条、效果、图片精确裁剪等，如图 6.26 所示。

图 6.26 “图片工具”选项卡、“布局”对话框和“属性”窗格

【例 6-18】在文档的第 2 版面中插入图片，并编辑。

例 6-18：操作视频

① 插入第 1 幅图片："舞 logo.jpg"。

② 编辑图片。图片背景设置为透明色，"四周型"环绕，图片大小：高度为 7 厘米、宽度为 26 厘米，放置于第 2 版面和第 3 版面上方。

③ 插入并编辑第 2 幅图片："公众号.jpg"；裁剪图片，添加第 5 种主题颜色、线型为 2.25 磅的图片边框，"右下对角"透视阴影图片效果；"浮于文字上方"环绕方式，适当调整图片大小和位置。

提示：

对图片的编辑，主要考虑以下几个方面：

① 设置图片大小，可通过裁剪、高度、宽度等功能完成。

② 应用各种效果，可通过亮度、对比度、抠除背景、颜色、图片轮廓和图片效果等功能完成。

③ 设置排版方式，可通过文字环绕、旋转、组合、对齐、上移一层和下移一层等功能完成。

④ 扩展功能，比如图片转 PDF、图片转文字、图片提取和图片翻译等，需要开通 WPS 会员才能使用。

6.3.3 艺术字

艺术字是经过艺术加工的变形字体，具有美观有趣、易认易识、醒目张扬等特性。

WPS 文字提供了多种艺术字效果，均集合在 "插入"选项卡的"艺术字"下拉列表中，如图 6.27 所示。

图 6.27 "艺术字"下拉列表

对于已插入的艺术字，使用"文本工具"选项卡各命令完成艺术字文本的编辑操作。单击 按钮，在"字体"对话框、"段落"对话框和"属性"窗格中自定义艺术字文本的高级格式，包括字体、段落、文本填充与轮廓、文本效果、文本框等，如图 6.28 所示。

使用"绘图工具"选项卡各命令完成艺术字对象框的编辑操作。单击 按钮，在"布局"对话框和"属性"窗格中自定义艺术字对象框的高级格式，包括外框形状填充与轮廓、形状效果等，如图 6.29 所示。其余格式设置与图片格式设置一致。

图 6.28 “文本工具”选项卡和“属性”窗格

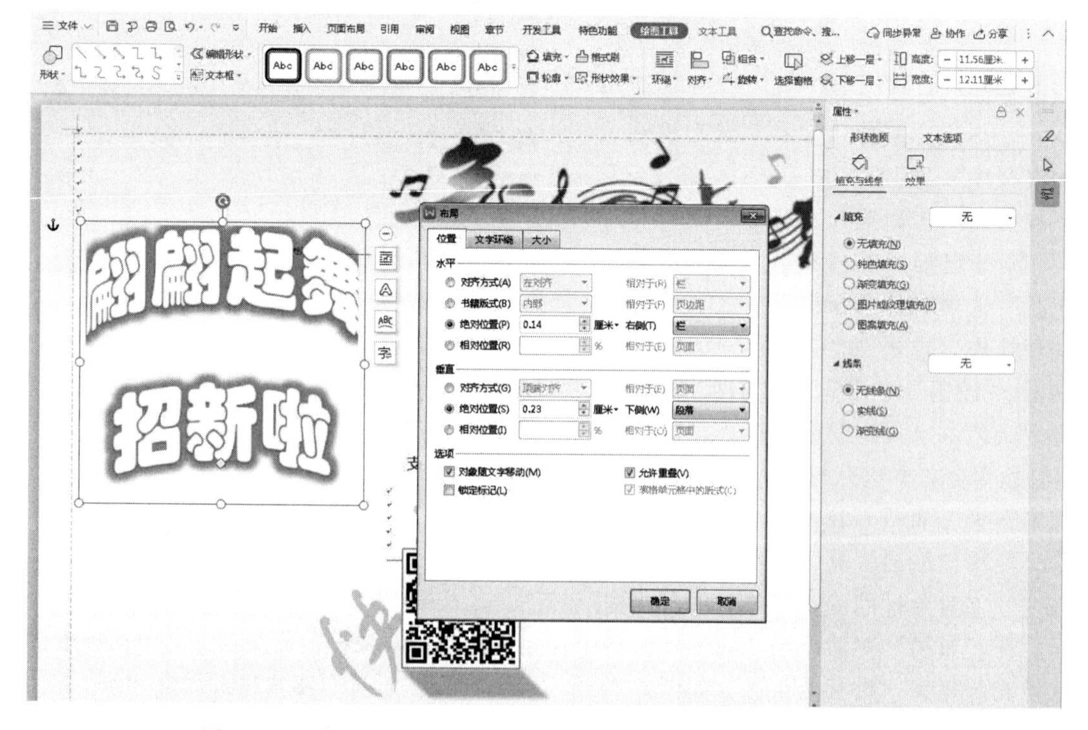

图 6.29 “绘图工具”选项卡、“布局”对话框和“属性”窗格

【例 6-19】在文档的第 1 版面中插入艺术字，并编辑。

① 插入并编辑艺术字："翩翩起舞招新啦"。选中文本，选择第 4 种艺术字样式，华文琥珀、68 号大小，居中；应用第 4 行第 6 列发光变体、"两端近"转换的文本效果，"浮于文字上方"环绕方式；适当调整大小和位置。

② 插入并编辑艺术字："社团"。选择第 3 种艺术字样式，输入内容："社团"，应用第 7 种形状样式，无形状填充，更改形状为"星与旗帜"类的"六角星"形，旋转 330°；适当调整大小和位置。

提示：

对艺术字（以及后文的文本框和形状）的编辑，主要考虑以下几个方面：

① 应用艺术字文本格式和文本效果，可通过字体格式、段落格式、文本预设效果、文本填充、文本轮廓和文本效果自定义，以及调整文字方向等功能完成。

② 应用艺术字对象框各种效果，可通过编辑形状、形状预设效果、形状填充、形状轮廓和形状效果自定义等功能完成。

③ 设置艺术字排版方式和大小，可通过文字环绕、对齐、旋转、组合、上移一层和下移一层，以及调整宽度、高度等功能完成。

6.3.4 文本框

文本框是一种可以调整大小的文本或图片容器，可以放置在页面的任何位置。

WPS 文字提供了多种预设文本框，均集合在"插入"选项卡"文本框"下拉列表中；用户也可以根据需要自定义文本框，如图 6.30 所示。

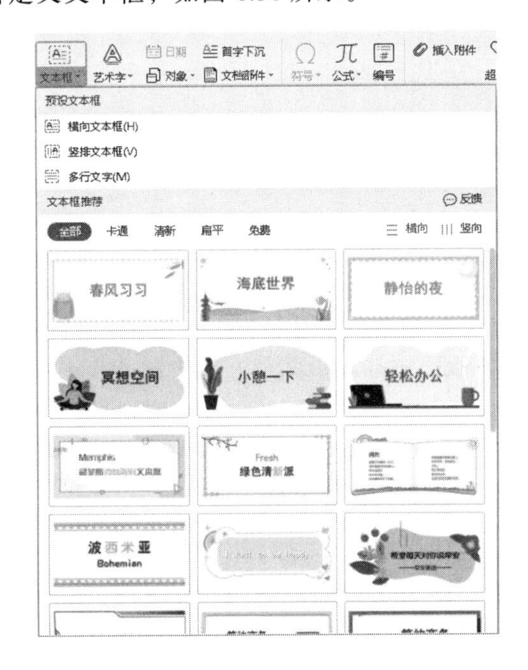

图 6.30 "文本框"下拉列表

对已插入的文本框，使用图 6.28 和图 6.29 所示的“文本工具”和“绘图工具”选项卡以及对话框和窗格的各命令完成编辑。其功能和操作方式与艺术字一致。

例 6-20：操作视频

【例 6-20】在文档第 2 版面中插入文本框，并编辑。

① 插入文本框。添加内容，内容来自“文字素材.docx”文档；

② 编辑文本框。无形状轮廓、无形状填充；大小为高度 5 cm、宽度 7.5 cm；放置在二维码图片右侧。

6.3.5 形状

WPS 文字提供了各种形状，包括线条、矩形、基本形状、箭头总汇、公式形状、流程图、星与旗帜和标注等八大类，均集合在“插入”选项卡的“形状”下拉列表中，如图 6.31 所示。

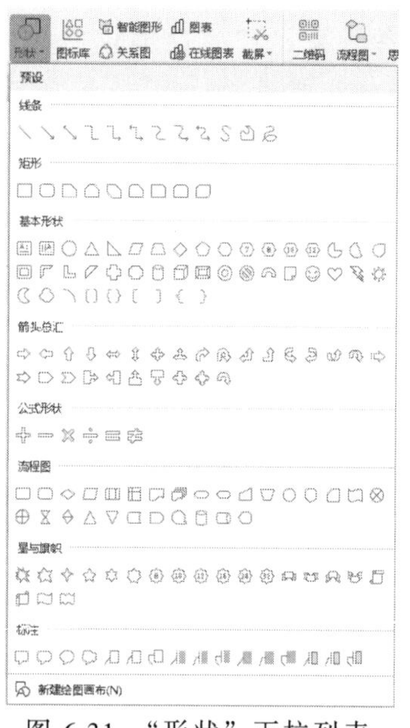

图 6.31 “形状”下拉列表

对已插入的形状，使用图 6.28 和图 6.29 所示的“文本工具”和“绘图工具”选项卡以及对话框和窗格的各命令完成编辑。其功能和操作方式与艺术字和文本框一致。

例 6-21：操作视频

【例 6-21】在文档第 3 版面中插入形状，并编辑。

① 制作第一个形状组合对象。插入“五边形”箭头，应用“细微效果-矢车菊蓝，强调颜色 2”形状效果，添加文本并调整文本格式；插入“圆角矩形”，填充图片：韩舞.jpg ，调整形状大小和位置。将两个形状组合成一个对象。

② 制作其余形状组合对象。复制粘贴，得到另外 3 个形状组合，分别设置相应的形状效果、文本和填充图片，第 2 个和第 4 个形状组合水平翻转。

③ 多个对象排列。使用“左对齐”“纵向分布”等命令，排列所有形状组合对象。

6.3.6 智能图形

智能图形是智能化的插图功能，将各种形状、内容以不同的布局排列并组合，用以快速、轻松、有效地表达信息。

WPS 文字提供的智能图形，主要用于描述层次结构、列表、流程、循环、关系等信息。单击“插入”选项卡的“智能图形”按钮，在图 6.32 所示的“选择智能图形”对话框中，选择图形，单击“确定”按钮即可完成插入。

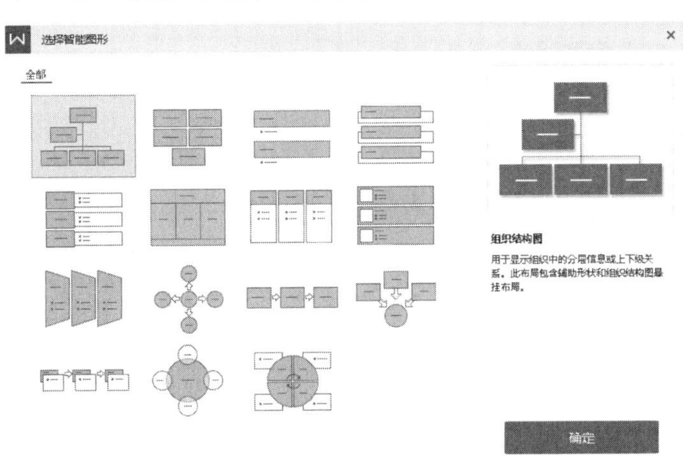

图 6.32 “选择智能图形”对话框

对已插入的智能图形，使用“设计”和“格式”选项卡的各命令完成编辑，如图 6.33 所示。

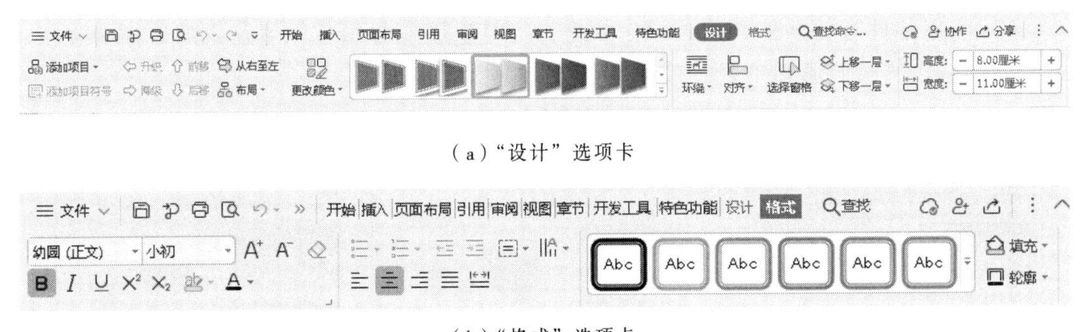

（a）“设计”选项卡

（b）“格式”选项卡

图 6.33 智能图形选项卡

【例 6-22】在文档第 1 版面中插入智能图形，并编辑。

例 6-22：操作视频

① 插入智能图形：“梯形列表”，浮于文字上方；添加内容：“韩舞”“爵士”“拉丁”“街舞”。

② 设计智能图形效果。更改颜色为第 1 种彩色，应用第 3 种样式，高为 8 cm、宽为 11 cm，调整位置。

③ 设置智能图形格式。文字为幼圆、加粗、小初号字，文本水平、垂直均居中；为每个小形状添加对应主题颜色的形状轮廓。

提示：对智能图形的编辑，主要考虑以下要点。

① 修改图形结构，可通过添加项目、添加项目符号、调整内容级别、调整内容布局等功能完成。

② 应用智能图形效果，可通过更改颜色、应用图形样式效果等功能完成。

③ 设置智能图形排版方式和大小，可通过文字环绕、对齐、上移一层和下移一层，以及调整宽度、高度等功能完成。

④ 调整图形中各项目的格式效果，可通过字体格式、段落格式和调整文字方向以及形状样式、填充和轮廓等功能完成。

至此，社团招新海报制作完毕。

6.4 批量制作寒假通知书

在教育实习中，杨晓燕需制作一份寒假通知书，包含考试情况、假期建议和家长回执单三大部分内容。通知书要求内容准确、形式规范、排版合理，并能根据个人信息、成绩等数据批量生成每位学生的通知书文档，打印发放给学生家长。

杨晓燕参考学校通知书范例，确定了通知书内容、形式和排版风格，确定了使用 WPS 文字中的邮件合并功能来批量生成通知书文档；结合所学的 WPS 文字知识，得出如下设计思路：

① 新建一空白文字文档，输入内容，进行文字、段落排版，保存为“寒假通知书.docx”。

② 插入页眉和页脚，添加文档相关信息。

③ 插入二维码、OLE 对象、超链接、表格、图表等对象，以各种形式准确表达内容。

④ 使用邮件合并功能，链接学生数据，批量生成包含每位学生信息的通知书文档。

批量制作的寒假通知书最终效果如图 6.34 所示。

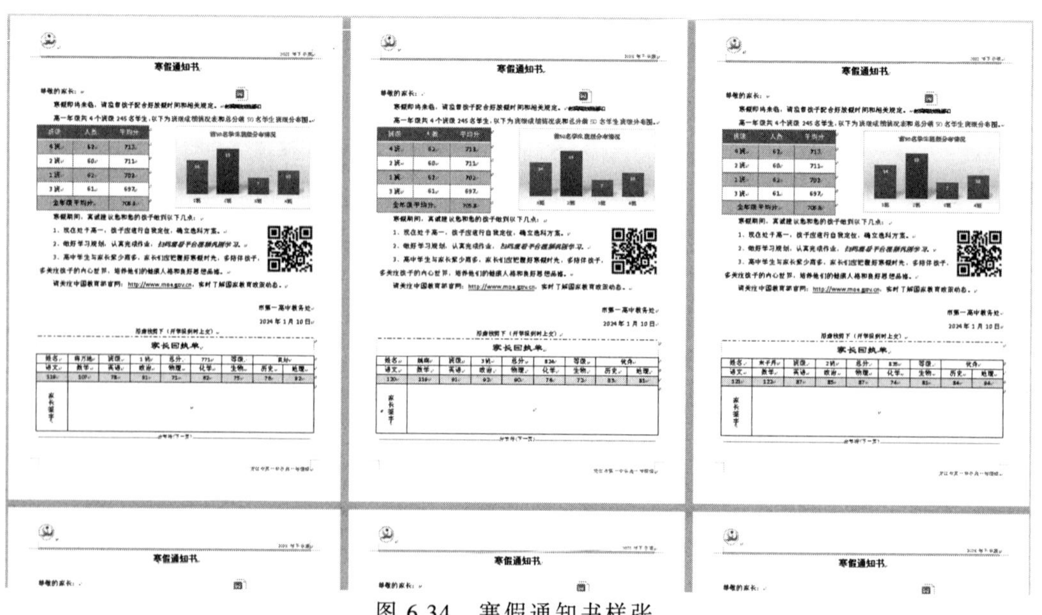

图 6.34　寒假通知书样张

6.4.1 页眉和页脚

页眉和页脚位于文档页面的顶部和底部，用于显示文档的附加或注释信息，例如页码、日期、章节号、文档信息等，还可以插入图形等对象。

系统提供了多种预设好的页眉样式（或页脚样式），也可以自行编辑页眉（或页脚）。如图 6.35（a）所示。插入页眉或页脚后，文档会进入页眉页脚编辑状态，此时的文档编辑区域呈灰白色，不允许编辑；页眉和页脚区域，使用“页眉和页脚”选项卡中的各命令完成编辑，如图 6.35（b）所示。

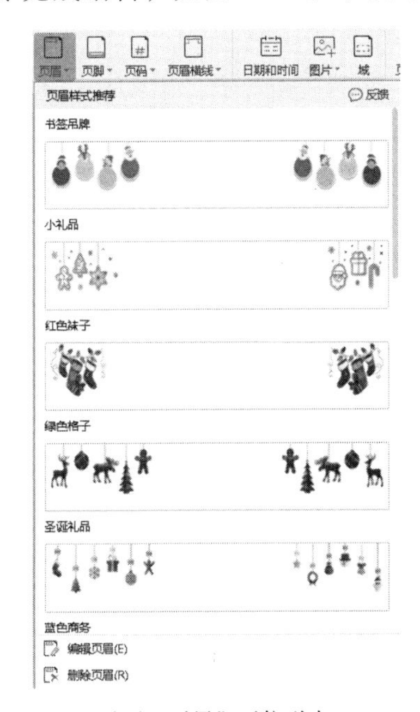

（a）“页眉”下拉列表

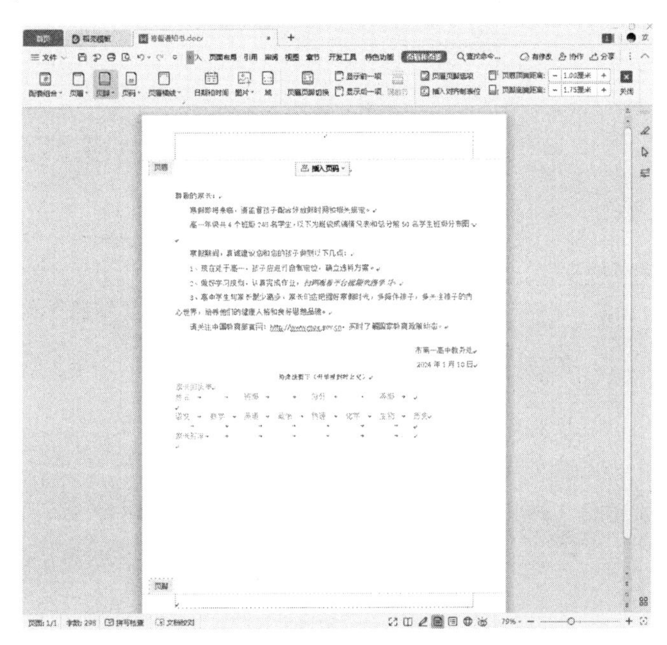

（b）“页眉和页脚”视图

图 6.35　页眉和页脚

【例 6-23】为文档添加页眉和页脚。

① 编辑页眉。显示双线样式的页眉横线；插入图片：校徽.jpg，适当调整图片大小，左对齐；另起一新段落，内容为“2023 年下学期”，右对齐。

② 编辑页脚。内容：“龙江市第一中学高一年级组”，右对齐。

③ 页眉和页脚编辑完毕，退出编辑状态。

例 6-23：操作视频

提示：双击页眉或页脚区域，能快速进入页眉页脚编辑状态；单击“页眉”下拉列表中的“删除页眉”命令（或页脚），可以将当前页眉（或页脚）内容全部删除；在页眉页脚以外的区域双击，能快速退出页眉页脚编辑状态。

6.4.2 二维码

WPS 文字提供了制作二维码的功能，主要包括文本、名片、Wi-Fi、电话等四种不同的类型，可以根据需要选择所需类型进行内容和样式的设置，如图 6.36 所示。

图 6.36 “插入二维码”对话框

6.4.3 OLE 对象

OLE 对象指在文档中插入来自外部的对象，包含各类文字文档、电子表格、演示文稿、文本文档等文件格式。文档中显示对象的首页页面或对象图标，如果选择链接至对象文件，源文件的更改能自动反映在本文档中，如图 6.37 所示。

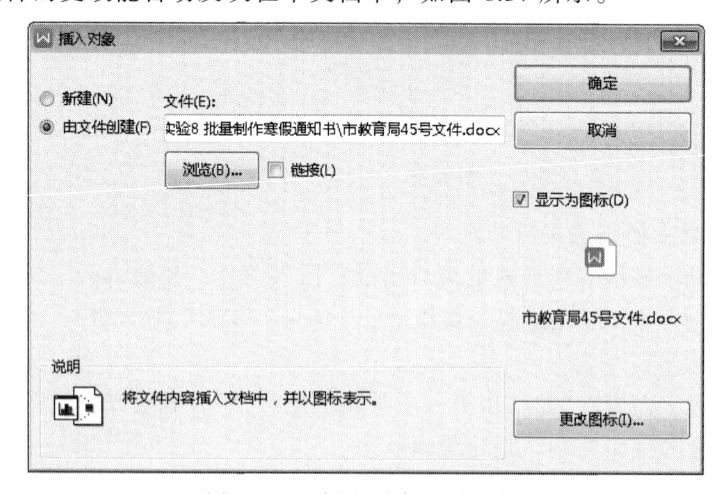

图 6.37 “插入对象”对话框

6.4.4 超链接

WPS 文字文档中的超链接，指将文档的文本和对象与外部文件或网页、文档中某个位置和电子邮件地址等建立联系，实现单击时能迅速跳转至链接的文件或网页等目标位置，如图 6.38 所示。

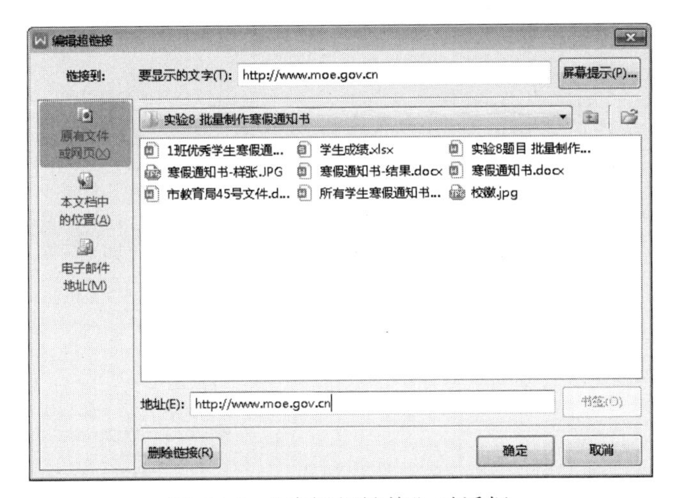

图 6.38 “编辑超链接”对话框

【例 6-24】在文档中插入二维码、OLE 对象和超链接。

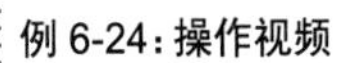

① 插入二维码，网址：https://basic.smartedu.cn/，二维码的高宽均为 3 cm，四周型环绕。

② 插入 OLE 对象：“市教育局 45 号文件.docx”，显示为图标，并更改图标题注为“教育局放假通知”，衬于文字下方。

③ 插入超链接。为文档中的网站地址文本创建超链接，链接至对应网页。

提示：双击插入的 OLE 对象，打开对象文件进行浏览和编辑；按住【Ctrl】键单击超链接，可打开链接对象；指向超链接并右击，在弹出的右键菜单中可以编辑、选定、打开、复制、取消超链接。

6.4.5 表格

表格通过行和列的形式来组织信息，结构严谨，效果直观。WPS 文字具有强大的表格编排能力。

1. 插入表格

WPS 文字提供多种插入表格的方法，对应的命令均集合在“插入”选项卡的“表格”下拉列表中，如图 6.39 所示。

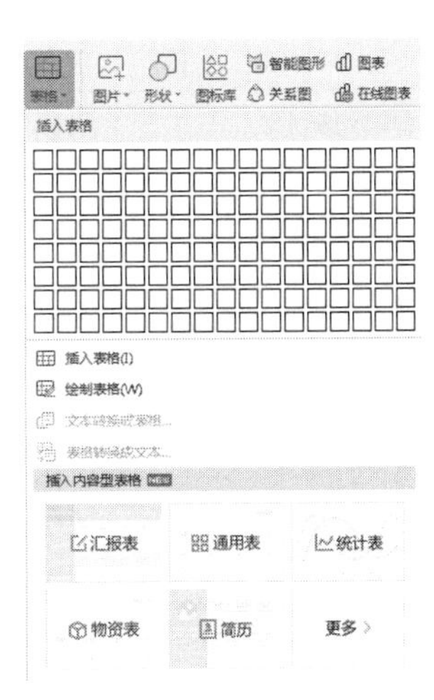

图 6.39 “表格”下拉列表

方法 1：虚拟表格。在“插入表格”的虚拟表格区域中，移动鼠标选择行、列。

方法 2：插入表格。单击“插入表格”命令，打开“插入表格”对话框，设置行、列数等，单击“确定”按钮，如图 6.40 所示。

方法 3：绘制表格。单击“绘制表格”命令，鼠标指针变为铅笔状“✎”，拖动鼠标绘制。此方法常用于制作行列分布不规范的表格。

方法 4：文本转换成表格。选定文本内容，单击“文本转换成表格”命令，打开“将文字转换成表格”对话框，按段落成行，按分隔方式成列，单击“确定”按钮，如图 6.41 所示。

方法 5：内容型表格模板。在“插入内容型表格”下方，选择合适的内容型表格模板，单击完成插入。本方法需登录 WPS 账号才能使用。

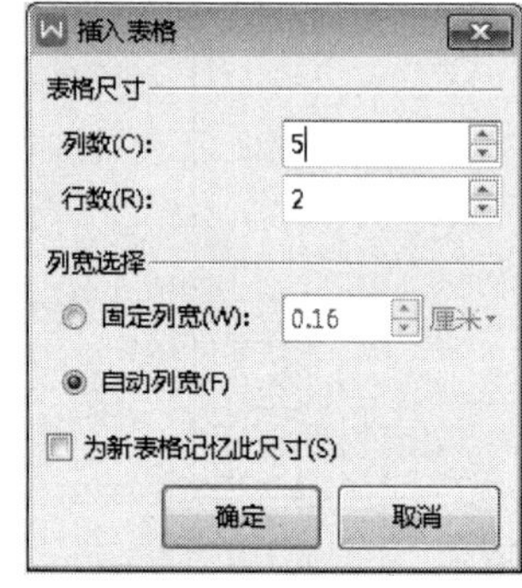

图 6.40 “插入表格”对话框

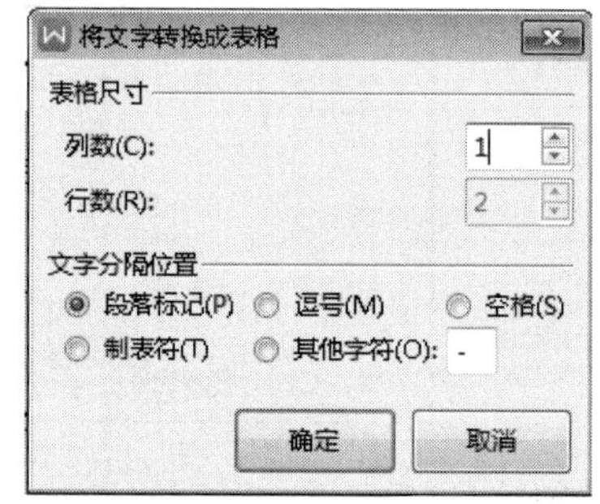

图 6.41 “将文字转换成表格”对话框

2. 输入内容

表格的行、列交叉处形成的格子称为“单元格”。每个单元格中均有一个段落标记，单击或按上下左右方向键或按【Tab】键进行鼠标光标定位，输入文本、图形等内容。

3. 编辑和美化表格

表格包含行、列、单元格、单元格区域和表格等对象，需先选定对象，再进行编辑和美化操作。选定表格对象的具体方法如表 6.3 所示。

表 6.3 选定表格对象的操作方法

选定类型	操 作 步 骤
整个表格	单击表格左上角的按钮 ⊕
一个或多个单元格	单击选定一个单元格内容；或按住【Ctrl】键，单击选定多个单元格内容
单元格区域	鼠标选定左上角单元格，拖动至右下角单元格
整行或整列	鼠标指针移至行左侧，变成 ↗ 形状时单击；或移至列顶部，变成 ⬇ 形状时单击

对已插入的表格，使用“表格工具”和“表格样式”选项卡中的各命令完成编辑和美化，如图 6.42 所示。

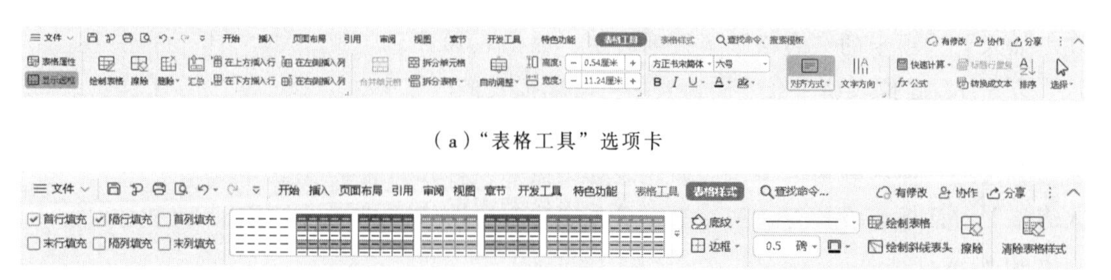

（a）“表格工具”选项卡

（b）“表格样式”选项卡

图 6.42 表格选项卡

4. 表格的排序和计算

(1) 表格排序

表格的数据排序，是指按照数字大小、字母顺序、汉字拼音顺序或笔画数大小、日期先后等规则进行升序或降序排列。

方法：鼠标光标定位于表格中或选定需排序的数据区域，单击“表格工具”选项卡中的“排序”命令，打开“排序”对话框，设置排序关键字、类型、排序方式等，单击“确定”按钮，如图 6.43 所示。

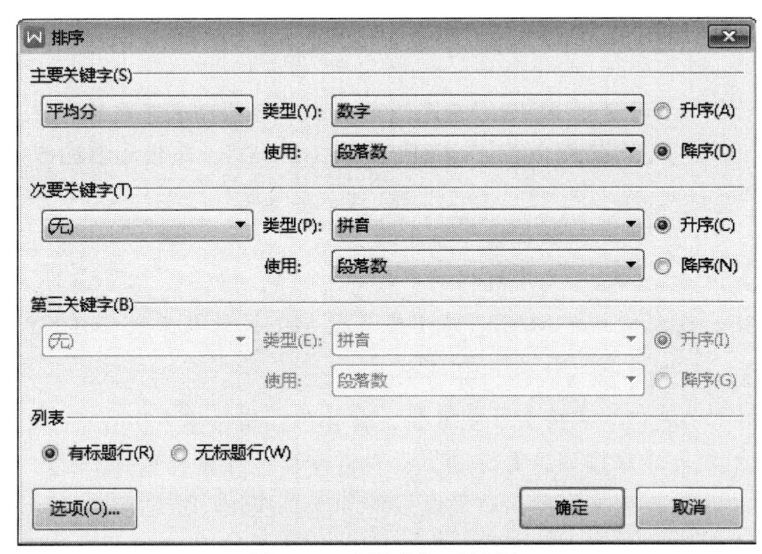

图 6.43 “排序”对话框

(2) 表格计算

表格中的数据计算，主要有求和、求平均值、求最大值等基本计算，使用表格自带的公式功能完成。公式即以“=”开头的表达式，包含运算符、函数、单元格、单元格区域等组成元素。表格中行、列、单元格、单元格区域的表示方法如表 6.4 所示。

表 6.4 表格中各对象的表示方法

操作类型	表示方法
行	数字（1、2、3、……）表示
列	字母（A、B、C、……）表示
单元格	列行号表示。例如，第 1 行第 1 列单元格，表示为 A1；第 1 行第 2 列单元格，表示为 B1
单元格区域	“左上角单元格:右下角单元格”表示。例如，第 1 行第 1 列到第 3 行第 2 列的单元格区域，表示为 A1:B3

计算方法：求全年级所有班级成绩的平均分，鼠标光标定位于结果单元格，单击“表格工具”选项卡的“f_x公式”命令，打开“公式”对话框，输入以“=”开头的公式，如图 6.44 所示，单击“确定”按钮。

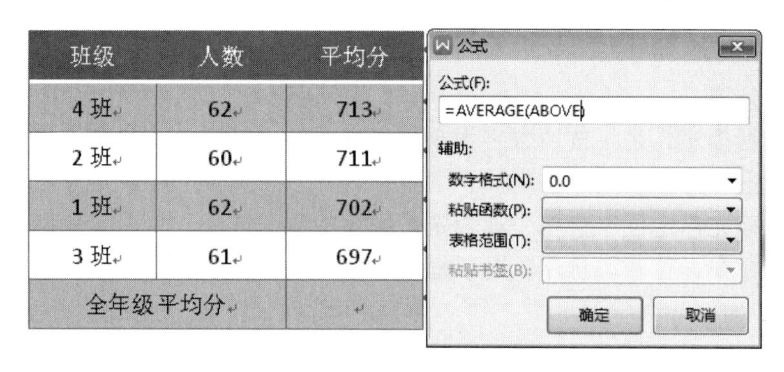

图 6.44 “公式”对话框

提示：公式“=AVERAGE(ABOVE)”中，ABOVE 指结果单元格所在列上方的所有数字单元格；此处，可以使用公式“=AVERAGE(B2:B5)”，即指定 B2:B5 单元格区域参加计算。

数字格式，“0.0”表示结果保留 1 位小数。

粘贴函数用于选定 WPS 文字提供的多种计算函数，例如：求和函数 SUM、平均值函数 AVERAGE、最大值函数 MAX、最小值函数 MIN、计数函数 COUNT 等。

【例 6-25】在文档中插入表格，并编辑。

例 6-25：操作视频

① 制作第 1 个表格。表格为 3 列 6 行，合并单元格，输入内容；表格排序：按平均分降序排列，有标题行；表格计算：计算全年级平均分，保留 1 位小数；表格宽度为页面宽度的 40%，应用“主题样式 1-强调 4”表格样式，文本为小四号、在单元格内水平和垂直方向均居中。

② 制作第 2 个表格。将文档中的绿色文本段落转换成表格，删除行、增加列，合并单元格，补充文本内容；第 1 行行高为 1 cm，文字格式为隶书、小二；最后一行行高为 3 cm，文字方向为竖向；表格内文本为黑色（自动）、水平和垂直居中；添加边框和底纹：边框粗细均为 0.5 磅，底纹颜色为“培安紫 着色 4 淡色 80%”。

6.4.6 图表

图表常用于数据分析，是以图形的方式组织和呈现数据的一种信息表达方式，具有直观、形象的特点，是“数据可视化”手段之一。WPS 文字支持多种类型的图表的创建与编辑，常用的图表类型有柱形图、折线图、饼图、条形图等。

1. 插入图表

单击“插入”选项卡的“图表”按钮，打开“插入图表”对话框，选择图表类型，单击“插入”按钮，如图 6.45 所示。

2. 编辑数据源

选中图表，单击“图表工具”选项卡的“编辑数据”按钮，打开一个填有预设数据的电子表格，如图 6.46 所示。输入数据，文档中的图表会自动更新，输入完毕后，关闭电子表格。

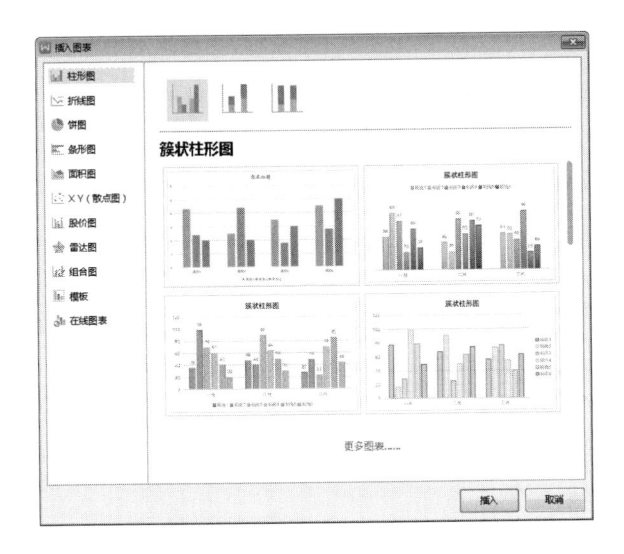

图 6.45 “插入图表”对话框

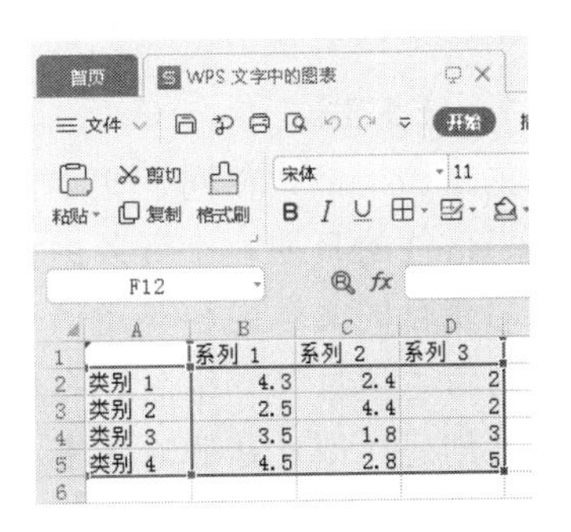

	A	B	C	D
1		系列 1	系列 2	系列 3
2	类别 1	4.3	2.4	2
3	类别 2	2.5	4.4	2
4	类别 3	3.5	1.8	3
5	类别 4	4.5	2.8	5
6				

图 6.46 WPS 文字中的图表数据源编辑窗口

3. 编辑图表

图表由多个图表元素组成（参见 7.3.4 节的图 7.29），对图表的编辑即是对各个图表元素的编辑。使用“图表工具”、“绘图工具”和“文本工具”选项卡中的各命令完成图表的设计和格式化，如图 6.47 所示。

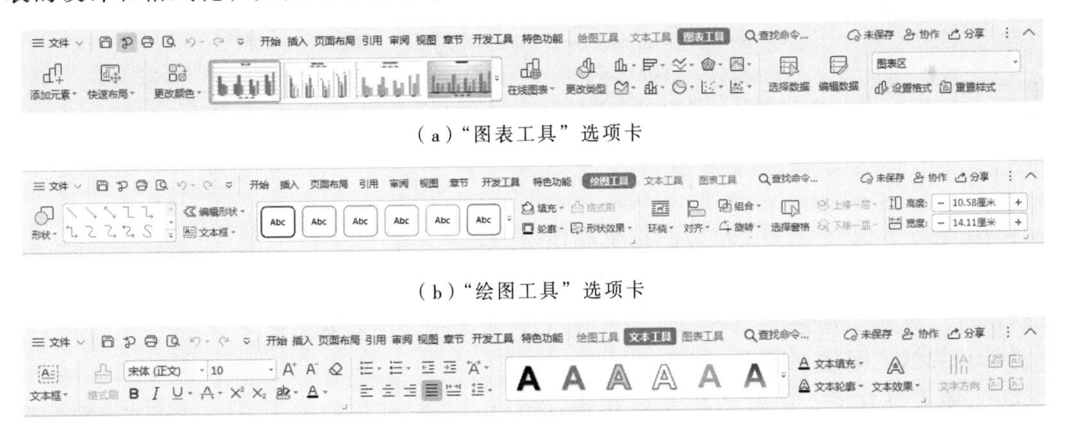

（a）“图表工具”选项卡

（b）“绘图工具”选项卡

（c）“文本工具”选项卡

图 6.47 “图表工具”选项卡

【例 6-26】在文档中插入图表，并编辑。

例 6-26：操作视频

① 插入图表。图表类型为簇状柱形图。

② 编辑数据源。

③ 编辑图表。修改图表标题；图表应用“样式 4”，无图例，添加数据标签：显示值、在标签内；浮于文字上方，高为 5 cm、宽为 8 cm，文字颜色为黑（自动）、9 号字、加粗；2 班的柱形应用“中等效果-印度红，强调颜色 2”形状样式和右上对角透视阴影效果；图表适当调整位置。

6.4.7 邮件合并

邮件合并是 WPS 文字中一种可以批量处理数据的功能，它将内容相同的主文档与包含变化信息（姓名、地址、身份证号、成绩、工资、日期等）的数据源结合起来，生成输出为一系列版式相同、数据不同的文档。常用于批量制作信封、请柬、学生成绩单、工资条、录取通知书、获奖证书等。

1. 主文档

主文档指格式相同、文本内容相同的特殊的文字文档，它由不变的内容（邀请函的正文、信件的日期、工资条的标题、准考证的开始时间和地点等）和一部分用于插入文档中的变化的文本内容（邀请函的姓名、新建的收件人和地址、工资条中各类金额、准考证的考生信息等）组成。在使用邮件合并功能之前要创建并编辑主文档，本案例的主文档已创建，即“寒假通知书.docx”。

2. 数据源

数据源是一个数据列表，包含希望合并到文字文档中的数据，即上述段落中的变化的文本内容，由表格形式呈现，各内容以数据字段的方式存储在表格中。本案例的数据源已创建，即 WPS 电子表格“学生成绩.xlsx”。

3. 邮件合并

单击“引用”选项卡的“邮件”按钮，打开图 6.48 所示的“邮件合并”选项卡，WPS 文字提供的邮件合并功能命令均集合在此。

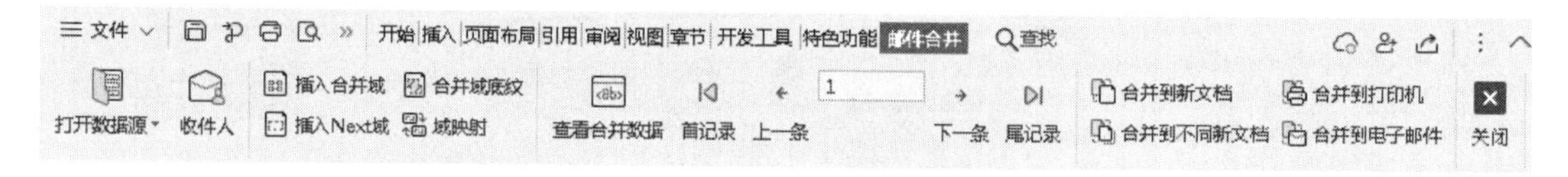

图 6.48 “邮件合并”选项卡

【例 6-27】使用邮件合并功能批量制作寒假通知书。

例 6-27：操作视频

① 打开数据源。定位在主文档“寒假通知书.docx”中，通过“打开数据源”按钮，选择电子表格文件“学生成绩.xlsx”作为数据源，即文档和数据之间建立联系。

② 插入合并域。通过“插入合并域”按钮，将数据源中的信息依次添加至文档中各位置，文档中显示域标记。

③ 查看合并数据。单击“查看合并数据”按钮，文档中显示域标记的位置显示具体数值，通过“首记录”“上一条”“下一条”和“尾记录”按钮，切换记录、查看数据。

④ 合并文档。通过“合并到新文档”按钮，合并生成包含所有数据信息的新文档。保存新文档，合并完毕。

至此，寒假通知书制作完毕。

6.5 毕业论文排版

杨晓燕是一名大四的学生，正在撰写毕业论文，现在需要按学校毕业论文格式规范进行排版。学校毕业论文的部分格式要求如下：

**大学理工科本科毕业论文目录格式

目（空两格）录（黑体三号字加粗 居中 1.5 倍行距）

（空 1 行）

（以下内容行间距离 1.5 倍行距）

引言（宋体四号字）……………………………………………………………x

1. 实验部分（宋体四号字）……………………………………………………x

1.1 实验所用仪器及试剂（宋体小四号字）……………………………………x

……

2. 结果与讨论（宋体四号字）…………………………………………………x

2.1 微波条件的优化（宋体小四号字）…………………………………………x

……

参考文献（宋体四号字）………………………………………………………x

致谢（宋体四号字）……………………………………………………………x

**大学理工科本科毕业论文基本格式

论文标题 XXXXXXXXXXXXXX（宋体三号字加粗，居中，1.5 倍行距）

（首行缩进 2 个字符）**摘　要**（黑体小四号字）：具体内容（楷体小四号字，1.5 倍行距）

（首行缩进 2 个字符）**关键词**（黑体小四号字）：**；**；**　（楷体小四号字，1.5 倍行距）

（空一行）

英文标题（四号 Times New Roman 加粗）题目中的首英文字母大写，介词除外。

Abstract（Times New Roman 小四号字加粗）：具体内容（Times New Roman 小四号字不加粗，1.5 倍行距）

Key Words（Times New Roman 小四号字加粗）：**；**；**　（Times New Roman 小四号字不加粗，1.5 倍行距，首英文字母大写）

引言（一级标题宋体四号字加粗 1.5 倍行距，顶格）

引言内容（宋体小四号字不加粗，1.5 倍行距）

1.XXXXXX（一级标题宋体四号字加粗，1.5 倍行距，顶格）

1.1XXXXXX（二级标题宋体小四号字加粗，缩进 2 个字符，1.5 倍行距）

1.1.1XXXXX（三级标题仿宋体小四号字，缩进 2 个字符，1.5 倍行距）

（首行缩进 2 个字符）正文内容（宋体小四号字不加粗，1.5 倍行距）
（空段落）
参考文献（内容单独一页）（一级标题宋体四号字加粗，1.5 倍行距，居中）
致谢（内容单独一页）（一级标题宋体四号字加粗，1.5 倍行距，居中）

如果出现图和表，可以参考下列格式：

表 1 （五号宋体） 标题（居中，五号宋体）

文字（5 号宋体）
数字（5 号 Times New Roman）

（首行缩进 2 个字符）注：××（宋体小五号字）（对表格没有需要说明解释的，这项可以不写。）

（顶线和底线均为 1.5 磅，或者加粗）

全文的表格和图都要统一编序，也可以逐章编序，不管采用哪种方式，表序和图序必须连续。

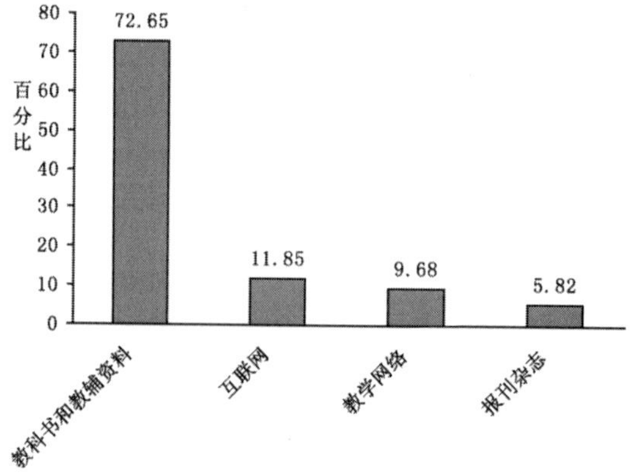

图 2　标题（五号宋体、居中）

（首行缩进 2 个字符）注：××（宋体小五号字）（对图没有需要说明解释的，这项可以不写。）

杨晓燕已完成论文的文本、图、表格等格式设置，现需对文档进行整体排版，具体思路如下：

① 设置文档属性；编辑数学公式。
② 为图、表添加题注，实现交叉引用；插入脚注和尾注，提供注释信息。
③ 使用分节符和分页符，有效组织文档结构，设置不同节的页眉和页脚。
④ 规范标题级别和格式，创建目录。
⑤ 依据实际需要对文档进行修订、添加批注等。

最终效果如图 6.49 所示。

XX大学

毕业论文(设计)

题　目：分光光度法测定草酸含量

姓　名：

学　号：

学　院：

专　业：

年级班级：

指导教师：

年　月　日

毕业论文（设计）作者声明

本人郑重声明：所呈交的毕业论文是本人在导师的指导下独立进行研究所取得的研究成果。除了文中特别加以标注引用的内容外，本论文不包含任何其他个人或集体已经发表或撰写的成果作品。

本人完全了解有关保障、使用毕业论文的规定，同意学校保留并向有关毕业论文管理机构送交论文的复印件和电子版。同意省级优秀毕业论文评选机构将本毕业论文通过影印、缩印、扫描等方式进行保存、摘编或汇编；同意本论文被编入有关数据库进行检索和查阅。

本毕业论文内容不涉及国家机密。

论文题目：

作者单位：

作者签名：　　（学号：　）

年　月　日

目　录

引言　1

1.材料与方法　2

1.1 材料与试剂　2

1.2 仪器与设备　2

1.3 实验方法　2

2.结果与分析　3

2.1 显色反应的选择　3

2.2 最大吸收波长的确定　3

2.3 最适显色温度的确定　3

2.4 密度　4

2.5 稳定性　4

3.结论　5

参考文献　6

致　谢　7

分光光度法测定草酸含量

图 6.49　毕业论文排版样张

6.5.1　文档属性

WPS 文字文档属性，指有关描述或标识文件的详细信息，包括标题、作者、文档摘要、文档关键词等内容。使用“文件”菜单下的“文档加密”子菜单的“属性”命令，在打开的“属性”对话框中，可以查看、修改或自定义文档属性。

例 6-28：操作视频

【例 6-28】设置毕业论文的文档属性。

查看并设置文档属性。标题即论文标题，作者：杨晓燕，单位：**大学，关键字：**大学毕业论文　。

6.5.2　数学公式

WPS 文字提供了数学公式编辑功能，单击“插入”选项卡的“公式”按钮，在打开的“公式编辑器”窗口中，完成公式的输入与编辑，如图 6.50 所示。

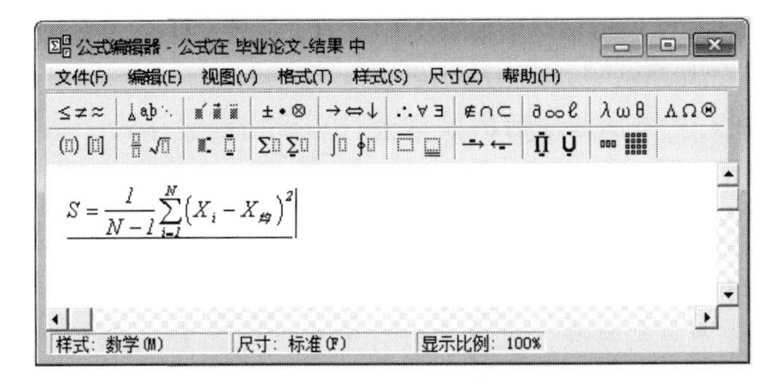

图 6.50　“公式编辑器”窗口

【例 6-29】为文档插入数学公式。

例 6-29：操作视频

① 插入公式：$S=\frac{1}{N-1}\sum_{i=1}^{N}(X_i-X_{均})^2$。

② 设置公式格式：倾斜。

③ 公式在文档中排版：公式后添加空格和“(1)”文本，段落右对齐。

6.5.3 题注

针对文档中的图、表格、图表等对象添加的注释信息，统称题注，由标签、编号、内容三大部分组成。题注的交叉引用是指在文档的正文中设置对图、表等对象的引用说明，即正文“如图 1 所示”中的“图 1”是对题注“图 1 显色体系的吸收光谱”的引用说明，如图 6.51 所示。

WPS 文字的题注功能，常用于长文档的排版，实现文档中各类图、表等按顺序自动编号以及交叉引用，命令均集合在“引用”选项卡的“题注”区域，如图 6.52 所示。

显色体系吸光度值随波长的变化趋势如图 1 所示。

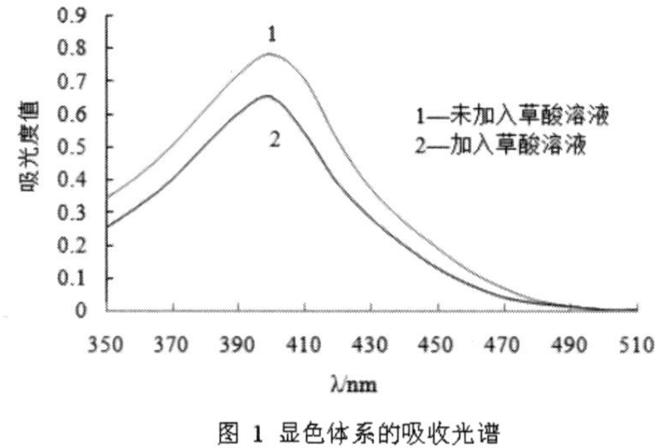

图 1 显色体系的吸收光谱

图 6.51 题注及交叉引用

插入表目录
题注 交叉引用

图 6.52 “引用”选项卡的“题注”功能区域

【例 6-30】为毕业论文中的图、表添加题注，应用并修改“题注”样式；实现文中题注的交叉引用。

例 6-30：操作视频

① 添加题注。为论文中的两张图添加形如“图 1、图 2……”的图注；为表添加形如“表 1、表 2……”的表注。

② 修改题注样式。添加题注后的段落会自动应用题注样式，修改题注样式：宋体、五号、居中。

③ 设置交叉引用。图和表的题注均引用：标签和编号。

提示：形如“1-1”“2-1”的题注编号，连字符“-”前面的数字代表章节号，后面的数字代表该章节中图表的序号。设置交叉引用后，按住【Ctrl】键单击“如图 1 所示”的“图 1”文字，可直接跳转至所引用的题注位置。删除其中部分图片及图片题注后，选中其余图片的编号，按【F9】键可完成题注编号的自动更新。

6.5.4 脚注和尾注

脚注和尾注是文档的注释性文字。脚注一般显示在当前页面底部；尾注一般显示在文档结尾处（尾部）。

WPS 文字的脚注和尾注功能，实现长文档中脚注和尾注的插入与编辑，命令均集合在“引用”选项卡的“脚注”区域，如图 6.53 所示。

图 6.53 “引用”选项卡的“脚注”功能区域

【例 6-31】在毕业论文中，添加脚注，并设置格式。

① 添加脚注。为引言段落的文本“分光光度法”添加脚注，内容为“来源于彭崇慧的《定量化学分析简明教程》第 28 页”。

② 设置脚注格式。脚注编号格式：“①,②,③…”，起始编号为 1，每页重新编号；脚注文本格式：楷体、五号字。

例 6-31：操作视频

提示：脚注和尾注之间可以相互转换；删除文中的脚注或尾注编号，即删除脚注或尾注；插入脚注或尾注，会自动显示脚注/尾注分隔线，可单击“脚注/尾注分隔线”按钮隐藏分隔线。

6.5.5 分节与分页

分节指将文档分成若干小节（通过插入分节符实现），每一个小节都可以进行独立的页面设置、页眉和页脚、页码等格式排版。

分页指对文档部分内容强制分页（通过插入分页符实现），使部分内容在单独页面显示。

分节符、分页符等命令，均集合在“页面布局”选项卡的“分隔符”下拉列表中，如图 6.54 所示。

图 6.54 “分隔符”下拉列表

例 6-32：操作视频

【例 6-32】论文设置分节和分页。

① 插入分节符，将论文分为“封面、作者声明”“目录”“中文标题及后面内容”三个小节。

② 插入分页符，使作者声明页、参考文献、致谢都在单独一页显示。

提示： 分节符包括下一页、连续、偶数页、奇数页四种类型，可选择插入。

① 下一页：用于插入一个分节符，并在下一页开始新的节。

② 连续：用于插入一个分节符，并在同一页上开始新节。

③ 偶数页：表示分节之后的文本在下一偶数页上进行显示。

④ 奇数页：表示分节之后的文本在下一奇数页上进行显示。

6.5.6 文档部件

文档部件指可在其中创建、存储和查找可重复使用的内容片段的库。内容片段包括自动图文集、域，均集合在“插入”选项卡的“文档部件”下拉列表中，如图 6.55 所示。

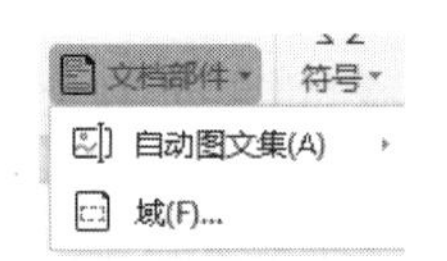

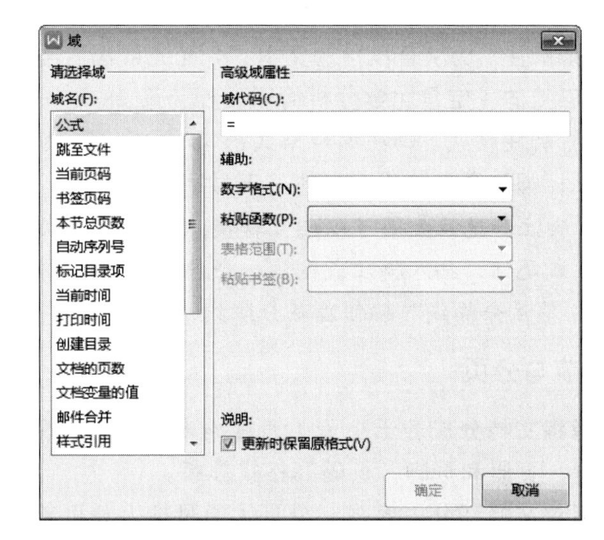

图 6.55 “文档部件”下拉列表和“域”对话框

提示： 选择“将所选内容保存到自动图文集库”命令，可将选定内容（文本、图片、表格、段落等）保存到自动图文集库中，后续可以单击“域”命令，在打开的“域”对话框中选择使用。

6.5.7 不同节的页眉页脚和页码

长文档中经常需要为不同节设置不同的页眉页脚和页码，便于文档的阅读和理解。

页码，指每一页面上标明次序的编码，由各种数字编码格式组成，是页眉和页脚中的组成部分，各命令集合在“插入”选项卡的“页码”下拉列表中，如图 6.56 所示。

图 6.56 “页码”下拉列表

【例 6-33】为毕业论文文档的各节添加不同的页眉页脚和页码。

① 第 1 节页眉为文档的关键字属性，居中对齐；首页不显示；无页脚。

② 第 2 节页眉为“关键字——标题”、居中对齐，效果如图 6.57 所示；页脚居中处添加页码“I、II、III……”，起始页码为 1，应用于本节。

**大学毕业论文——分光光度法测定草酸含量

页眉 - 第 2 节-　　插入页码

图 6.57　第 2 节的页眉效果

③ 第 3 节页眉与第 2 节相同；页脚居中处添加页码“1、2、3……”，起始页码为 1，应用于本节。

6.5.8　创建目录

目录，是文章的导航工具，用以全貌反映文档的内容和层次结构，常用于书籍、论文、报告等长文档排版。

1．设置标题

为文档创建目录之前，需要为文中的标题设置层级即大纲级别，还需规范各级标题的格式。设置标题的大纲级别可以通过以下三种方法完成：

方法 1：使用样式。选中标题文本，在“开始”选项卡的“样式”库中，根据标题级别选择对应的“标题 1、标题 2……”等样式，单击应用。如果标题格式不符合要求，可以通过修改各级标题样式，实现快速统一全文各级标题的格式。

方法 2：使用目录级别。选中标题文本，在“引用”选项卡的“目录级别”下拉列表中，根据标题级别选择对应的“1 级目录、2 级目录……”等命令，单击应用。

方法 3：使用大纲视图。单击“视图”选项卡的“大纲”按钮，进入大纲视图；选中标题文本，在“大纲”选项卡的“大纲级别”下拉列表中，根据标题级别选择对应的“1 级、2 级……”等命令，单击应用；单击“关闭”按钮，退出大纲视图。

例 6-34：操作视频

本案例需要设置标题级别和规范标题格式，因此选择方法 1 来实现。

【例 6-34】按照图 6.58 的级别和格式要求，设置文档各级标题。

① 为各级标题文本应用标题样式，并修改样式。

② 单独调整引言、参考文献、致谢 3 个标题段落的格式：居中对齐。

段落	大纲级别	样式	统一格式要求	其他
1. 2. 3. ……	1 级标题	标题 1	中文字体为宋体，西文字体为 Times New Roman，四号，加粗；两端对齐，大纲级别 1 级，无缩进，段前 0 行，段后 0 行，1.5 倍行距。	
1.1 1.2 1.3 ……	2 级标题	标题 2	中文字体为宋体，西文字体为 Times New Roman，小四号，加粗；两端对齐，大纲级别 2 级，缩进 2 个字符，段前 0 行，段后 0 行，1.5 倍行距。	
1.1.1 1.1.2 ……	3 级标题	标题 3	中文字体为仿宋，不是仿宋 GB2312，西文字体为 Times New Roman，小四号，不加粗；两端对齐，大纲级别 3 级，缩进 2 个字符，段前 0 行，段后 0 行，1.5 倍行距。	
引言、参考文献、致谢 3 个标题段落	1 级标题	标题 1		居中对齐

图 6.58　毕业论文各级标题的大纲级别和格式要求

2. 创建目录

WPS 文字提供了“智能目录”“自动目录”“自定义目录”三种插入与编辑目录的方法，命令均集合在“引用”选项卡的“目录”下拉列表中，如图 6.59 所示。

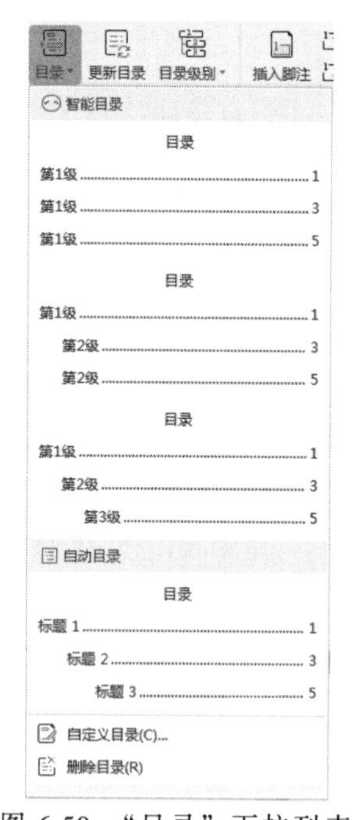

图 6.59　“目录”下拉列表

【例 6-35】在毕业论文第 2 节中创建论文目录。

例 6-35：操作视频

① 添加目录标题：“目（空两格）录”，黑体、三号、加粗，居中，无缩进，段前和段后间距均为 0 行，1.5 倍行距。

② 创建目录。第一种制表符前导符，显示 2 级标题，显示页码、页码右对齐、使用超链接。

③ 编辑目录。目录内容格式：中文字体为宋体，西文字体为

Times New Roman，四号字，两端对齐，首行无缩进，文本之前和之后均缩进 0 字符，段前和段后间距均为 0 行，1.5 倍行距；2 级标题为小四号字，文本之前缩进 2 个字符。

提示：选择“目录”下拉列表的“删除目录”命令，可以删除当前目录。

3．更新目录

文档创建目录后，当文档结构和内容再次被编辑，均会引起标题、页码等也发生变化，可以利用更新目录功能实现目录内容的自动更新。

方法：鼠标光标定位于目录中，单击“引用”选项卡的“更新目录”按钮，或者右击选择右键菜单中的“更新域”命令，均可打开“更新目录”对话框，选择更新选项后，单击“确定”按钮，实现目录的更新，如图 6.60 所示。

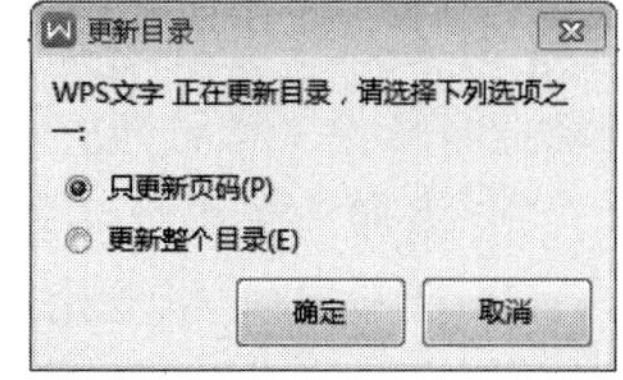

图 6.60 “更新目录”对话框

6.5.9 批注和修订文档

WPS 文字提供了批注、修订文档的功能，以便帮助用户审阅自己或他人的文档。

批注文档，是为文档添加一些批改或标注的说明性文字，如图 6.61 所示。

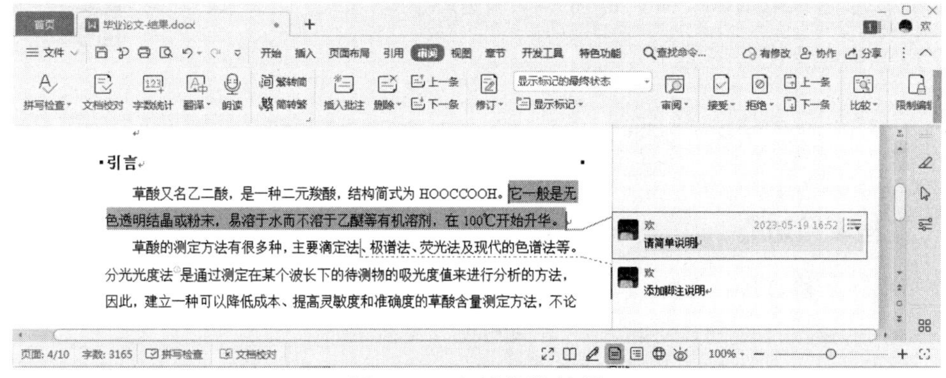

图 6.61 文档批注效果

修订文档，是在修订状态下跟踪对文档的修改、删除等编辑，并以修订标记状态显示，如图 6.62 所示。

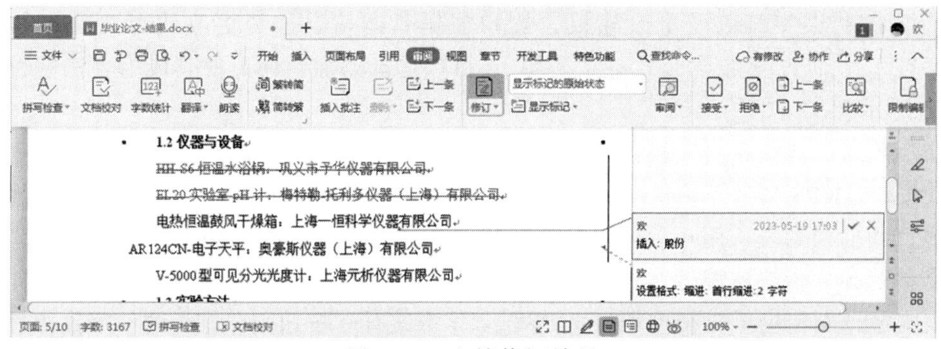

图 6.62 文档修订效果

各命令均集合在“审阅”选项卡中，如图 6.63 所示。审阅者对文档进行审阅时，可插入、编辑批注，也可在修订状态下完成对文档的修改；被审阅者可根据批注和修订标记，进行接受或拒绝修订。

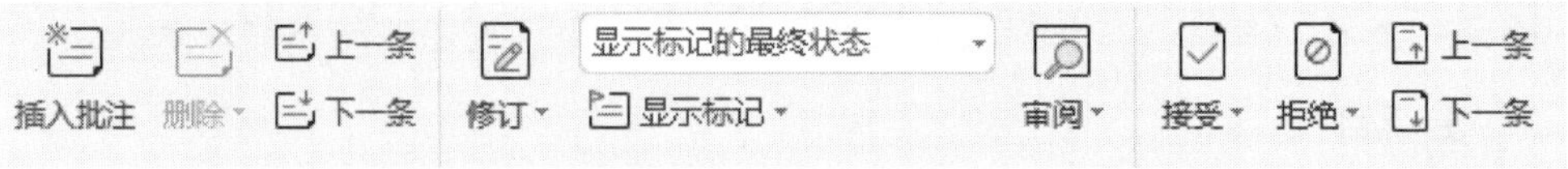

图 6.63 “审阅”选项卡中的批注、修订命令

【例 6-36】指导老师对毕业论文添加批注和进行修订，将论文修订版发回杨晓燕；杨晓燕打开论文修订版，根据批注和修订标记，修改好论文，并保存。

① 添加批注和修订文档，文档另存为“毕业论文-修订版.docx”。

② 打开文档“毕业论文-修订版.docx”，根据情况接受或拒绝更改。保存文档。

例 6-36：操作视频

提示：批注默认随文档一起打印出来；单击“审阅”选项卡中的“显示标记”下拉按钮，可显示或隐藏批注和修订的各项标记；单击“显示标记状态”下拉按钮，可选择文档修订后的显示方式；单击“审阅”下拉按钮，可选择审阅人、审阅时间和审阅窗格显示方式。

至此，毕业论文排版完毕。

6.6 知识拓展

6.6.1 文档审阅功能

除了批注、修订等，WPS 文字还提供了拼写检查、文档校对、字数统计和翻译等常用的审阅功能，都能帮助用户快速审阅自己或他人的文档。各命令均集合在“审阅”选项卡中，如图 6.64 所示。

图 6.64 常用的审阅功能

拼写检查，指检查文档中文本字符的拼写错误。单击“拼写检查”按钮，WPS 文字将自动进行检查，同时在“拼写检查”对话框中列出检查出的错误字符以及更改建议，用户根据具体情况选择更改或者忽略；如果是正确字符（比如 fx 是数学公式英文简写），可以选择添加到词典使其成为合法字符，如图 6.65 所示。

文档校对，指快速对文档内容进行专业校对，精准解决错词遗漏现象。单击“文档校对”按钮，WPS 文字开始自动文档校对，在打开的“文档校对”窗格中给出错误情况、修改建议和勘误列表，用户可以根据实际情况选择忽略或替换，如图 6.66 所示。

字数统计，指快速统计文档页数、文本字数、段落数和字符数等。选中需统计的文本（全文统计则定位于文档中即可），单击“字数统计”按钮，在打开的“字数统计”对话框中显示统计结果，如图 6.67 所示。

翻译，指将选中文本翻译成不同语言，包含短句翻译和全文翻译两种，在打开的“翻译”窗格中完成文本的翻译，如图 6.68 所示。

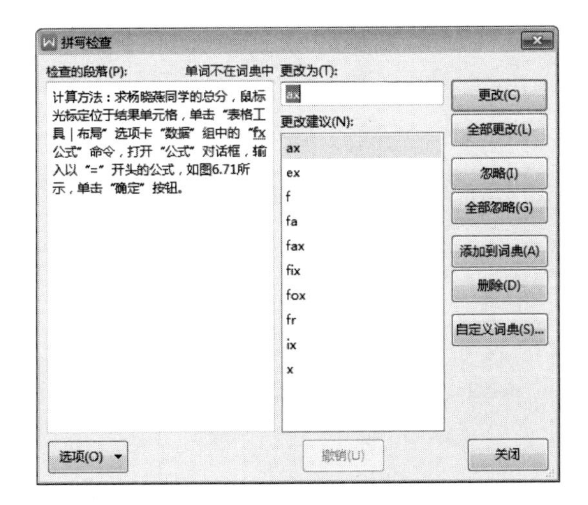

图 6.65 “拼写检查”对话框

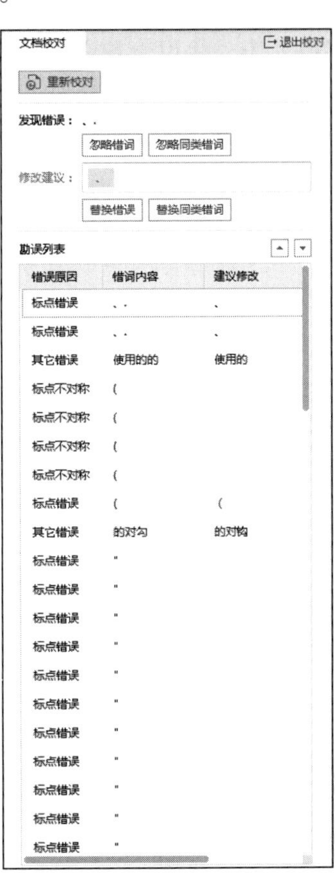

图 6.66 “文档校对”窗格

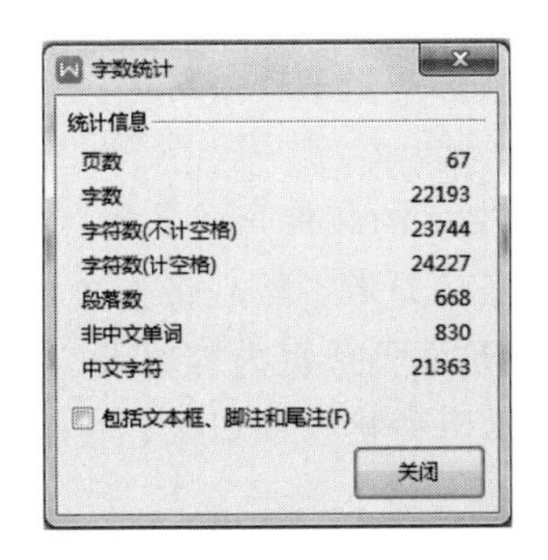

图 6.67 “字数统计”对话框

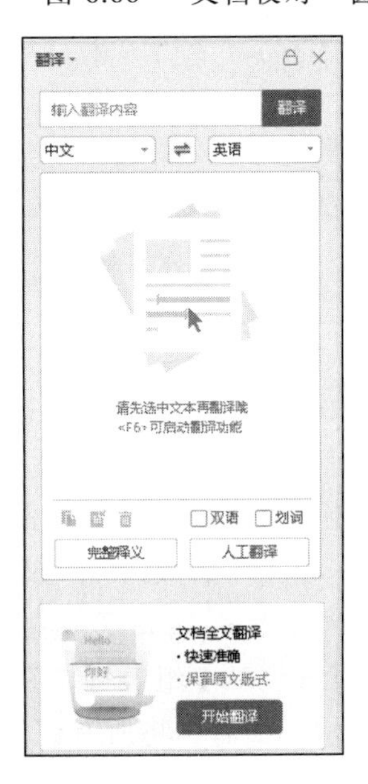

图 6.68 “翻译”窗格

6.6.2 多级列表

多级列表，常用于长文档排版中以不同形式的编号来表现标题或段落的层次，最多可以具有 9 个层级，每一层级都可以根据需要设置出不同的格式和形式。例如，本书中一级标题编号为“第 1 章、第 2 章、第 3 章……”，二级标题编号为“1.1、1.2、1.3……”，三级标题编号为“1.1.1、1.1.2……”等。

方法：文档各级标题设置过大纲级别后，单击“开始”选项卡的“编号”按钮，在下拉列表中选择适合的多级编号类型，单击应用，如图 6.69 所示；还可以单击“自定义编号”命令，在打开“项目符号和编号”对话框的“多级编号”标签中，选择适合的多级编号类型，单击“自定义”按钮，进入“自定义多级编号列表”对话框，根据需要设置编号格式、样式、起始值、编号位置和文字位置等选项，完成多级编号的自定义，如图 6.70 所示。

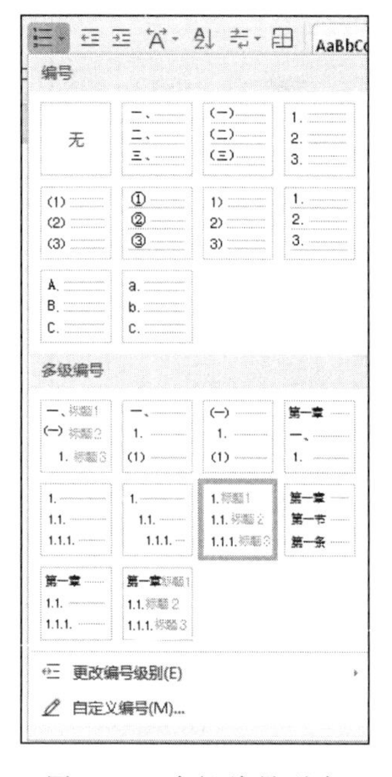

图 6.69 多级编号列表

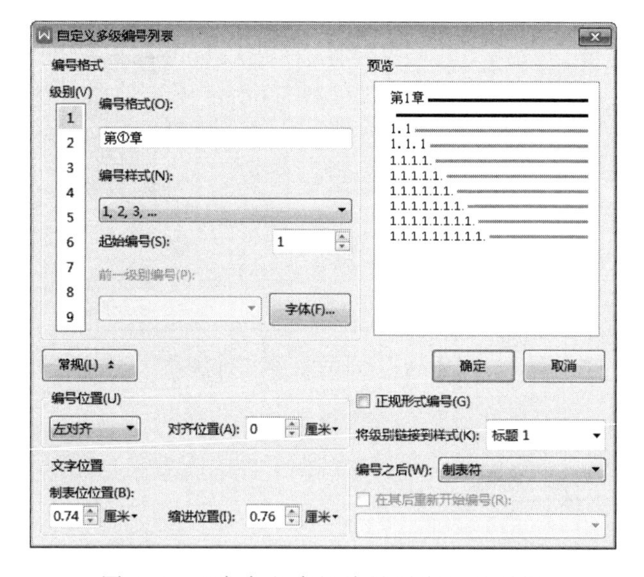

图 6.70 “自定义多级编号列表”对话框

6.6.3 制作工资条

工资条文档，需要一个页面逐个输出多张工资条，一张工资条对应一个员工的工资情况。

方法：制作好主文档和数据源文档，使用 WPS 文字的邮件合并功能，打开数据源、插入合并域；单击“插入 Next 域”按钮，插入下一条记录域，然后将主文档内容复制在下方；继续插入 Next 域和复制主文档内容，直到满足文档单页内容要求。插入 Next 域后，可以按【Alt+F9】组合键，在代码显示和值显示两种状态中切换，查看代码或值，如图 6.71 所示。最后，将所有记录合并到新文档，并保存，如图 6.72 所示。

东方公司 12 月员工工资条										
员工工号	姓名	基础工资	奖金	补贴	扣除病事假	应付工资合计	扣除社保	应纳税所得额	应交个人所得税	实发工资
{ MERGEFIELD "员工工号" }	{ MERGEFIELD "姓名" }	{ MERGEFIELD "基础工资" }	{ MERGEFIELD "奖金" }	{ MERGEFIELD "补贴" }	{ MERGEFIELD "扣除病事假" }	{ MERGEFIELD "应付工资合计" }	{ MERGEFIELD "扣除社保" }	{ MERGEFIELD "应纳税所得额" }	{ MERGEFIELD "应交个人所得税" }	{ MERGEFIELD "实发工资" }

{ Next }

东方公司 12 月员工工资条										
员工工号	姓名	基础工资	奖金	补贴	扣除病事假	应付工资合计	扣除社保	应纳税所得额	应交个人所得税	实发工资
{ MERGEFIELD "员工工号" }	{ MERGEFIELD "姓名" }	{ MERGEFIELD "基础工资" }	{ MERGEFIELD "奖金" }	{ MERGEFIELD "补贴" }	{ MERGEFIELD "扣除病事假" }	{ MERGEFIELD "应付工资合计" }	{ MERGEFIELD "扣除社保" }	{ MERGEFIELD "应纳税所得额" }	{ MERGEFIELD "应交个人所得税" }	{ MERGEFIELD "实发工资" }

{ Next }

东方公司 12 月员工工资条										
员工工号	姓名	基础工资	奖金	补贴	扣除病事假	应付工资合计	扣除社保	应纳税所得额	应交个人所得税	实发工资
{ MERGEFIELD "员工工号" }	{ MERGEFIELD "姓名" }	{ MERGEFIELD "基础工资" }	{ MERGEFIELD "奖金" }	{ MERGEFIELD "补贴" }	{ MERGEFIELD "扣除病事假" }	{ MERGEFIELD "应付工资合计" }	{ MERGEFIELD "扣除社保" }	{ MERGEFIELD "应纳税所得额" }	{ MERGEFIELD "应交个人所得税" }	{ MERGEFIELD "实发工资" }

图 6.71　文档的代码显示状态效果

东方公司 12 月员工工资条										
员工工号	姓名	基础工资	奖金	补贴	扣除病事假	应付工资合计	扣除社保	应纳税所得额	应交个人所得税	实发工资
S0141	包宏伟	3400	100	135	164	3471	442	3029	0	3029

东方公司 12 月员工工资条										
员工工号	姓名	基础工资	奖金	补贴	扣除病事假	应付工资合计	扣除社保	应纳税所得额	应交个人所得税	实发工资
M0008	包一兰	7000	100	225	271	7054	910	6144	34.32	6109.68

东方公司 12 月员工工资条										
员工工号	姓名	基础工资	奖金	补贴	扣除病事假	应付工资合计	扣除社保	应纳税所得额	应交个人所得税	实发工资
A0064	曹雅君	9600	400	225	0	10225	1344	8881	298.1	8582.9

分节符(下一页)

图 6.72　合并后的新文档效果

6.6.4　打印文档

文字文档制作完成后，可将其打印成纸质文件进行保存。打印之前需要对文档进行打印的相关设置，预览打印效果，命令集合在“文件”菜单下的“打印”子菜单中。

单击“打印”命令，在打开的“打印”对话框中，如图 6.73 所示，选择打印机，设置页码范围、打印份数等，单击“确定”按钮，完成打印。

打印之前，单击“打印预览”按钮，可以先对文字文档进行预览，查看或修改设置的打印方式，查看打印效果是否符合预期，如图 6.74 所示。

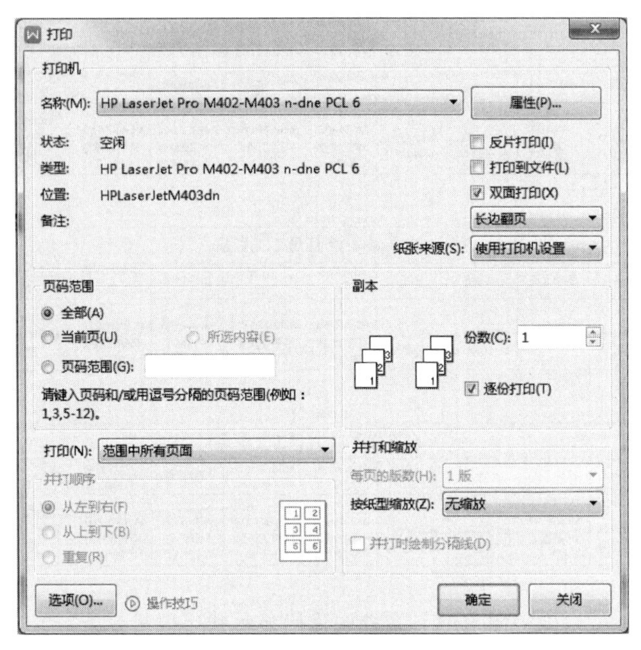

图 6.73 “打印”对话框

图 6.74 “打印预览”窗口

小　　结

本章通过求职简历、社团招新海报、寒假通知书和毕业论文4个典型案例，讲述了使用 WPS 文字制作各种形式类别文档的基本知识和操作技巧，主要包括文本的输入与编辑，字符、段落、特殊格式和样式的应用，页面设置和页面背景的添加，多种图形、艺术字、表格、超链接等各种对象的插入与编辑，利用邮件合并功能批量生成综合文档，题注、脚注、分隔符、页眉页脚、目录和审阅等功能在长文档排版中的应用。

实　　训

实训1　制作宣传页文档

1. 实训目的

① 掌握页面布局的方法。

② 熟练掌握字符、段落和特殊格式的设置。

③ 熟练掌握各种类型对象的插入与编辑。

2. 实训内容

参考图6.75所示的样张，制作“美丽丽江.docx”文档。

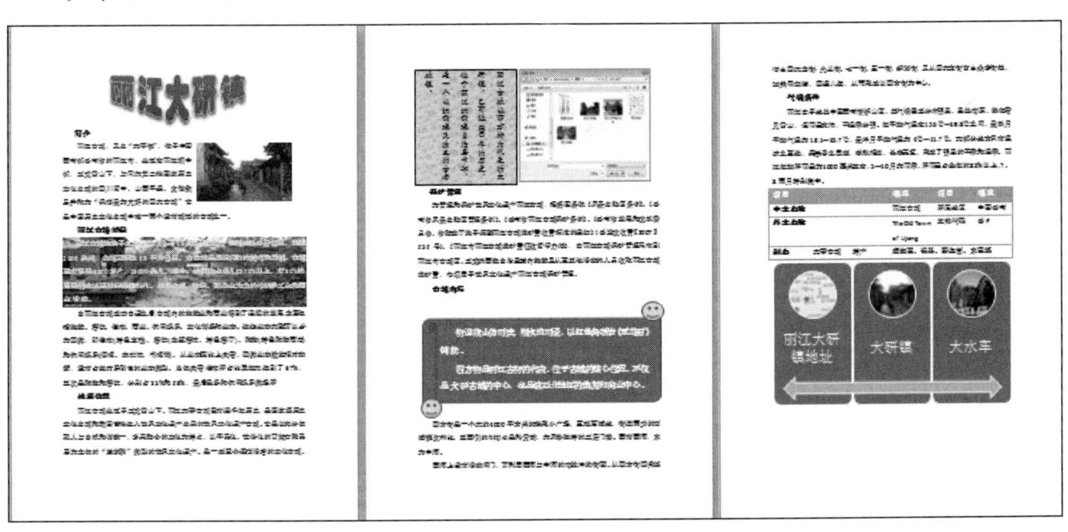

图6.75　“美丽丽江.docx”样张

实训2　批量制作准考证

1. 实训目的

① 掌握表格制作的方法。

② 熟练掌握使用邮件合并批量生成文档的方法。

2. 实训内容

参考图 6.76 所示的样张，批量生成“准考证.docx”文档。

<table>
<tr><td colspan="4">2019 年度全国会计专业技术中级资格考试
准 考 证</td></tr>
<tr><td>准考证号</td><td colspan="2">143122103825</td><td rowspan="4">(粘贴照片处)</td></tr>
<tr><td>考生姓名</td><td colspan="2">杨建硕</td></tr>
<tr><td>证件号码</td><td colspan="2">420106196303245216</td></tr>
<tr><td>考试科目</td><td colspan="2">中级会计实务、财务管理、经济法</td></tr>
<tr><td>考试地点</td><td colspan="3">北京交通大学主校区思源西楼</td></tr>
<tr><td rowspan="2">考试时间</td><td>中级</td><td colspan="2">财 务 管 理：9 月 10 日□9:00～11:30
经　　济　　法：9 月 10 日□14:00～16:30
中级会计实务：9 月 11 日□9:00～12:00</td></tr>
<tr><td>高级</td><td colspan="2">9 月 11 日□□9:00～12:30</td></tr>
<tr><td>考生须知</td><td colspan="3">1.→准考证正面和背面均不得额外书写任何文字，背面必须保持空白。
2.→考试开始前 20 分钟考生凭准考证和有效证件（身份证等）进入规定考场对号入座，并将准考证和有效证件放在考桌左上角，以便监考人员查验。考试开始指令发出后，考生才可开始答卷。
3.→考生在入场时除携带必要的文具外，不准携带其他物品（如：书籍、资料、笔记本和自备草稿纸以及具有收录、储存、记忆功能的电子工具等）。已携带入场的应按指定位置存放。</td></tr>
</table>

图 6.76 “准考证.docx”样张

实训 3　书稿排版

1. 实训目的

① 掌握各级标题样式的应用、长文档分节和不同节页眉页脚的设置。

② 掌握脚注、尾注的使用，题注及交叉引用功能。

③ 掌握目录的生成和更新。

2. 实训内容

参考图 6.77 所示的样张，为书稿“会计电算化.docx”排版。

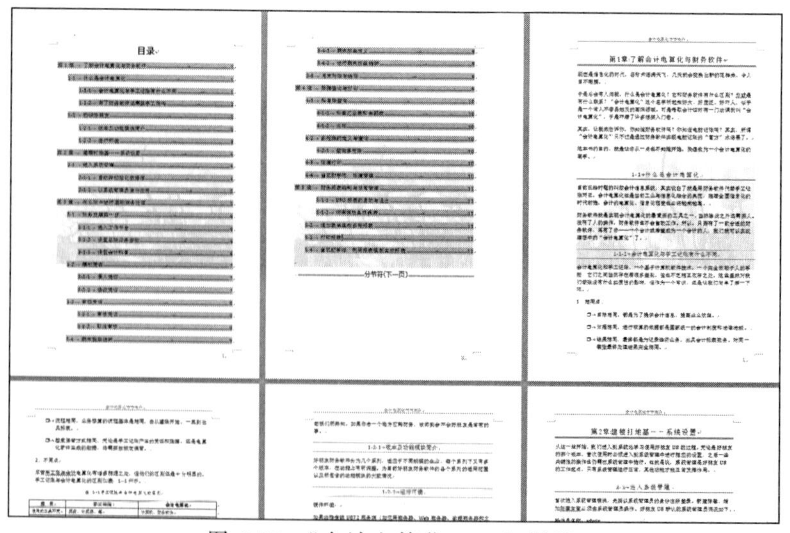

图 6.77 “会计电算化.docx”样张

第 7 章

WPS 表格

WPS 表格是一个灵活、高效的电子表格制作工具，是 WPS 软件中专门处理表格的组件，具有强大的数据处理能力。使用 WPS 表格可以方便地输入数据、公式、函数以及图形对象，实现数据的高效管理、计算和分析，生成直观的图形、专业的图表等。基于上述特点，WPS 表格被广泛地应用于文秘办公、财务管理、市场营销、行政管理和协同办公等事务中。

7.1 认识 WPS 表格

7.1.1 WPS 表格窗口组成

WPS 表格主窗口主要由标签栏、功能区、编辑栏、工作表编辑区、工作表标签和状态栏等组成，如图 7.1 所示。

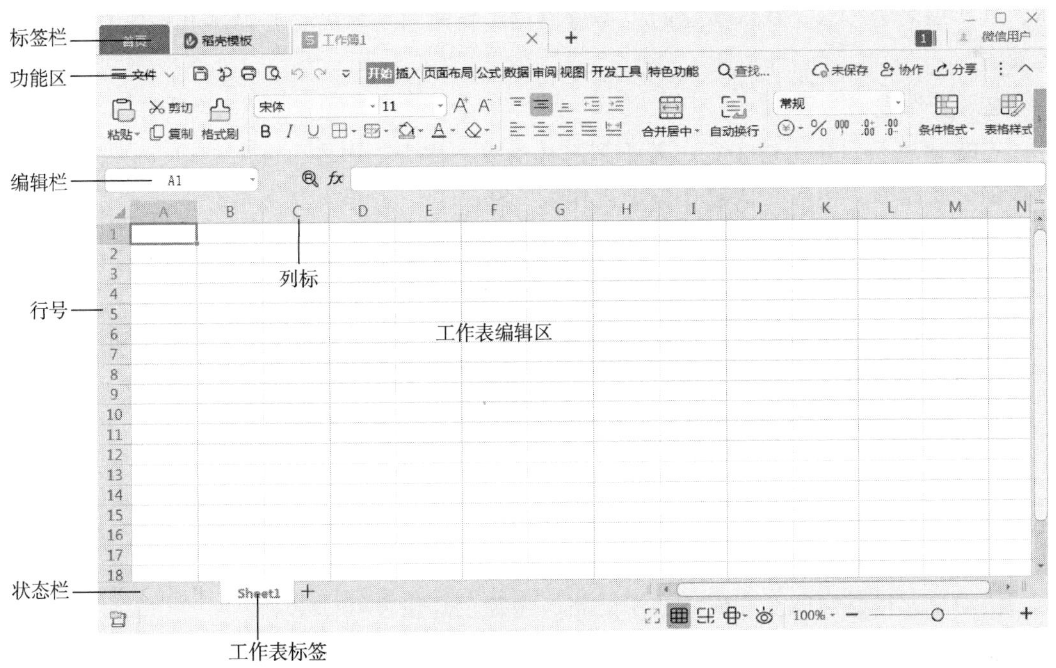

图 7.1　WPS 表格工作窗口

（1）标签栏、功能区和状态栏

标签栏位于窗口最上方，功能区位于标签栏下方，状态栏位于窗口底端，三者的布局结构和操作方法与 WPS 文字相同。

（2）编辑栏

编辑栏位于功能区下方，主要用于显示、编辑活动单元格中的数据和公式。编辑栏从左到右依次是单元格名称框、操作按钮和编辑区。

（3）工作表编辑区

工作表编辑区位于编辑栏下方，由行号、列标、单元格和工作表标签组成。工作表编辑区是输入数据和公式，编辑电子表格的区域。

（4）列标

列标是用于显示列号的字母，单击列标按钮可选择整列。在 WPS 表格中，工作表的最大列号为 XFD（A～Z，AA～XFD，即 16 384 列）。

（5）行号

行号是用于显示行号的数字，单击行号按钮可选择整行。在 WPS 表格中，工作表的最大行号为 1 048 576（即 1 048 576 行）。

（6）工作表标签

工作表标签位于工作区下方，显示工作表名称。单击标签名称，可切换到对应的工作表。

7.1.2 WPS 表格常用术语

1. 工作簿

WPS 表格创建的文件通常称为工作簿，是用户进行 WPS 表格操作的主要对象和载体，其扩展名为.xlsx。默认新建的工作簿以“工作簿 1”命名，并显示在标签栏的文档名处。

2. 工作表

WPS 表格窗口中由若干行、若干列组成的表格称为工作表，可用于输入、显示和分析数据。新建的工作簿默认包含一个工作表“Sheet1”。工作表左下角的工作表标签显示工作表的名称，单击工作表标签可切换工作表。

3. 单元格

工作表行列交叉处的小方格即是单元格，是 WPS 表格中的最小单位，用于输入数据。在 WPS 表格中，一个工作簿可包含多个工作表，一个工作表中有多个单元格。

4. 单元格地址

每个单元格由唯一地址进行标识，即列标行号。图 7.2 中，活动单元格的列号为 B，行号为 2，则单元格地址为 B2。

5. 活动单元格

活动单元格是当前正在使用的单元格，用绿色加粗方框标出。

6. 单元格区域

单元格区域是指相邻多个单元格组成的区域，表示方法是“区域左上角单元格地址:区域右下角单元格地址”，其中“:”是西文状态下冒号。图 7.3 中选中的区域为“B2:C5”。

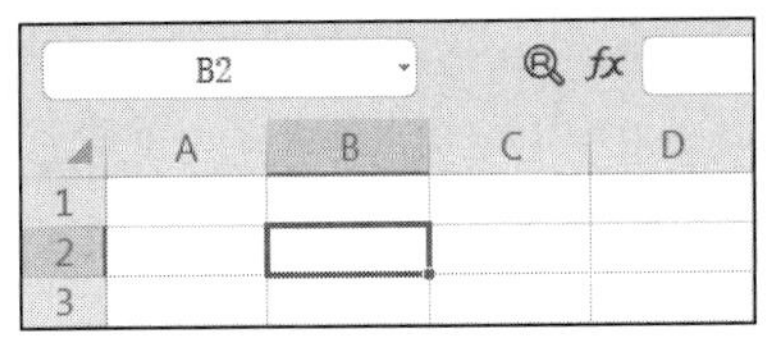

图 7.2　单元格地址

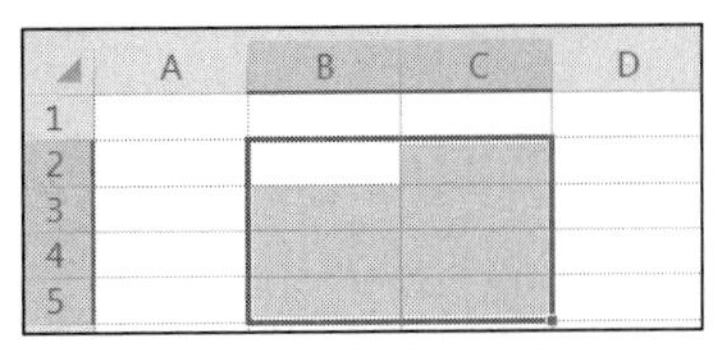

图 7.3　单元格区域

7.2　制作城市降水量数据表

李萌萌是新闻系的学生，在大三期间找了一份报社新闻编导的兼职工作。现在接到一个案例，需要使用 WPS 表格来分析我国部分城市的降水量情况。在制作表格之前，需要先收集 31 个城市去年每月的降水量，然后对降水量进行简单的统计分析，并制作北京市的单独报告，最后对表格布局和格式进行设计，使表格内容简单明了、重点突出、样式美观。

根据案例要求，完成该案例的设计思路如下：

① 启动 WPS，新建一个工作簿，保存为“城市降水量.xlsx”。

② 按设计好的布局，输入表格数据。

③ 完成表格中的计算。

④ 单元格格式化和工作表美化。

⑤ 制作北京市单独报告。

最终结果如图 7.4 所示。

	A	B	C	D	E	F	G	H	I	J	K	L	M	N
1	月份 （毫米） 城市	1月	2月	3月	4月	5月	6月	7月	8月	9月	10月	11月	12月	全年合计降水量
2	北京市	干旱	干旱	干旱	63.6	64.1	125.3	79.3	132.1	118.9	31.1	干旱	干旱	626.3
3	天津市	干旱	干旱	干旱	48.8	21.2	131.9	143.4	71.3	68.2	48.5	干旱	干旱	552.1
4	石家庄市	干旱	干旱	22.1	47.9	31.5	97.1	129.2	238.6	116.4	16.6	干旱	干旱	707.7
5	太原市	干旱	干旱	20.9	63.4	17.6	103.8	23.9	45.2	56.7	17.4	干旱	干旱	355.3
6	呼和浩特市	干旱	干旱	20.3	干旱	干旱	137.4	165.5	132.7	54.9	24.7	干旱	干旱	571.0
7	沈阳市	干旱	干旱	37.2	71.0	79.1	88.1	221.1	109.3	70.0	17.9	干旱	18.7	721.7
8	长春市	干旱	干旱	32.5	22.3	62.1	152.5	199.8	150.5	63.0	17.0	干旱	干旱	716.8
9	哈尔滨市	干旱	干旱	21.8	31.3	71.3	57.4	94.8	46.1	80.4	18.0	干旱	干旱	439.0
10	上海市	90.9	32.3	30.1	55.5	84.5	300.0	105.8	113.5	109.3	56.7	81.6	26.3	1086.5
11	南京市	110.1	18.9	32.2	90.0	81.4	131.7	193.3	191.0	42.4	38.4	27.5	18.1	975.0
12	杭州市	91.7	61.4	37.7	101.9	117.7	361.0	114.4	137.5	44.2	67.4	118.5	20.5	1273.9
13	合肥市	89.8	干旱	37.3	59.4	72.5	203.8	162.3	177.7	干旱	50.4	28.3	干旱	910.2
14	福州市	70.3	46.9	68.7	148.3	266.4	247.6	325.6	104.4	40.8	118.5	35.1	干旱	1484.8
15	南昌市	75.8	48.2	145.3	157.4	104.1	427.6	133.7	68.0	31.0	16.6	138.7	干旱	1356.1
16	济南市	干旱	干旱	干旱	53.5	61.6	27.2	254.0	186.7	73.9	18.6	干旱	干旱	705.1
17	郑州市	17.0	干旱	干旱	90.8	59.4	24.6	309.7	58.5	64.4	干旱	干旱	干旱	658.2
18	武汉市	72.4	20.7	79.0	54.3	344.2	129.4	148.1	240.7	40.8	92.5	39.1	干旱	1266.8
19	长沙市	96.4	53.8	159.9	101.6	110.0	116.4	215.0	143.9	146.7	55.8	243.9	干旱	1452.9
20	广州市	98.0	49.9	70.9	111.7	285.2	834.6	170.3	188.4	262.6	136.4	61.9	干旱	2284.0
21	南宁市	76.1	70.0	18.7	45.2	121.8	300.6	260.1	317.4	187.6	47.6	156.0	23.9	1625.0
22	海口市	35.5	27.7	干旱	53.9	193.3	227.3	164.7	346.7	337.5	901.2	20.9	68.9	2391.2
23	重庆市	16.2	42.7	43.8	75.1	69.1	254.4	55.1	108.4	54.1	154.3	59.8	29.7	962.7
24	成都市	干旱	16.8	33.0	47.0	69.7	124.0	235.8	147.2	267.0	58.8	22.6	干旱	1028.2
25	贵阳市	15.7	干旱	68.1	62.1	156.9	89.9	275.0	364.2	98.9	106.1	103.3	17.2	1370.9
26	昆明市	干旱	干旱	15.7	干旱	94.5	133.5	281.5	203.4	75.4	49.4	82.7	干旱	982.2
27	拉萨市	干旱	干旱	干旱	干旱	64.1	63.0	162.3	161.9	49.4	干旱	干旱	干旱	533.8
28	西安市	19.1	干旱	21.7	55.6	22.0	59.8	83.7	87.3	83.1	73.1	干旱	干旱	525.2
29	兰州市	干旱	干旱	干旱	22.0	28.1	30.4	49.9	72.1	61.5	23.5	干旱	干旱	305.4
30	西宁市	干旱	干旱	干旱	32.2	48.4	60.9	41.6	99.7	62.9	19.7	干旱	干旱	378.6
31	银川市	干旱	干旱	干旱	16.3	干旱	干旱	79.4	35.8	44.1	干旱	干旱	干旱	194.6
32	乌鲁木齐市	干旱	干旱	17.8	21.7	15.8	干旱	20.9	17.1	16.8	干旱	干旱	干旱	171.8

图 7.4　城市降水量数据表样张

	A	B	C
1	北京市		
2		各月降水量	全年占比
3	1月	0.2	0.03%
4	2月	0	0.00%
5	3月	11.6	1.85%
6	4月	63.6	10.15%
7	5月	64.1	10.23%
8	6月	125.3	20.01%
9	7月	79.3	12.66%
10	8月	132.1	21.09%
11	9月	118.9	18.98%
12	10月	31.1	4.97%
13	11月	0	0.00%
14	12月	0.1	0.02%
15	总计	626.3	100.00%

图 7.4　城市降水量数据表样张（续）

7.2.1　工作簿的建立与保存

1. 创建工作簿

使用 WPS 表格制作电子表格，首先要新建一个工作簿。

方法：单击标签栏上“新建标签”按钮“+”，在“新建”窗口上方窗格中单击“表格”，然后单击“新建空白文档”或某一模板，如图 7.5 所示。

图 7.5　“新建”窗口

2. 保存工作簿

在 WPS 表格中，保存工作簿的操作与 WPS 文字类似。

在 WPS 表格中，默认保存的文件是 Microsoft Excel 文件，即扩展名为.xlsx；也可选择“文件”菜单下的“另存为”命令，保存为 WPS 表格文件，即扩展名为.et，如图 7.6 所示。

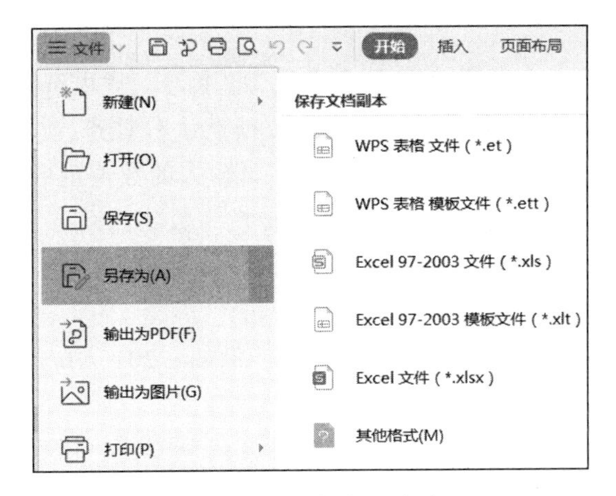

图 7.6 “另存为”命令

7.2.2 工作表的编辑

对工作表的编辑，可利用工作表标签的快捷菜单进行插入、删除、重命名、移动或复制工作表、隐藏和取消隐藏工作表以及设置工作表标签颜色等，如图 7.7 所示。方法是：在相应工作表标签上右击，在弹出的快捷菜单中选择相应命令。

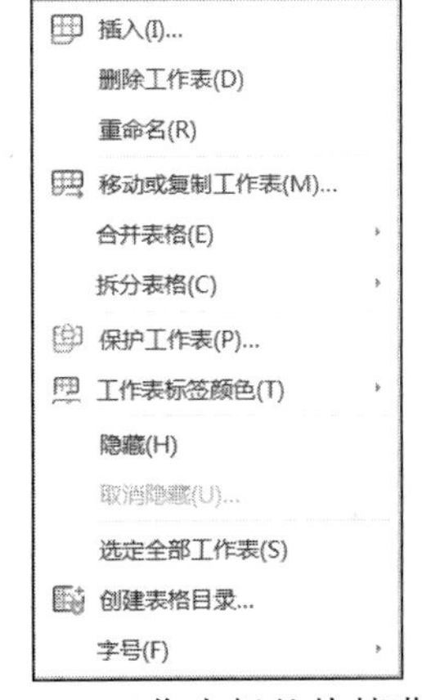

图 7.7 工作表标签快捷菜单

其他常用编辑工作表的方法有：

① 双击工作表标签，使标签名进入编辑状态，然后修改名字，按【Enter】键确认。

② 单击工作表标签最右边“+”按钮，可以插入新工作表。

③ 拖动工作表标签，可以移动工作表。

④ 按住【Ctrl】键+拖动工作表标签，可以复制工作表。

7.2.3 输入数据

工作表中可以输入多种类型的数据，不同类型数据的输入方法不完全一样。

1. 数据类型

在 WPS 表格中，常见的数据类型有文本、数值、日期/时间和逻辑值。

（1）文本型数据

文本型数据包括汉字、英文字母、空格、可打印字符等。例如：“张文”“ABC”“李*”等。文本型数据默认左对齐。

对于全部由数字组成且超过 11 位的文本型数据，如学号、身份证号等，直接输入数字，系统自动转换为文本型；对于少于 11 位的文本型数据，如手机号码、邮政编码等，为了避免被 WPS 表格认为是数值，可以先输入一个西文单引号“'”，再输入数据；或者先将单元格的数字格式设置为“文本”，然后再输入数据。

（2）数值型数据

数值型数据包括 0～9 中的数字以及含有正号、负号、货币符号、百分号等任一种符号的数据。例如：100、-20、10%等。数值型数据默认右对齐。

WPS 表格中默认最大只能显示 11 位数字，当输入的数值型数据超过 11 位时，WPS 表格会默认为文本型，可以单击左侧出错提示转换为数字。

输入分数时，1/3 的输入方法是“0 1/3”（注意 0 后有一个空格）。

（3）日期/时间型数据

日期/时间型数据主要用于表示日期或时间。例如：2015/10/1、10:30:00、2015-10-1 10:30 等。

输入日期时，用斜杠“/”或“-”作为年月日的分隔符。输入时间时，用冒号“:”作为小时、分钟、秒的分隔符。

（4）逻辑型数据

逻辑值是比较特殊的一类数据，它只有 True（真）和 False（假）两种取值。

2．输入数据

（1）单个单元格数据的输入

在单元格中输入数据时，应先选中目标单元格，输入完毕后按【Enter】键或者单击其他单元格确认完成输入，也可以通过按钮或快捷键完成或取消数据的输入，对应操作如表 7.1 所示。

表 7.1　常用按钮或快捷键操作

操　　作	功　　能
按【Enter】键	确认输入，并将光标转移到下一个活动单元格
按【Tab】键	确认输入，并将光标转移到右侧活动单元格
按【Esc】键	取消输入的文本
按【BackSpace】键	删除光标前一个字符
按【Delete】键	删除光标后一个字符
单击 ✕ ✓ 按钮	编辑栏取消和确认输入按钮

（2）自动填充数据

要输入的数据本身具有某些顺序上的关联特性，则可以使用 WPS 表格所提供的自动填充功能进行快速的批量录入。例如，输入“1 2 3 …”“星期一 星期二 …”“甲 乙 丙 …”等。自动填充数据可以在列的方向填充，也可以在行的方向填充。

方法 1：使用填充句柄。

例 7-1：操作视频

【例 7-1】在城市降水量工作表中输入列标题 1 月、2 月……12 月。

提示：

使用填充句柄填充单个单元格数据时，如果该数据不是某种序列的数据，例如单元格数据是“男”，则默认复制单元格。

自动填充完成后，填充区域的右下角会显示“自动填充选项”按钮，单击该按钮，在其扩展菜单中可显示更多的填充选项，如图 7.8 所示。

方法 2：选择要填充的区域，单击“填充”命令，在打开的下拉列表中选择所需的命令，如图 7.9 所示。

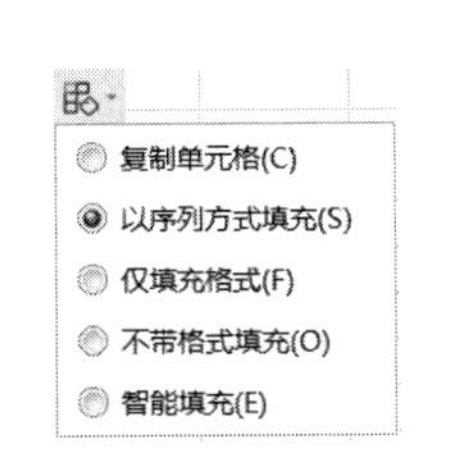

图 7.8　自动填充选项

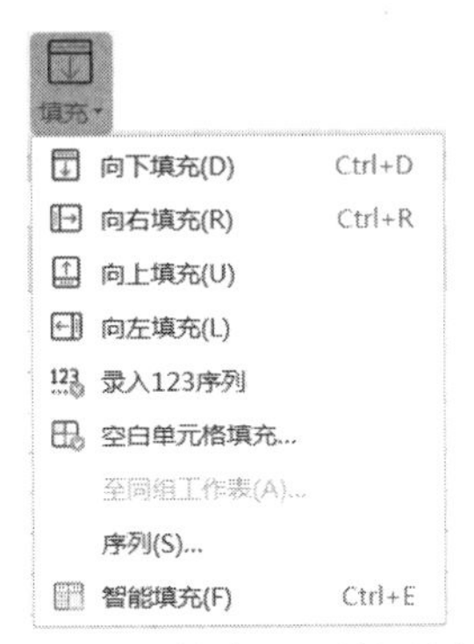

图 7.9　“填充”下拉列表

选择“序列”命令，在打开的图 7.10 所示的对话框中，选择序列产生在行或列，序列类型是等差序列、等比序列、日期或自动填充。其中“步长值”表示相邻的两个单元格之间数据递增或递减的幅度，其默认值为 1；“终止值”表示填充的序列最大或最小（递增或递减）不超过终止值。

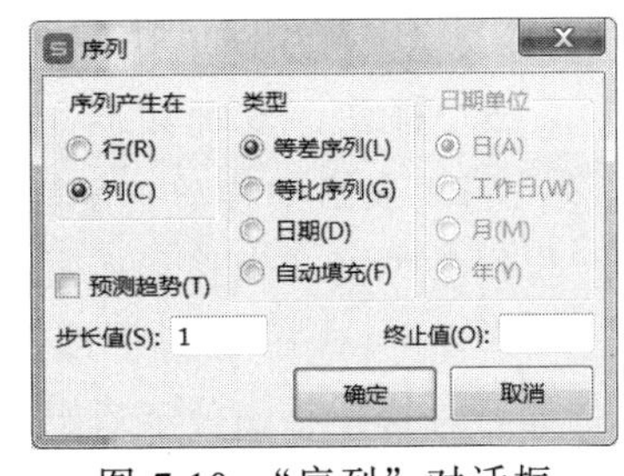

图 7.10　“序列”对话框

选择“智能填充”命令，则可以通过对比示例数据和对比列中数据的关系，WPS 表格会自动总结出用户需要的填充规则，并以此规则对单元格进行填充。例如，批量填充打码电话号码，先按图 7.11 在 C2 单元格输入示例，然后单击 C3 单元格，进行智能填充，即可得到图 7.12 结果。

	A	B	C
1	姓名	电话	打码电话
2	刘镜明	13705452626	137****2626
3	张一帆	13395804766	
4	朱慧	13642860711	
5	董思雨	13156811418	
6	乔琳琳	13573748586	

图 7.11　智能填充示例

	A	B	C
1	姓名	电话	打码电话
2	刘镜明	13705452626	137****2626
3	张一帆	13395804766	133****4766
4	朱慧	13642860711	136****0711
5	董思雨	13156811418	131****1418
6	乔琳琳	13573748586	135****8586

图 7.12　智能填充结果

7.2.4　编辑单元格和区域

WPS 表格中编辑单元格或区域包括选定、修改、移动、复制、清除、插入和删除等操作。

1. 单元格和单元格区域的选定

要对单元格或单元格区域进行编辑、格式化等操作，需要先选定对象，常用选定方法如表 7.2 所示。

表 7.2　单元格和单元格区域选定方法

操　作	方　法
选定单元格	鼠标单击
选定区域	鼠标拖动，从左上角单元格拖到右下角单元格
选定不连续的多个单元格或区域	按住【Ctrl】键并依次选定每个单元格或区域
选定整行或整列	鼠标单击行号或列标
选定多行或多列	鼠标指向行号或列标，拖动

2. 修改单元格数据

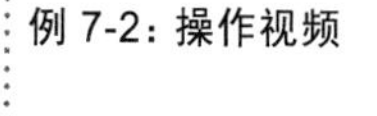

方法 1：单击选中单元格，此时输入数据将覆盖原有数据。

方法 2：双击单元格使单元格处于编辑状态，可局部修改单元格内数据。

方法 3：使用查找和替换功能批量修改数据。

【例 7-2】在城市降水量工作表中，将所有空单元格填入 0。

3. 移动、复制数据

例 7-3：操作视频

WPS 表格中移动、复制数据的方法与 WPS 文字的操作类似，用户可以参考前文来移动或复制数据。

单击“粘贴”按钮下部，在打开的下拉列表中显示多种粘贴选项，例如，可选择粘贴公式或只粘贴值，粘贴时是否带格式等，如图 7.13 所示。单击“选择性粘贴”命令，打开图 7.14 所示对话框，可进一步设置粘贴的运算，转置粘贴等。

【例 7-3】从“城市降水量”工作表中复制得到“北京市”工作表中 B 列各月降水量。

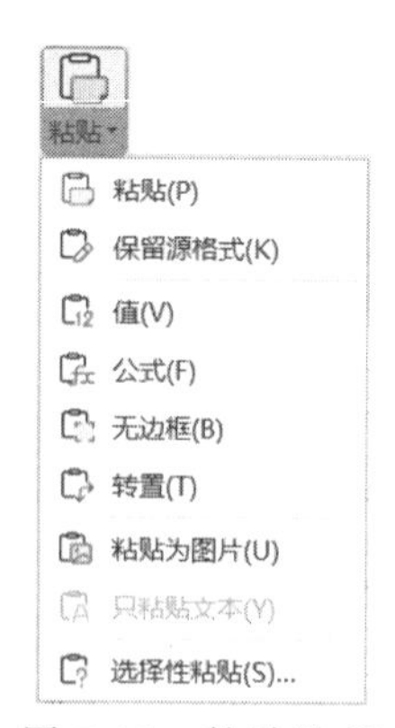

图 7.13　粘贴选项

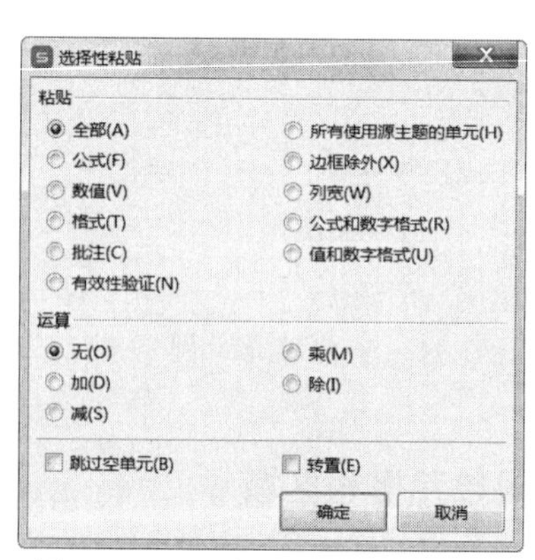

图 7.14　“选择性粘贴”对话框

4. 清除数据

WPS 表格清除数据功能，包含只清除格式或内容、批注等，也可全部清除。清除方法：选中要清除数据的单元格或单元格区域，单击“开始”选项卡中“格式”命令按钮，在打开的下拉列表中选择“清除”命令，如图 7.15 所示。

提示：

选中单元格区域后【Del】键清除单元格内容。

5. 插入或删除单元格、行、列、工作表

WPS 表格提供了单元格、行、列、工作表自由插入或删除的功能。方法：选定目标位置，单击“开始”选项卡中“行和列”按钮，在打开的下拉列表中选择“插入单元格”或“删除单元格”命令，在打开的列表中选择相应命令，如图 7.16 所示。

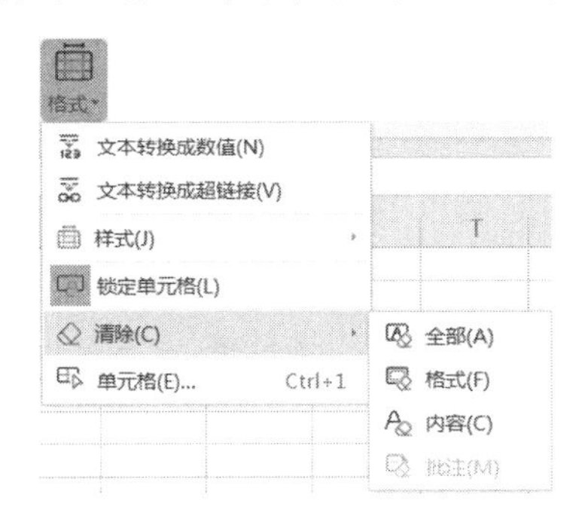

图 7.15 “清除”命令

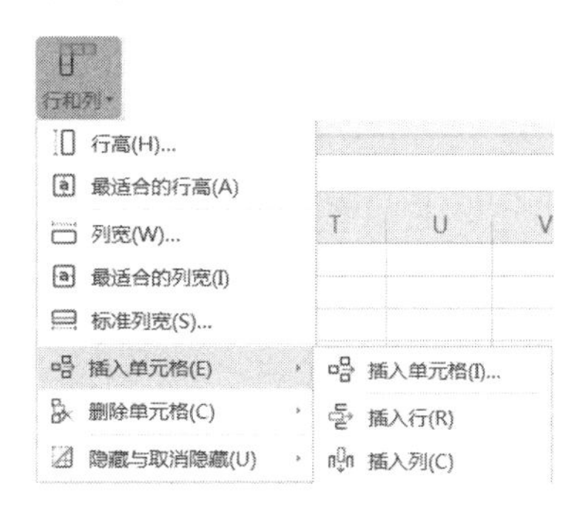

图 7.16 “插入单元格”下拉列表

7.2.5 使用公式和函数

表格的自动计算功能是通过公式来实现的。公式是对工作表中的数据进行计算和操作的等式。公式通常以等号“=”开头，包含各种运算符、常量、函数和单元格的引用等元素。

1. 运算符

运算符是构成公式的基本元素之一，每个运算符分别代表一种运算。WPS 表格中包含四种类型的运算符：算术运算符、文字连接符、比较运算符和引用运算符，如表 7.3 所示。

表 7.3 WPS 表格中常用运算符

运算符	说明
算术运算符	+（加）、-（减）、*（乘）、/（除）、%（百分比）、^（求幂）
文字连接符	&（字符串连接）
比较运算符	=、>、<、>=、<=、<>（不等于）
引用运算符	:（冒号）、,（逗号）、 （空格）

运算符的优先级顺序如下：

① 算术运算符从高到低分三个级别：百分比和幂、乘除、加减。

② 比较运算符优先级相同。

③ 运算符的优先级为：引用运算符>算术运算符>文字连接符>比较运算符。

④ 可通过增加“( )”来改变运算符的顺序。

2. 创建公式

输入公式时以等号“=”开头，然后输入公式的表达式，最后按【Enter】键确认，

WPS 表格会自动显示计算结果。

3. 编辑公式

选择含有公式的单元格，在编辑栏修改；或者双击单元格，直接修改公式。

4. 移动和复制公式

在 WPS 表格中可以移动和复制公式，当移动公式时，公式内的单元格引用不会更改；而当复制公式时，单元格引用将根据所用引用类型而变化。移动和复制公式可以采用我们前面学习的移动、复制数据的方法。

提示：可以使用填充句柄复制公式。

【例 7-4】在“城市降水量”工作表中，将 A 列的城市名称后面添加文本“市”。

例 7-4：操作视频

提示：公式“=A2&"市"”中，A2 是单元格的引用，可以通过单击对应单元格实现输入。

5. 使用函数

函数是系统预定义的特殊公式，通过使用一些称为参数的特定数值按特定的顺序或结构执行计算。函数的结构一般为“函数名(参数1,参数 2,...)”，其中函数名为函数的名称，是每个函数的唯一标识；参数规定了函数的运算对象、顺序和结构等，是函数中最复杂的组成部分。WPS 表格为用户提供了几百个函数，分为财务、逻辑、文本、日期和时间、查找和引用、数学和三角函数等类别。

输入函数有多种方法，常用的有四种方法：

方法 1：利用“开始”选项卡中的“自动求和”按钮 Σ 求和。

方法 2：利用编辑栏中的“插入函数”按钮 fx。

方法 3：利用“公式”选项卡中的函数命令，可以按类别查找函数，如图 7.17 所示。

常用函数 全部 财务 逻辑 文本 日期和时间 查找与引用 数学和三角 其他函数

图 7.17 函数命令

方法 4：手动输入函数。

表 7.4 列出了几个常用函数及其功能。

表 7.4 WPS 表格中常用函数及其功能

函数名	参数	功能
SUM	(值 1 ,...)	求和
AVERAGE	(值 1 ,...)	求平均值
COUNT	(值 1 ,...)	计数
MAX	(值 1 ,...)	求最大值
MIN	(值 1 ,...)	求最小值

【例 7-5】在“城市降水量”工作表中，计算全年合计降水量和平均降水量。

例 7-5：操作视频

6. 单元格引用

单元格引用是指对工作表中单元格或单元格区域的引用，通常在公式中使用，以便系统找到公式中需要使用的数据。单元格引用一般使用单元格地址表示，常用引用方式如表 7.5 所示。

表 7.5 常用引用方式

引　　用	含　　义
A2	A 列和第 2 行交叉处单元格
A3:D5	A 列到 D 列和第 3 行到第 5 行之间的单元格区域
15:15	第 15 行的全部单元格
15:16	第 15 行到第 16 行的全部单元格
A:A	A 列的全部单元格
A:D	A 列到 D 列的全部单元格

单元格引用有三种方式：相对引用、绝对引用和混合引用。

（1）相对引用

WPS 表格中默认的引用方式称为相对引用，由列标行号组成。其特点是复制公式时，相对引用会根据目的位置的相对位移自动调节公式中引用的单元格地址。

（2）绝对引用

在单元格引用的行号和列号前都加上“$”符号，如$A$1、$B$5，就是绝对引用。其特点是复制公式时，绝对引用单元格不会随目的位置的变化而变化。

（3）混合引用

在单元格引用的行号或列号前加上“$”符号，如$A1、B$5，就是混合引用。其特点是复制公式时，行号或列号中加上“$”符号的方向绝对位置不变，没有加上“$”符号的方向绝对位置相对位移。

【例 7-6】在“北京市”工作表中，计算全年占比。

例 7-6：操作视频

提示：引用单元格时默认为相对引用，鼠标定位在单元格引用处，按【F4】键，可在三种引用之间转换。

7. 对其他工作表和工作簿的引用

在公式中引用其他工作表中的单元格区域，可在公式编辑状态下单击相应的工作表标签，然后选取相应的单元格区域。引用格式：工作表名！引用区域。当引用的工作表名是以数字开头或者包含空格及以下特殊字符：

$　%　`　~　!　@　#　^　&　(　)　+　-　=　,　|　"　;　{　}

则公式中被引用的工作表名称将被一对半角单引号包含。

当引用的单元格和公式所在单元格不在一个工作簿中时，其引用格式为：[工作簿名称] 工作表名！引用区域。当被引用的单元格所在工作簿关闭时，公式中将在工作簿名称前自动加上文件路径。

7.2.6 单元格格式化

单元格格式化主要包括对单元格文本、数字的格式化，设置对齐方式，设置样式、条件格式等操作，达到美化工作表和突出重点内容的效果。可以利用“开始”选项卡中的功能按钮完成单元格格式的设置，如图 7.18 所示。

图 7.18 单元格格式化相关命令按钮

条件格式是基于条件更改单元格区域的外观，如果条件为 True，则应用基于该条件的格式；如果条件为 False，则不应用该格式。常用条件格式有突出显示单元格规则、数据条格式、图标集格式等，如图 7.19 所示；应用某种条件格式后，单击图 7.19 中的“管理规则”命令，在打开的对话框中可进一步设置格式，如图 7.20 所示。

图 7.19 “条件格式”下拉列表

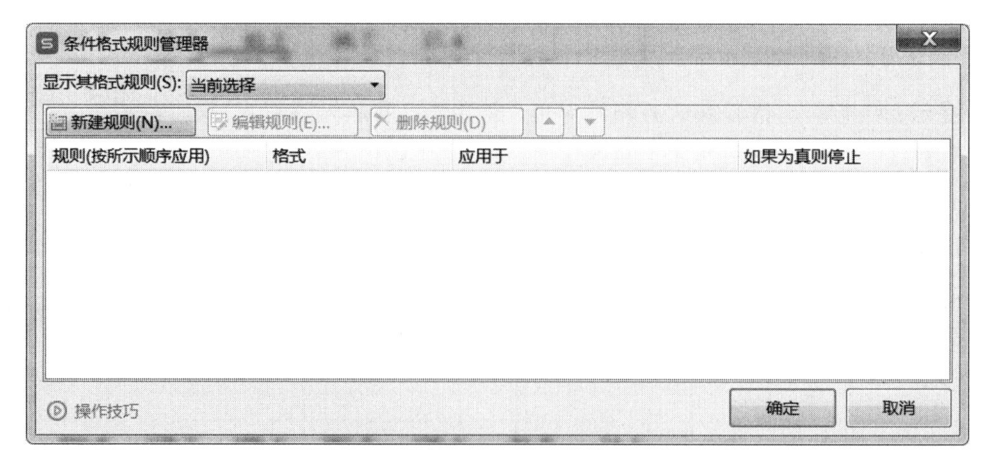

图 7.20 “条件格式规则管理器”对话框

【例 7-7】在"城市降水量"工作表中设置格式。

例 7-7：操作视频

① 设置 B1:N1 水平居中，垂直居中。

② 设置 B2:N32 为数值型 1 位小数。

③ 为整个表格设置黑色边框线。

④ 设置 B2:M32 区域的单元格格式，使得值小于 15 的单元格仅显示文本"干旱"，如图 7.21 所示。

图 7.21 "单元格格式"对话框

⑤ B2:M32 区域设置条件格式，将值小于 15 的单元格设置格式：标准色"红色"，加粗。

⑥ N2:N32 单元格区域设置图标集中 的条件格式。

至此，城市降水量数据表制作完毕。

7.3 公司事务管理

WPS 表格不仅可以人工输入，还可以利用已有数据文件进行导入。在公司日常事务管理过程中，数据表创建好后，还需要对表格数据进行计算、分析和统计。

李萌萌同学利用大三暑假在某公司找了一份行政助理的实习工作，在工作过程中，经常需要用 WPS 表格对各种表格进行处理。完成本节案例的设计思路如下：

① 利用 WPS 表格的导入数据功能可以直接导入文本文件生成员工档案表。

② 用公式和函数完成员工档案表、员工培训考核成绩表和按部门统计表中的计算。

③ 利用排序、筛选、分类汇总和数据透视表对数据进行分析和汇总。

④ 利用图表和数据透视图使数据以图形化展示。

部分结果如图 7.22 所示。

	A	B	C	D	E	F	G	H	I	J	K	L
1	工号	姓名	部门	职务	身份证号	性别	出生日期	年龄	学历	入职时间	工龄	签约月工资
2	TPY001	王野	管理	总经理	110 196301020119	男	1963年01月02日	55	博士	1981年2月	37	40,000.00
3	TPY002	白玉净	行政	文秘	110 198903040128	女	1989年03月04日	29	大专	2012年3月	6	4,800.00
4	TPY003	张全通	管理	研发经理	310 197712121139	男	1977年12月12日	41	硕士	2003年7月	15	12,000.00
5	TPY004	王岩	研发	员工	372 197910090512	男	1979年10月09日	39	本科	2003年7月	15	7,000.00
6	TPY005	王甄	人事	员工	110 197209021144	女	1972年09月02日	46	本科	2001年6月	17	6,200.00
7	TPY006	马新镜	研发	员工	110 198812120129	女	1988年12月12日	30	本科	2005年9月	13	5,500.00
8	TPY007	邢阔	管理	部门经理	410 197412278211	男	1974年12月27日	44	硕士	2001年3月	17	10,000.00
9	TPY008	刘园	管理	销售经理	110 197305120123	女	1973年05月12日	45	硕士	2001年10月	17	18,000.00
10	TPY009	徐露	行政	员工	551 198607301126	女	1986年07月30日	32	本科	2010年5月	8	6,000.00
11	TPY010	徐海兵	研发	员工	372 198510070512	男	1985年10月07日	33	本科	2009年5月	9	6,000.00
12	TPY011	刘佳	研发	员工	410 197908278231	男	1979年08月27日	39	本科	2011年4月	7	5,000.00
13	TPY012	崔亚慧	销售	员工	110 198504040127	女	1985年04月04日	33	大专	2013年1月	5	4,500.00
14	TPY013	杨真琦	研发	项目经理	370 197802203159	男	1978年02月20日	40	硕士	2003年8月	15	12,000.00
15	TPY014	王涛	行政	员工	610 198111020379	男	1981年11月02日	37	本科	2009年5月	9	5,700.00
16	TPY015	王伟业	管理	人事经理	420 197409283216	男	1974年09月28日	44	硕士	2006年12月	12	15,000.00
17	TPY016	赵启蒙	研发	员工	327 198310123015	男	1983年10月12日	35	本科	2010年2月	8	6,000.00
18	TPY017	王晨	研发	项目经理	110 196810020109	女	1968年10月02日	50	博士	2001年6月	17	18,000.00
19	TPY018	郭文静	销售	员工	110 198111090028	女	1981年11月09日	37	中专	2008年12月	10	4,200.00
20	TPY019	王晓燕	行政	员工	210 197912031129	女	1979年12月03日	39	本科	2007年1月	11	5,800.00
21	TPY020	郭东林	研发	员工	302 198508090312	男	1985年08月09日	33	硕士	2010年3月	8	8,500.00
22	TPY021	刘思铭	研发	员工	110 198009121104	女	1980年09月12日	38	本科	2010年3月	8	7,500.00

员工档案　员工培训考核　按部门统计

	A	B	C	D	E	F	G	H	I	J	K	L	M	N
1	工号	姓名	部门	职务	性	出生日期	年	学	入职时	工	签约月工	月工龄工	基本月工	
13	TPY049	潘俊良	销售	员工	男	1983年11月02日	35	大专	40787	7	5000	140	5140	
19	TPY050	王章瑞	销售	员工	男	1979年09月28日	39	大专	40817	7	5000	140	5140	
25	TPY051	陈涛涛	销售	员工	男	1992年11月12日	26	中专	40848	7	4500	140	4640	
50	TPY055	张雨龙	销售	员工	男	1991年08月09日	27	大专	40969	6	5000	120	5120	
51	TPY058	彭扬	销售	员工	男	1988年12月28日	30	本科	41061	6	6000	120	6120	
52	TPY012	崔亚慧	销售	员工	女	1985年04月04日	33	大专	41275	5	4500	100	4600	
53	TPY018	郭文静	销售	员工	女	1981年11月09日	37	中专	39783	10	4200	200	4400	
54	TPY024	赵文艳	销售	员工	女	1975年07月22日	43	本科	40238	8	5200	160	5360	
55	TPY052	张浩	销售	销售副经理	女	1969年10月12日	49	本科	40878	7	16000	140	16140	
56	TPY053	何宗宪	销售	员工	女	1987年11月09日	31	本科	40909	6	6000	120	6120	
57	TPY054	郭傲	销售	员工	女	1979年12月03日	39	大专	40940	6	5000	120	5120	
58	TPY056	冯邵哲	销售	员工	女	1988年09月12日	30	大专	41000	6	5000	120	5120	
59	TPY057	李东生	销售	员工	女	1983年10月15日	35	大专	41030	6	5000	120	5120	
60	TPY059	许昌达	销售	员工	女	1987年07月12日	31	本科	41091	6	5000	120	5120	

分类汇总　高级筛选　自动筛选　排序　员工透视表　员工档案　按部门统计　销售评估　员工培训考核

图 7.22　公司事务管理样张

7.3.1　数据导入和分列

WPS 表格中的数据除了手动输入之外，还可以使用导入数据功能，将外部数据简单快速地导入到工作表中，提高输入数据的效率。

导入的原始数据如果有两列数据合并在一列中，可使用分列功能，将其分成两列。对一列数据进行分列时，可以根据分隔符号、固定宽度将目标列的数据拆分，也可以根据数据的规律，使用智能分列功能实现自动分列。

例 7-8：操作视频

数据导入和分列命令都在“数据”选项卡下。

【例 7-8】将以分隔符分隔的文本文件“员工信息.txt”导入工作

表“员工档案”中，并将第1列数据从左到右分成“工号”和“姓名”两列显示。

提示：用户在导入文本文件时可以将不需要的列删除，还能够设置导入列的数据类型，主要为常规、文本、日期类型。

7.3.2 表格和结构化引用

在WPS表格中，用户可根据需要创建“表格”，该表格和普通单元格区域不同，它具有自动拓展的功能，能极大地方便用户对数据的处理和操作。同时，该区域通常会应用某种表格样式，方便查看数据。

创建了“表格”的区域，同时该区域的引用方法也会变化，这种方法称为结构化引用。一般结构化引用包含以下几个元素：

① 表名称：例如，员工档案表的表名称设置为“员工档案”，则可以单独使用表名称“员工档案”来引用除标题行和汇总行以外的“表”区域。

② 列标题：例如，[工号]，用方括号包含，引用的是该列除标题和汇总以外的数据区域。

③ 表字段：共有4项，即[#全部]、[#数据]、[#标题]、[#汇总]，其中[#全部]引用“表”区域中的全部（包含标题行、数据区域和汇总行）单元格。

给“员工档案”工作表中的数据创建表格，同时修改表名称为“员工档案”，则再输入公式时，如果引用表格中某单元格或区域，将自动转换成结构化引用，如图7.23中@[签约月工资]表示引用L2单元格。

L	M	N	O	P	Q
签约月工资	月工龄工资	基本月工资			
40,000.00	1,850.00	=SUM(员工档案[@[签约月工资]:[月工龄工资]])			

图7.23　结构化引用

提示：结构化引用的区域会随着表格区域的变化而自动变化。

创建“表格”后，在“表格工具|设计”选项卡中单击“转换为区域”按钮，能将表格转换成普通区域。

7.3.3 常用函数

下面介绍几个常用函数的典型应用。

1. AND函数

AND函数用于判定指定的多个条件是否全部成立。

语法格式为：`=AND(逻辑值1, …)`

参数说明如下。

- 逻辑值1，…为1～255个结果是TRUE或FALSE的检测条件。

2. OR函数

OR函数用于判定指定的多个条件中是否至少有一个成立。

语法格式为：`=OR(逻辑值1, …)`

参数说明如下。

- 逻辑值 1，...为 1~255 个结果是 TRUE 或 FALSE 的检测条件。

3．IF 函数

IF 函数用于判断条件的真假，然后根据逻辑计算的真假值返回不同的结果。

语法格式为：=IF(测试条件,真值,[假值])

参数说明如下：

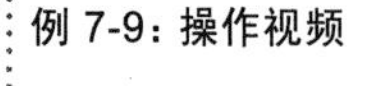

- 测试条件:计算结果可判断为 TRUE 或 FALSE 的数值或表达式。
- 真值：当测试结果为 TRUE 时的返回值。
- 假值：当测试结果为 FALSE 时的返回值。

【例 7-9】员工培训考核表中，要求根据平均成绩计算考核等级，计算规则为：平均成绩达到（≥）80 分，考核等级为“优秀”；平均成绩达到（≥）60 分，考核等级为“合格”；其余为“不合格”。

IF 函数参数设置如图 7.24 所示。

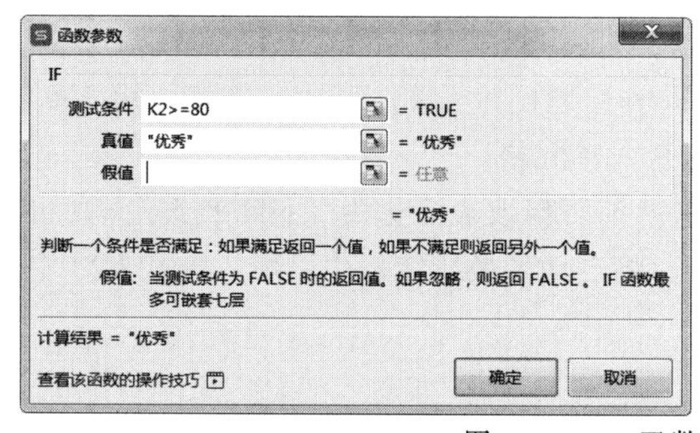

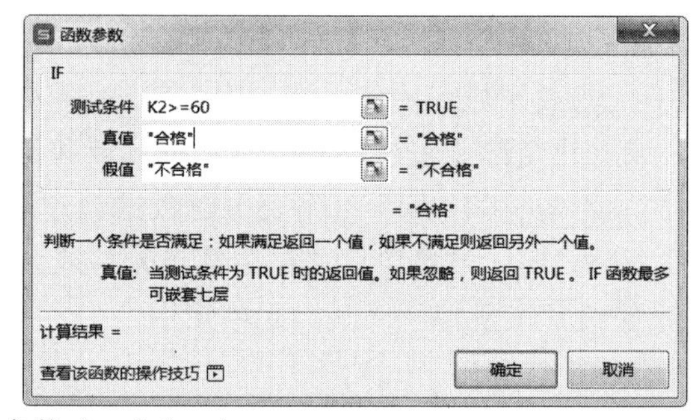

图 7.24　IF 函数参数（一）（二）

最终公式为：

=IF(K2>=80,"优秀",IF(K2>=60, "合格","不合格"))

这种一个函数作为另一个函数的参数的现象称为函数的嵌套。

提示：对于这种比较复杂的公式，可以利用“公式”选项卡中的“公式求值”命令，逐步求值，便于检查公式的正确性。

4．RANK 函数

RANK 函数返回一个数值在一组数值中的排位。

语法格式为：=RANK(数值,引用,[排位方式])

参数说明如下：

例 7-10：操作视频

- 数值：指定要排位的数。
- 引用：一组数或对一个数据列表的引用。
- 排位方式：指定排位的方式。如果为 0 或省略，则为降序，升序时指定为 1。

【例 7-10】员工培训考核表中，使用 RANK 函数根据总成绩的降序计算每位员工的考核排名。函数参数如图 7.25 所示。

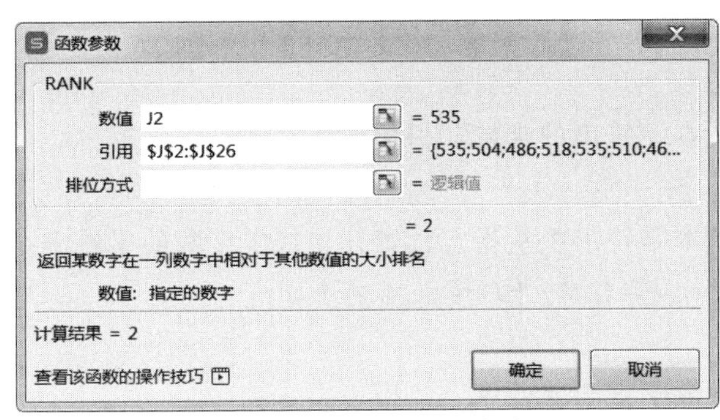

图 7.25 RANK 函数参数

5. VLOOKUP 函数

VLOOKUP 函数在指定单元格区域的第一列中查找指定值，并返回该区域相同行上指定列处的值。

语法格式为：=VLOOKUP(查找值,数据表,列序数,[匹配条件])

参数说明如下：

- 查找值：为需要在数据表第一列中查找的数值，可以为数值、引用或字符串。
- 数据表：为需要在其中查找数据的数据表，可以使用对区域或区域名称的引用。
- 列序数：指定返回值所在列。
- 匹配条件：指定在查找时，是要求精确匹配还是大致匹配。如果为 FALSE，则为精确匹配；如果为 TRUE 可忽略，则为大致匹配。

例 7-11：操作视频

【例 7-11】员工培训考核表中，根据员工的工号，使用 VLOOKUP 函数从员工档案表中查找到对应员工的姓名、身份证号填入表中。

使用 VLOOKUP 函数查找员工姓名的函数参数如图 7.26 所示。查找身份证号与此类似。

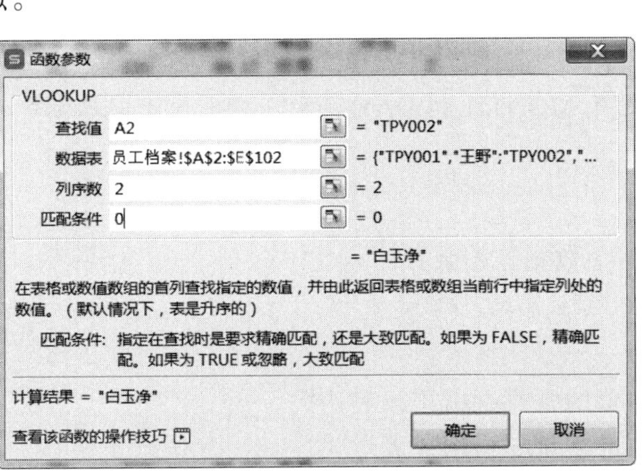

图 7.26 VLOOKUP 函数参数

6. LEN 函数

LEN 函数返回文本字符串的字符数。其中中文字符、英文字符、数字、空格等均按 1 计算。

语法格式为：=LEN(字符串)

参数说明如下：

- 字符串：为文本字符串的常量、引用或表达式。

7．MID 函数

MID 函数返回文本字符串中从指定位置开始特定个数的字符串。

语法格式为：=MID(字符串,开始位置,字符个数)

参数说明如下：

- 字符串：为文本字符串的常量、引用或表达式。
- 开始位置：指定从第几个字符开始截取。
- 字符个数：指定截取的字符个数。

8．DATE 函数

DATE 函数根据指定的年月日，返回对应的日期。

语法格式为：=DATE(年,月,日)

参数说明如下：

- 年：指定代表年的 4 位数。
- 月：指定代表月的数。
- 日：指定代表日的数。

【例 7-12】员工档案表中，要求根据员工身份证号求出生日期。

例 7-12：操作视频

9．YEAR 函数

YEAR 函数返回指定日期对应的年份，返回值为 1900～9999 之间的整数。

语法格式为：=YEAR(日期)

【例 7-13】在员工档案表中，根据员工出生日期求员工年龄。

即用今年的年份减去出生的年份，对应的公式如下：

=YEAR(TODAY())-YEAR([@出生日期])

例 7-13：操作视频

提示：类似的还有 MONTH 和 DAY 函数，分别用于求日期中的月份和日。

10．MOD 函数

MOD 函数返回两个数相除的余数。

语法格式为：=MOD(被除数,除数)

参数说明如下：

- 被除数：为数值的常量、引用或表达式。
- 除数：为数值的常量、引用或表达式。

【例 7-14】员工档案表中，根据身份证号求出每个员工的性别，即身份证号倒数第 2 位数字是奇数表示“男性”，是偶数表示“女性”。

例 7-14：操作视频

11．COUNTIF 和 COUNTIFS 函数

COUNTIF 函数对区域中满足指定条件的单元格进行计数。

语法格式为：=COUNTIF(区域,条件)

参数说明如下：

- 区域：要计数的区域。
- 条件：以数字、表达式或文本形式定义的条件。

如果有多个条件，则使用 COUNTIFS 函数。

COUNTIFS 函数用来统计多个区域中满足给定条件的单元格的个数。

语法格式为：=COUNTIFS(区域 1,条件 1,…)

【例 7-15】按部门统计表中，统计员工人数。

统计某部门员工人数使用 COUNTIF 函数，对应的参数设置如图 7.27 所示。统计公司总人数可以使用 COUNTA 函数。

例 7-15：操作视频

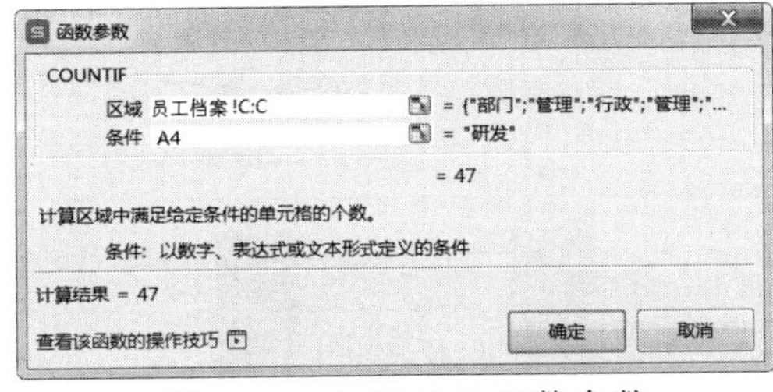

图 7.27　COUNTIF 函数参数

12. SUMIF 和 SUMIFS 函数

SUMIF 函数对指定区域中满足指定条件的单元格进行求和。

语法格式为：=SUMIF(区域,条件,[求和区域])

参数说明如下：

- 区域：用于条件判断的单元格区域。
- 条件：以数字、表达式或文本形式定义的条件。
- 求和区域：用于求和计算的单元格区域。如果省略，则求和区域和条件区域相同。

例 7-16：操作视频

如果求和区域需满足多个条件，则使用 SUMIFS 函数。

SUMIFS 函数对区域中满足多个条件的单元格求和。

语法格式为：=SUMIFS(求和区域,区域 1,条件 1,…)

【例 7-16】按部门统计表中，计算该部门员工基本月工资总和。

使用 SUMIF 函数，对应的参数设置如图 7.28 所示。

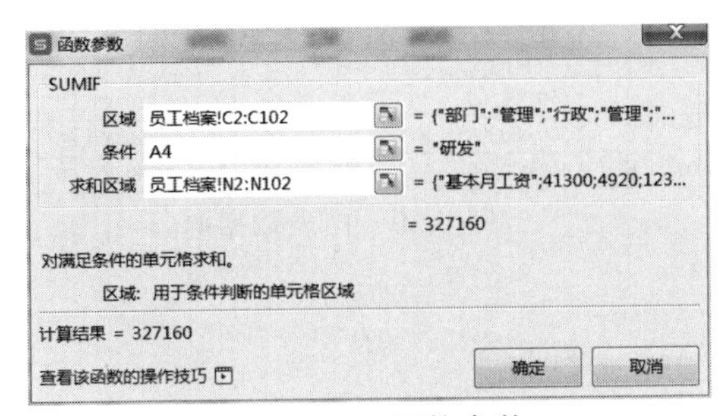

图 7.28　SUMIF 函数参数

7.3.4 图表

WPS 表格支持多种类型的图表，使用图表可以使表格数据更直观、形象，并能及时反映数据之间的关系和变化趋势等。

1. 认识图表

WPS 表格中内置了丰富的图表类型，比较常用的有柱形图、条形图、饼图、折线图、面积图、组合图等。每种图表对数据的展示效果略有不同，选择合适的图表类型能更好地体现数据的差异和变化。例如：柱形图适用于比较和显示数据之间的差异，折线图适用于显示某段时间内数据的变化及变化趋势等。

图表中有许多元素，例如，图 7.29 是一个二维簇状柱形图，该图表由图表区、绘图区、数据系列、水平（类别）轴、垂直（值）轴、图例、图表标题等元素构成。

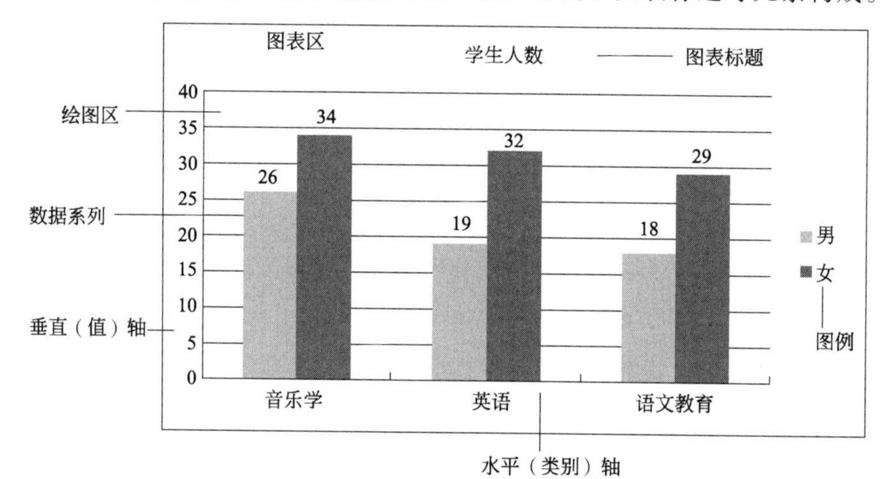

图 7.29 图表和图表元素

在 WPS 表格中创建图表，首先要在工作表中输入图表的数值数据，这些数值数据称为图表的数据源。若数据源发生变化，图表中的对应项会自动更新。

例 7-17：操作视频

【例 7-17】“销售评估”工作表中记录公司上半年一类产品、二类产品以及计划销售额情况，如图 7.30 所示。为了更好地显示实际销售额与计划销售额的对比情况，以此为数据源创建一个堆积柱形图，结果如图 7.31 所示。

公司上半年销售评估

	一月份	二月份	三月份	四月份	五月份	六月份
一类产品销售额	¥ 1,650,000,.00	¥ 1,850,000,.00	¥ 2,000,000,.00	¥ 1,850,000,.00	¥ 1,900,000,.00	¥ 1,300,000,.00
二类产品销售额	¥ 2,100,000,.00	¥ 2,500,000,.00	¥ 1,400,000,.00	¥ 1,800,000,.00	¥ 2,200,000,.00	¥ 2,300,000,.00
计划销售额	¥ 3,500,000,.00	¥ 3,600,000,.00	¥ 4,200,000,.00	¥ 3,300,000,.00	¥ 4,500,000,.00	¥ 3,000,000,.00

图 7.30 图表数据源

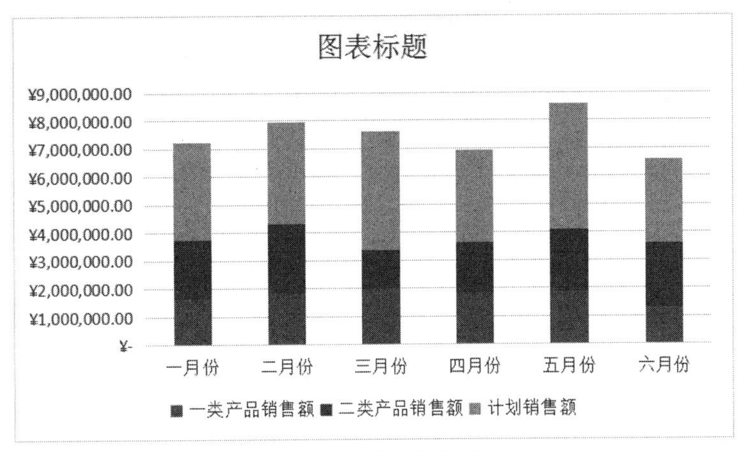

图 7.31 堆积柱形图

2. 编辑图表

WPS 表格提供了图表编辑功能，例如，更改图表类型、添加/删除图表数据、更改对象格式以及调整图表的大小和位置等，利用“图表工具”选项卡中相应命令即可，如图 7.32 所示。也可以单击“设置图表区域格式”按钮⚙，在打开的右侧窗格中编辑对象格式，如图 7.33 所示。

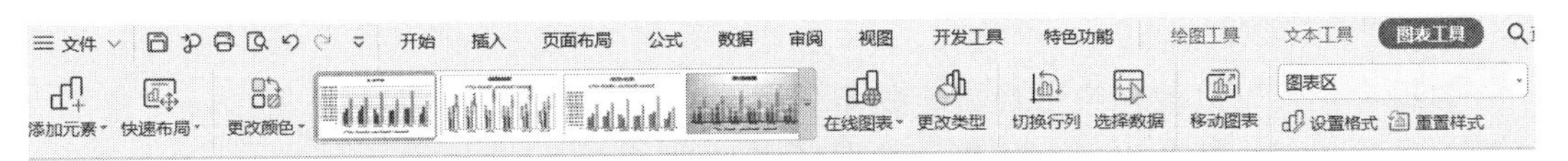

图 7.32 “图表工具”选项卡

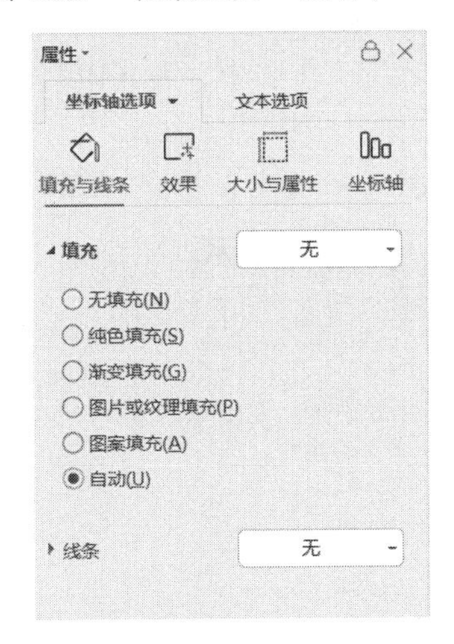

图 7.33 “属性”窗格

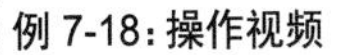

【例 7-18】编辑柱形图。

① 编辑“计划销售额”系列格式。“计划销售额”系列绘制在“次坐标轴”，“分类间距”为 60%；无填充；边框设置“实线、绿色”，宽度 1.5 磅。

② 编辑“次坐标轴垂直轴”格式。设置“主要刻度线类型”为“无”，“坐标轴标签”为“无”。

③ 编辑图表标题和图例格式。图表标题为“销售评估”；在顶部显示图例。

最终的图表如图 7.34 所示。

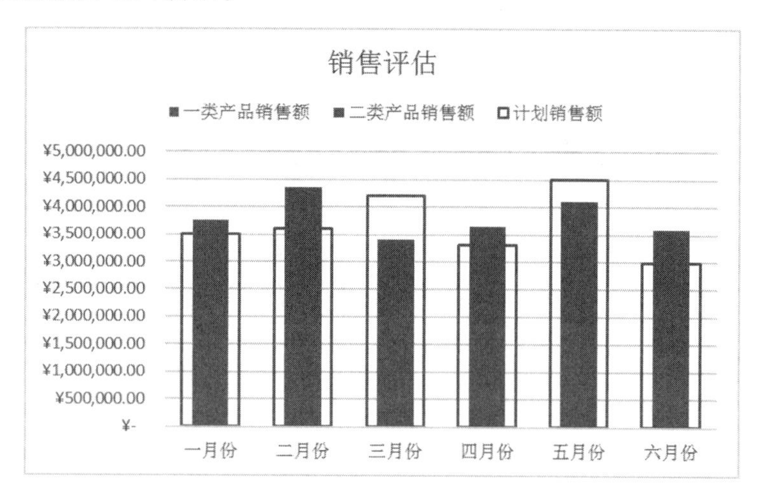

图 7.34 堆积柱形图结果

7.3.5 数据有效性

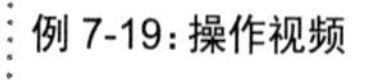

数据有效性可以使用户按照设定的条件输入数据，防止在单元格中输入无效数据，从源头上保证输入数据的规范性。同时，用户还可以利用有效性制作下拉列表，实现数据的快速录入。

【例 7-19】在“按部门统计”工作表中，为 A4 单元格设置一个下拉列表，从列表中选择部门名称。

“数据有效性”对话框如图 7.35 所示，结果如图 7.36 所示。

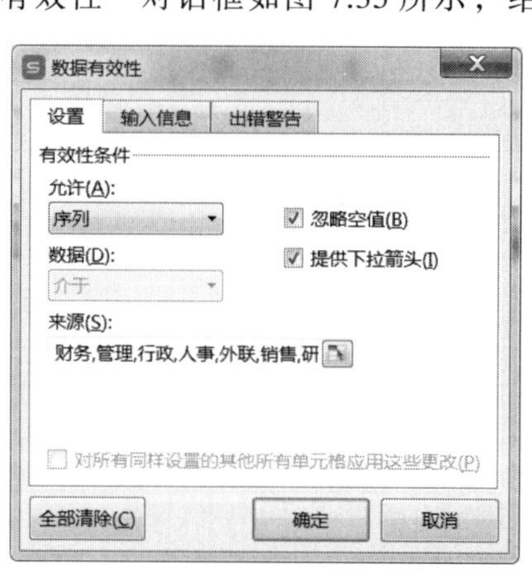

图 7.35 “数据有效性”对话框

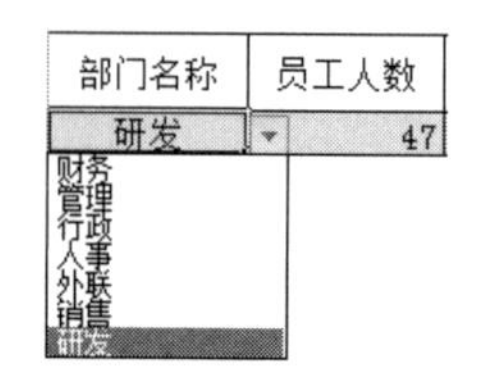

图 7.36 数据有效性结果

提示： 在“数据有效性”对话框中，还可以设置输入提示信息和出错警告信息；单击“全部清除”按钮，可删除“数据有效性”设置。

7.3.6 排序

排序是将工作表中的数据按照一定的规律进行显示。在 WPS 表格中用户可以使用默认的排序命令，对文本、数字、时间、日期等数据进行排序，也可以根据排序需要对数据进行自定义排序。

1. 简单排序

排序顺序有两种：升序和降序。升序是对单元格区域中的数据按照从小到大的顺序排列；降序则相反，按从大到小的顺序排列。

方法 1：单击“开始”选项卡中“排序”按钮，选择“升序”或“降序”命令。

方法 2：单击“数据”选项卡中的“升序”或“降序”按钮。

2. 自定义排序

在实际应用中，按照“升序”或“降序”并不能完全满足用户的需求，例如将员工档案按学历高低的顺序排序，则可以打开“排序”对话框来实现，如图 7.37 所示。

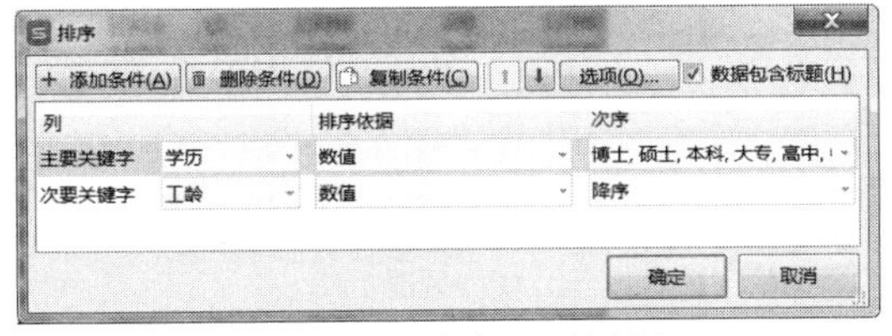

图 7.37 “排序”对话框

【例 7-20】工作表“排序”中，先按学历高低排序，再按工龄降序排序。

例 7-20：操作视频

7.3.7 筛选

数据筛选是将数据清单中不符合条件的记录隐藏起来，只显示符合条件的记录，得到用户需要的记录的一个子集，从而帮助用户快速、准确地查找与显示有用数据。筛选结果不需要重新排列或移动就可以复制、查找、编辑、设置格式、制作图表和打印。

在 WPS 表格中，用户可以使用自动筛选或高级筛选功能来处理数据表中复杂的数据。

1. 自动筛选

自动筛选是 WPS 表格中最简单、最常用的筛选表格的方法，可以按列表值、按颜色或者按条件进行筛选，也可以排序。

【例 7-21】在“自动筛选”工作表中筛选出销售部门的员工记录，并按性别分组显示。

例 7-21：操作视频

结果如图 7.38 所示。

工号	姓名	部门	职务	性	出生日期	年	学	入职时	工	签约月工	月工龄工	基本月工
TPY049	潘俊良	销售	员工	男	1983年11月02日	35	大专	40787	7	5000	140	5140
TPY050	王童瑞	销售	员工	男	1979年09月28日	39	大专	40817	7	5000	140	5140
TPY051	陈涛涛	销售	员工	男	1992年11月12日	26	中专	40848	7	4500	140	4640
TPY055	张雨龙	销售	员工	男	1991年08月09日	27	大专	40969	6	5000	120	5120

图 7.38 自动筛选结果

提示：

- 注意应用过筛选条件的按钮与未设置筛选条件的按钮的区别。
- 注意筛选结果行号为蓝色显示，其他不符合筛选条件的行隐藏起来。
- 在自动筛选中，按多个列进行筛选时，筛选器是累加的，即筛选条件间是用“与”运算连接的。
- 单击图 7.39 中的“全部显示”按钮，可以删除筛选条件；再次单击“自动筛选”按钮，可退出“自动筛选”；如果表中数据有变化，可单击“重新应用”按钮更新筛选结果。

2. 高级筛选

在实际应用中，如果筛选条件包含“或”，则必须采用高级筛选来实现。

高级筛选需要在数据区域以外设置筛选条件，筛选结果可以显示在原表区域或者复制到其他位置。

【例 7-22】在“高级筛选”工作表中，筛选出职务为“经理”或学历为“博士”的员工信息。

例 7-22：操作视频

设置筛选条件如图 7.40 所示。（注意：*表示模糊匹配）

图 7.39　排序和筛选

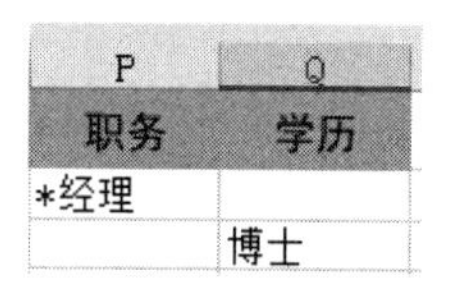

P	Q
职务	学历
*经理	
	博士

图 7.40　条件区域

提示：

- 放置筛选条件的条件区域与数据区域之间至少要留有 1 个空白行或空白列。
- 添加筛选条件时，作为条件的字段名必须与工作表中的字段名完全相同。
- 设置条件时，在同一行的两个条件之间是“与”运算，在不同行的两个条件之间是“或”运算。

7.3.8　分类汇总

分类汇总能够快速地以某一个字段为分类项，对数据列表中的其他字段的数值进行各种统计计算，如求和、计数、平均值、最大值、最小值、乘积等。

在创建分类汇总之前，需要按分类字段对数据进行排序，以便将同一组数据集中在一起，然后才能进行汇总计算。

汇总结果可以设置不同分级显示，可以显示或隐藏明细数据。

【例 7-23】在“分类汇总”工作表中，统计各部门人数和签约月工资、月工龄工资、基本月工资的平均值。其分类字段为“部门”，则先按“部门”排序。

例 7-23：操作视频

“分类汇总”对话框中设置如图 7.41 所示。

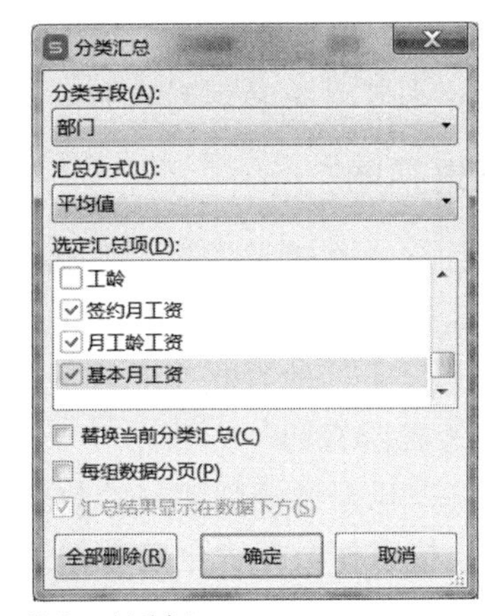

图 7.41 “分类汇总”对话框

提示：在“分类汇总”对话框中单击“全部删除”按钮，可以删除分类汇总。

7.3.9 数据透视表

数据透视表是一种交互式表格，能够通过转换行和列显示源数据的不同汇总结果，也能显示不同页面的筛选数据，还能根据用户的需要显示区域中的细节数据。

数据透视表有机地综合了数据排序、筛选、分类汇总等数据分析的优点，可方便地调整分类汇总的方式，灵活地以多种不同方式展示数据的特征。一张“数据透视表”仅靠移动字段位置，即可变换出各种类型的报表。因此，该工具是最常用、功能最全的 WPS 表格数据分析工具之一。

【例 7-24】用数据透视表统计各部门男、女员工的人数。

例 7-24：操作视频

① 在新工作表中创建数据透视表。

② 设置字段，如图 7.42 所示。

③ 编辑数据透视表。设置数据透视表样式为“数据透视表样式中等深浅 7”，修改各标签文字，结果如图 7.43 所示。

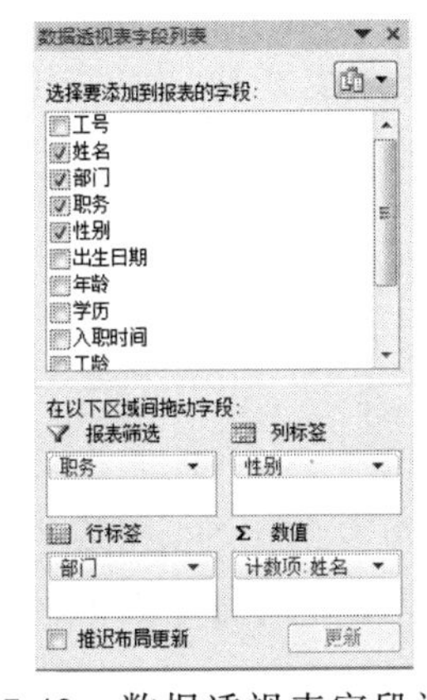

图 7.42 数据透视表字段设置

	A	B	C	D
1	职务	(全部)		
2				
3	人数	性别		
4	部门	男	女	总计
5	财务	4	3	7
6	管理	6	3	9
7	行政	5	6	11
8	人事	4	2	6
9	外联	5	2	7
10	销售	5	9	14
11	研发	27	20	47
12	总计	56	45	101

图 7.43 统计人数数据透视表

提示： 图 7.42 中报表筛选、列标签、行标签、数值 4 个列表框中显示的字段可以拖动改变位置，也可以拖动到列表框外删除该字段。

7.3.10 数据透视图

数据透视图建立在数据透视表基础之上，以图形方式展示数据，使数据透视表更加直观生动。数据透视图也是 WPS 表格创建动态图表的主要方法之一，可以通过更改报表布局或明细数据以不同的方式查看数据。

创建数据透视图有两种方法：

方法 1：可以根据已经创建好的数据透视表来创建数据透视图。

方法 2：直接根据数据表创建数据透视图。

【例 7-25】根据员工档案表中的数据明细，创建数据透视图，显示员工年龄分布与比例情况，其中人数用柱形图显示，所占比例用折线图显示。

例 7-25：操作视频

① 创建数据透视图。

② 创建并编辑数据透视表。将年龄分组；所占比例列为百分比样式，数字格式为 0 位小数；修改标签文字。

③ 格式化数据透视图。结果如图 7.44 所示。

至此，公司事务管理数据分析和统计完毕。

年龄	人数	所占比例
<20	1	1%
20-29	13	13%
30-39	65	64%
40-49	18	18%
50-60	4	4%
总计	101	100%

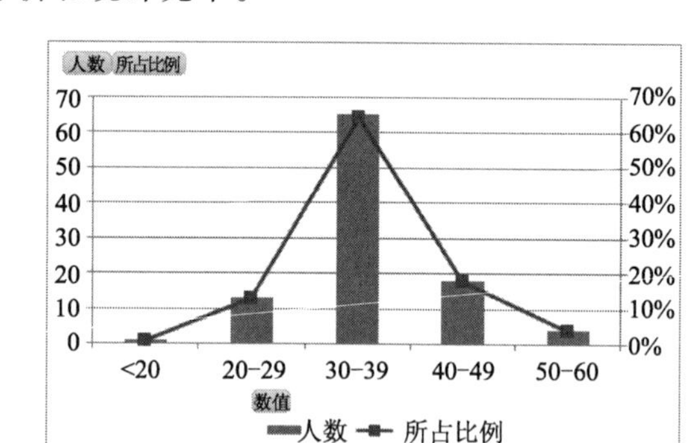

图 7.44　数据透视表和数据透视图

提示： 数据透视图与普通图表的区别是，在数据源不变的情况下，数据透视图能通过设置字段筛选值得到不同图表，而普通图表不会变化。

7.4 知识拓展

7.4.1 数据输入实用技巧

数据输入是日常工作中使用 WPS 表格的一项必不可少的工作，在某些特定行业或者特定岗位，学习和掌握一些数据输入方面的技巧，可以极大地简化数据输入操作，提高工作效率。

1. 强制换行

如果希望控制单元格中文本的换行位置，可以使用“强制换行”功能。“强制换行”即当单元格处于编辑状态时，在需要换行的位置按【Alt+Enter】组合键为文本添加强制换行符。图 7.45 所示为一段文字使用强制换行后的编排效果。

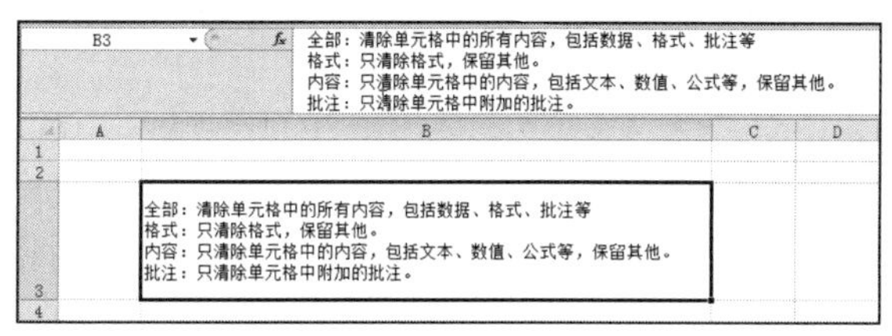

图 7.45　强制换行效果

2. 在多个单元格同时输入数据

选中需要输入相同数据的多个单元格，输入所需的数据，然后按【Ctrl+Enter】组合键确认输入，此时选定的单元格中都会出现输入的数据。

3. 记忆式键入

有时用户输入的数据中包含较多的重复性文字，例如，输入学历时总是会在“中专学历”“大专学历”“大学本科”“硕士研究生”“博士研究生”等几个固定词汇之间来回地重复输入。WPS 表格提供的“记忆式键入”功能可以简化这样的输入过程。

首先在图 7.46 所示的“选项”对话框中开启“记忆式键入”功能，操作步骤如下：

① 选择“文件”菜单中的“选项”命令，打开“选项”对话框。

② 单击“编辑”选项卡，在“编辑设置”选项区域勾选“输入时提供推荐列表”复选框，如图 7.46 所示。

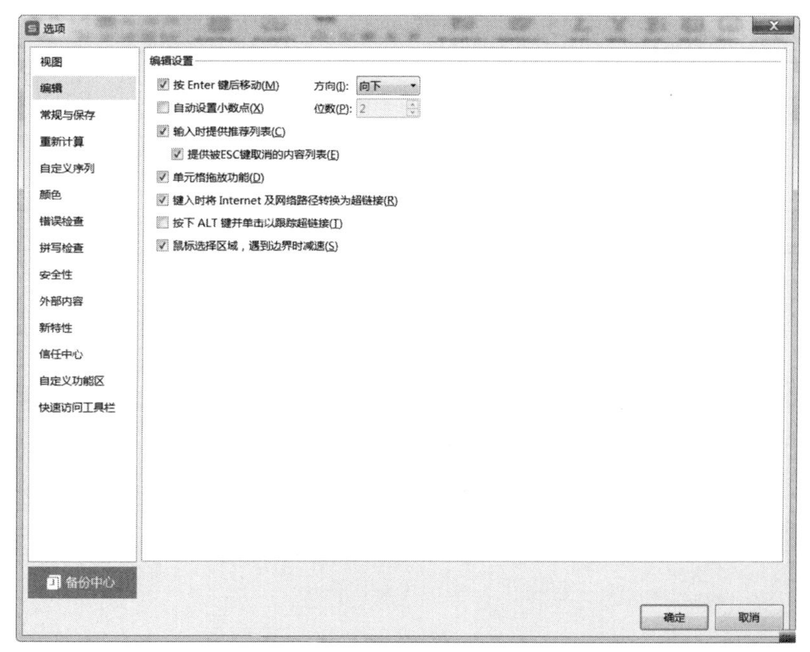

图 7.46　“选项”对话框

启动此项功能后，当用户在同一列输入相同的信息时，就可以利用“记忆式键入”来简化输入。

记忆式键入功能除了能够帮助用户减少输入以外，还可以自动帮助用户保持输入的一致性。例如，前面输入 Excel，当用户再输入小写字母 e 时，记忆功能会帮助用户找到 Excel，只要此时用户按【Enter】键确认输入，第一个字母 e 会自动变成大写，保持与前面输入一致。

7.4.2 常见错误及解决办法

输入公式时，有时会产生错误值。表 7.6 列出了常见公式中的错误信息及解决方法。

表 7.6 常见公式中的错误信息及解决方法

名　称	原　因	解决方法
#VALUE!	公式中使用标准算术运算符（+、-、*、/）对文本或文本单元格引用进行算术运算	不要使用算术运算符，而是使用函数对可能包含文本的单元格执行算术运算
	公式中使用了数学函数（如 SUM、AVERAGE 等），其包含的参数是文本字符串，而不是数字	检查数学函数的任何参数有没有文本型数值或引用
#NAME?	公式引用了一个不存在的名称	打开“名称管理器”，检查该名称是否存在
	公式中使用的函数的名称不正确	检查输入的函数名
	公式中输入的文本没有放在双引号中	检查公式中的文本
	区域引用中漏掉冒号（:）	检查区域引用
#REF!	单元格引用无效	检查引用的单元格是否删除
#DIV/0!	将数字除以零（0）或除以不含数值的单元格	检查公式中除法
#NULL!	可能使用了错误的区域运算符	检查区域运算符
#NUM!	可能在需要数字参数的函数中提供了错误的数据类型	启用错误检查，检查参数是否正确
	公式产生的结果数字太大或太小	更改公式，以使其结果介于 -1×10^{307} 到 1×10^{307} 之间
#####	列宽不足以显示所有内容	调整列宽

小　结

本章通过制作城市降水量数据表和公司日常事务管理两个典型案例，讲述了 WPS 表格中工作簿、工作表、单元格的常见操作和数据的计算、汇总、分析、统计等功能，主要包括制作表格的各种技巧，表格格式化，利用公式实现简单计算，利用排序、筛选、分类汇总、数据透视表等工具处理公司日常事务，利用图表和数据透视图实现表格的图形化等。

实 训

实训 1 制作费用报销单

1. 实训目的

① 掌握在单元格中输入各种类型数据的方法。

② 掌握简单公式的输入。

③ 掌握单元格格式化操作。

2. 实训内容

根据图 7.47 所示的效果，制作 WPS 表格文件“费用报销单.xlsx”。

	A	B	C	D	E	F	G	H	I
1	费用报销单								
2	部门：								第号
3	序号：	费用种类	千	佰	拾	元	角	分	备注
4	1								
5	2								
6	3								
7	4								
8	5								
9	合计								
10	人民币(大写)：								
11	总经理：			财务主管：				经办人：	

图 7.47 费用报销单样张

实训 2 制作员工工资表

1. 实训目的

① 掌握常用函数的使用。

② 掌握图表的创建和编辑方法。

2. 实训内容

① 在 Sheet1 中选择 A1:J1 区域，合并后居中，输入“员工工资表”，隶书、24 号。

② 设置 I2:J2 合并后居中，输入日期，长日期格式；设置第 1、2 行行高为 25。

③ 计算工资总额、应扣所得税和实发工资，其中工资总额=基本工资+住房补贴-应扣请假费，应扣所得税=工资总额*10%-105，实发工资=工资总额-应扣所得税-应扣劳保金额。

④ 设置 A3:J20 的框线和底纹。

⑤ 计算工资总额和实发工资列的总和、最高工资、最低工资，放在相应的单元格。

⑥ 以员工工资表的员工姓名和工资总额两列为数据源，生成饼图，放在新工作表中。最终效果如图 7.48 所示。

	A	B	C	D	E	F	G	H	I	J
1		员工工资表								
2									2013年8月27日	
3	员工编号	员工姓名	所属部门	基本工资	住房补贴	应扣请假费	工资总额	应扣所得税	应扣劳保金额	实发工资
4	000001	王华林	秘书部	3000	300	0	3300	225	200	2875
5	000002	张敏	拓展部	3500	500	50	3950	290	300	3360
6	000003	刘东	拓展部	3800	500	100	4200	315	400	3485
7	000004	李家丽	拓展部	3800	500	0	4300	325	400	3575
8	000005	杨春灵	销售部	2000	300	0	2300	125	100	2075
9	000006	周杰	销售部	2400	300	0	2700	165	100	2435
10	000007	胡志伟	销售部	2000	300	50	2250	120	100	2030
11	000008	王燕	秘书部	3200	300	0	3500	245	300	2955
12	000009	张海潮	拓展部	3500	500	0	4000	295	300	3405
13	000010	杨四方	销售部	2800	300	0	3100	205	200	2695
14	000011	胡伟	销售部	3000	300	0	3300	225	200	2875
15	000012	钟鸣	销售部	2000	300	50	2250	120	100	2030
16	000013	陈琳	秘书部	3000	300	0	3300	225	200	2875
17	000014	江洋	销售部	2400	300	0	2700	165	100	2435
18	000015	杨柳	销售部	3500	500	150	3850	280	300	3270
19	000016	刘丽	秘书部	3000	300	0	3300	225	200	2875
20	000017	秦岭	销售部	2400	300	0	2700	165	100	2435
21										
22				合计：			55000			47685
23				最高工资：			4300			3575
24				最低工资：			2250			2030

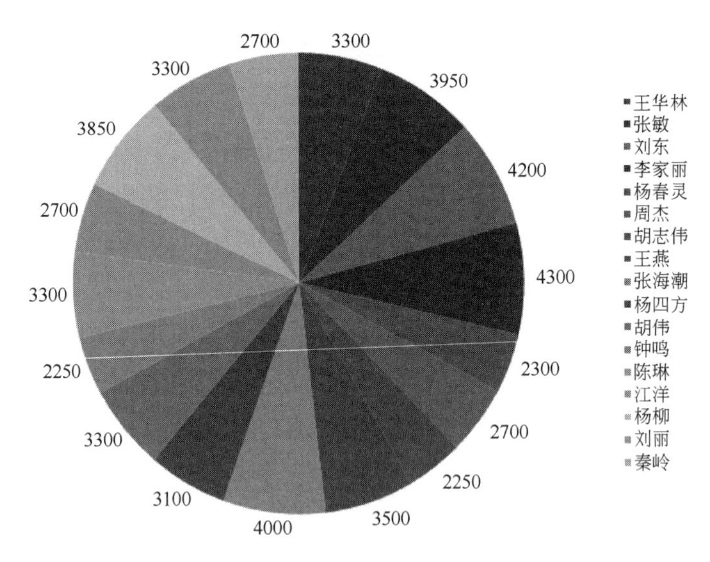

图 7.48　员工工资表样张

第 8 章 »WPS 演示

演示文档是 WPS Office 办公软件的三大组件之一，整合了文本、图片、图表、音频、视频等多种内容形式，具有页面交互、动画控制等功能。一般情况下，演示文档通常由封面页、目录页、内容页和封底页等多张幻灯片组成，广泛应用于工作汇报、企业宣传、产品推介、婚礼庆典、项目竞标、管理咨询、教育培训等各领域。

8.1 认识 WPS 演示

8.1.1 启动与退出

WPS 演示的启动和退出与 WPS 文字的操作类似，可以参考前文来启动与退出 WPS 演示。

8.1.2 窗口组成

WPS 演示的窗口主要由标签栏、功能区、大纲/幻灯片窗格、编辑区、备注区和状态栏等部分组成，如图 8.1 所示。

图 8.1 WPS 演示窗口

WPS 演示的标签栏、功能区和状态栏与 WPS 文字相似。

1. 大纲/幻灯片窗格

大纲/幻灯片窗格位于功能区的左下方，包含“大纲”和“幻灯片”两种模式，分别显示幻灯片缩略图和大纲缩略图，主要用于浏览演示文档，快速定位幻灯片。

2. 编辑区

编辑区位于窗口中央，是用于编辑内容与内容呈现的区域，默认显示正在操作的单张幻灯片。幻灯片包含若干个占位符，即带有提示说明性文字的虚线框部分，起到内容（包括文本、表格、图表、图片、媒体）的快速定位和插入作用。

提示：占位符默认的提示说明性文字在放映时不会显示，只起到提示信息的作用。占位符中有默认的文字字体、字号等格式，直接应用在输入的文字上。

3. 备注窗格

备注窗格输入当前幻灯片的备注信息，以便在演示过程中为用户提供帮助。

4. 状态栏

WPS 演示提供了普通、幻灯片浏览和阅读视图三种演示文档视图模式，可单击状态栏右边区域中的视图按钮或者通过“视图”选项卡来切换视图方式。

普通视图，系统默认视图，一次只能显示一张幻灯片，完成幻灯片的操作。

幻灯片浏览视图，显示多张幻灯片缩略图，可快速预览演示文档整体内容，对演示文档进行查看和重新排列，以便对演示文档实现宏观把控，但不能对幻灯片内容进行修改。

阅读视图，在 WPS 演示窗口中播放幻灯片，方便快速地观看演示文档播放效果，无须切换到全屏放映。

提示：在“视图”选项卡中，备注页视图用于显示幻灯片缩略图和备注编辑框，方便为当前幻灯片添加和编辑备注信息，检查演示文档和备注页一起打印时的外观；网格是为了让排版和对齐更顺利，参考线是为了移动对象时可以自动吸附，提高排版效率。

8.1.3 设置 WPS 演示工作环境

为了顺利制作出一份专业精美的演示文档，可以根据自己的操作习惯或需要对工作环境合理设置，为后续制作提供保障。

1. 显示经典菜单

功能区右上角“更多操作”⁝中勾选“显示经典菜单按钮”后，功能区“文件”菜单就会多一个下拉列表，可以快速查找常用操作。

2. 保存预览图片

新建演示文档保存时默认以软件图标的形式存在，不够直观，若以预览图的形式显示演示文档首页内容，可实现所见即所得。

方法：选择“文件”菜单中的“文档加密”→“属性”命令，在打开的对话框中勾选“保存预览图片”复选框。

提示：选择“文件”菜单中的“选项”命令，在打开的“选项”对话框中，“编辑”标签中可以修改撤销/恢复次数，“常规与保存”标签中可以设置是否将字体嵌入文件，以防演示文档字体丢失。

3. 窗口管理模式

WPS 窗口的显示模式有两种：整合模式和多组件模式。

方法：在 WPS 首页，单击“设置”按钮，进入设置中心，选择“切换窗口管理模式”选项即可进行窗口模式的切换。

提示：整合模式：WPS 默认的窗口管理模式，只显示为一个图标，支持多窗口多标签自由拆分和组合。

多组件模式：按文件类型分窗口组织文档标签，每次打开文档都是独立窗口。

8.2 制作工作汇报演示文档

刘海就职于某中学，需制作一份祖国发展成就工作汇报演示文档，用于对学生的爱国主义教育。该文档包括近年来的国家发展状况，要求结合表格、图形、图片等各种元素显示，文档结构清晰、重点突出、图文并茂。

刘海上网搜索学习了近年来社会经济发展成就，确定了内容和文档风格，最后结合所学的演示文档知识，得出如下设计思路：

① 启动 WPS 演示，新建一个空白文档，保存为“祖国发展成就.pptx”；

② 添加幻灯片，应用模板、背景等，对幻灯片进行统一规划设计；

③ 插入各种对象并进行各种格式设置，美化文档，突出重点；

④ 排练计时，设置放映方式。

最终效果如图 8.2 所示。

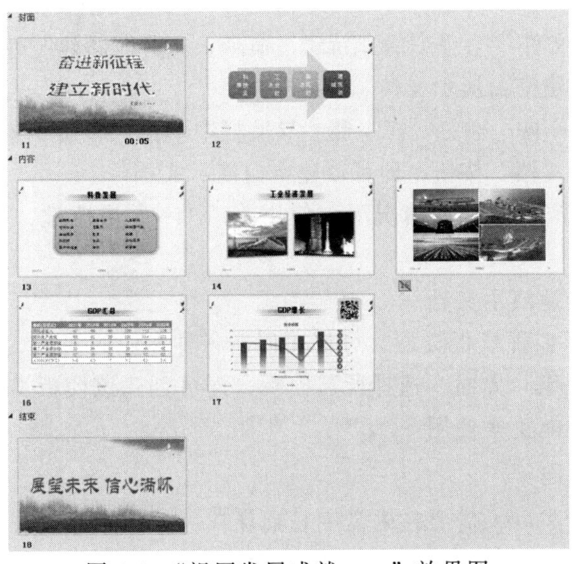

图 8.2 “祖国发展成就.pptx”效果图

8.2.1 文档的建立与保存

1. 创建新演示文档

WPS 演示中，可以创建空白文档，也可以根据模板创建带格式的文档，如图 8.3 所示。

图 8.3 “新建”界面

（1）新建空白演示文档

方法 1：单击标签栏上的“新建标签”按钮“+”，在“新建”界面的文档类型选择区中选择“演示”，单击“新建空白文档”按钮，即可创建空白演示文档。

方法 2：单击“文件”菜单中的“新建”命令，打开“新建”界面，单击“新建空白文档”按钮，即可创建空白演示文档。

方法 3：单击“首页”标签，在左侧主导航栏中单击“新建”按钮，打开“新建”界面，单击“新建空白文档”按钮，即可创建空白演示文档。

方法 4：在打开演示文档的情况下，使用【Ctrl+N】快捷键，可快速创建空白演示文档。

（2）根据模板创建演示文档

WPS 演示提供了多种模板类型，可快速创建各种专业的演示文档。

方法：打开“新建”界面，选择所需模板，即可创建该模板类型的演示文档，该功能需接入互联网后方能正常使用。

2. 保存演示文档

演示文档制作完成后，需要在磁盘中长期保存。WPS 演示的保存方法与 WPS 文字、WPS 表格的保存方法相似，可以保存为 PowerPoint 常用类型，扩展名为.ppt 或.pptx，也可保存为 WPS 专用类型，扩展名为.dps。

8.2.2 幻灯片的基本操作

一份演示文档一般由若干张幻灯片构成，对演示文档的编辑就是对幻灯片的编辑操作。幻灯片的基本操作包括幻灯片的新建、选择、复制、移动、删除等。

1. 新建幻灯片

默认情况下，一份新的演示文档只有一张空白幻灯片，需要根据自己的需求添加幻灯片。

在演示文档中新建幻灯片有以下几种方法：

方法 1：单击“开始”选项卡的“新建幻灯片”按钮，可快速新建一张“标题和内容”版式的幻灯片。

方法 2：单击“新建幻灯片”按钮右下角的小箭头，在弹出的列表框中选择幻灯片版式，可创建对应版式的幻灯片。

方法 3：鼠标定位在幻灯片窗格中合适的位置，右击，在快捷菜单中选择“新建幻灯片”命令，即可新建幻灯片，如图 8.4 所示。

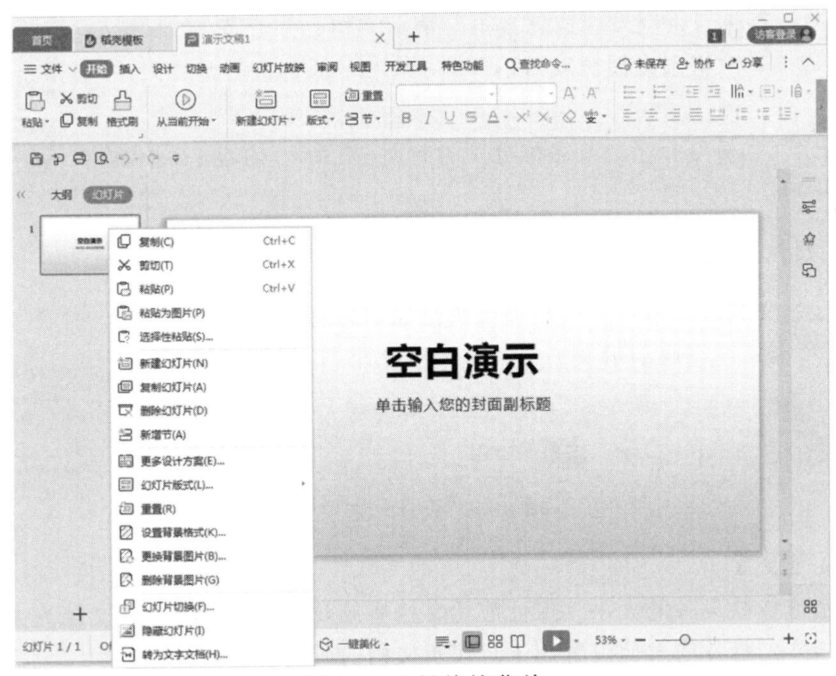

图 8.4 右键快捷菜单

方法 4：鼠标定位在幻灯片窗格中合适的位置，按【Enter】键或【Ctrl+M】快捷键，可快速新建一张幻灯片。

2. 选择幻灯片

在幻灯片窗格中单击幻灯片缩略图选定单张幻灯片；按【Ctrl】键单击选定多张不连续幻灯片，按【Shift】键选定多张连续幻灯片，也可在“幻灯片浏览”视图中进行选择。

3. 更改幻灯片版式

WPS 演示提供了多种幻灯片版式，版式中包含若干个占位符，可快速添加标题、文本、表格和图表、图片、媒体剪辑等多种对象。

方法：选中幻灯片，在“开始”选项卡中单击“版式”命令，在下拉列表中选择一种版式即可修改幻灯片版式。

4. 复制、移动、删除幻灯片

在幻灯片浏览视图或普通视图中，选定需要操作的幻灯片，可通过鼠标拖动、快捷菜单或功能区相应命令来完成。

5. 分节

演示文档的节主要用于管理幻灯片，将幻灯片进行分类、划分为不同的结构，可以简化管理和导航。使用节管理幻灯片不仅能理清制作思路，还有助于节省编辑和修改幻灯片的时间，提高工作效率。

方法：选中需要新增节的幻灯片，右击选择“新增节”命令或者在“开始”选项卡中选择“节”→“新增节”命令，可新增“无标题节”，在节标题上右击，可以对节进行重命名。

例 8-1：操作视频

【例 8-1】新建“祖国发展成就.pptx”演示文档，并分节。

① D 盘新建“祖国发展成就.pptx”演示文档，添加幻灯片，共计 8 张。

② 演示文档分 3 个节，节名称分别为封面（2 张）、内容（5 张）、结束（1 张）。

8.2.3 幻灯片设计

制作演示文档时，需对幻灯片进行风格统一的设计，WPS 演示提供了图 8.5 所示的“设计”选项卡用于完成演示文档的整体风格设计。

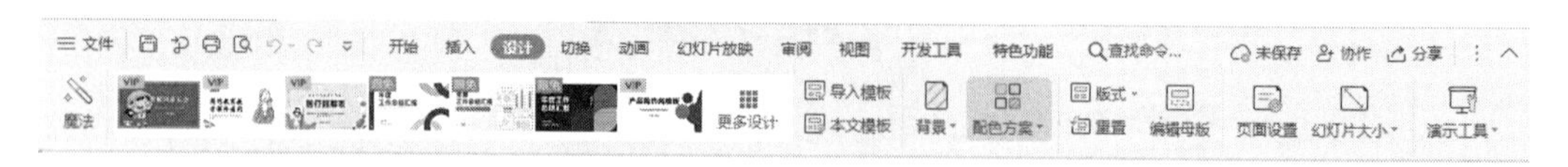

图 8.5 “设计”选项卡

1. 页面设置

为了适应放映设备的大小、保证演示文档播放效果，需要对演示文档的大小、方向等进行设置。幻灯片的页面设置用于对演示文档的所有幻灯片进行设置，包括幻灯片大小、纸张大小、编号起始值，幻灯片、备注、讲义和大纲的显示方向，如图 8.6 所示，修改完幻灯片大小后会弹出“页面缩放”选项对话框，以确认幻灯片内容如何进行缩放，如图 8.7 所示。

提示：在“页面缩放选项”对话框中单击“最大化”按钮，会使幻灯片内容充满整个页面；单击“确保适合”按钮，则会按比例缩放幻灯片大小，以确保幻灯片中的内容能适应新幻灯片大小。

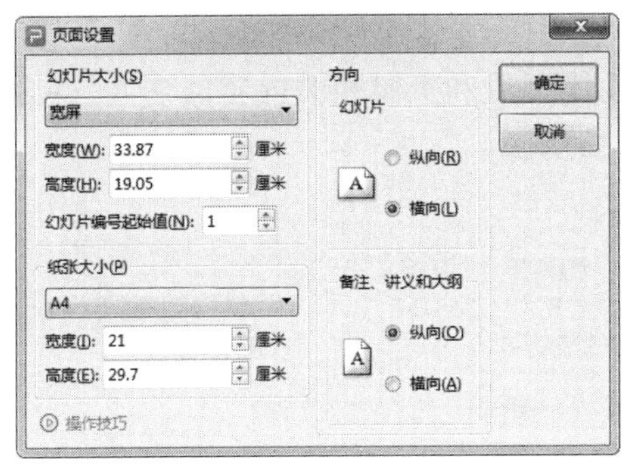

图 8.6 “页面设置”对话框

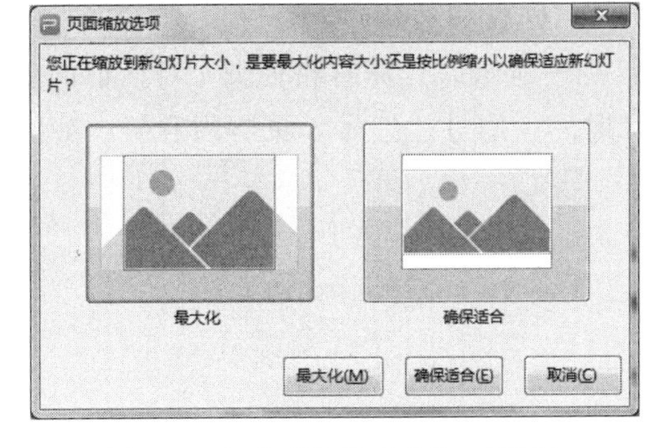

图 8.7 “页面缩放选项”对话框

2. 模板

模板是 WPS 演示提供的一种包含背景、文字字体、文字颜色以及各对象效果的设计方案。使用模板可以快速地为演示文档建立统一的外观风格，非常方便实用。

WPS 演示提供多种模板样式，“导入模板”可将本地磁盘中的模板导入到当前演示文档中，“更多设计”按钮可通过互联网获得更多设计方案，如图 8.8 所示，还可以通过编辑母版进行自定义设计。

图 8.8 “更多设计”窗口

3. 背景

WPS 演示提供的背景样式，与 WPS 文字类似，既可选择预设样式，也可进行纯色、渐变、图片或纹理、图案等填充选项的设置，如图 8.9 所示。

4. 页眉和页脚

WPS 演示以“页眉和页脚”对话框的形式完成页眉和页脚相关内容的输入，包括日期和时间、幻灯片编号、页脚内容等，如图 8.10 所示。

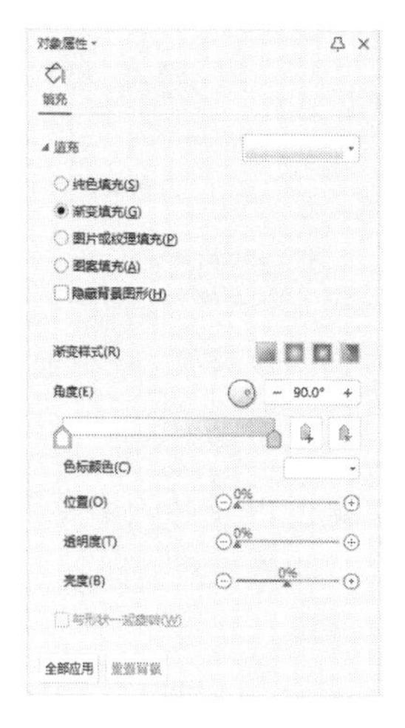

图 8.9 “对象属性”窗格

图 8.10 “页眉和页脚”对话框

【例 8-2】 修改页面设置，导入模板“国庆.potx”，添加封面背景，添加页眉页脚。

例 8-2：操作视频

① 修改页面大小全屏显示 16∶9，编号起始值 11。

② 导入模板“国庆.potx”，封面页、封底页背景使用图片“背景.jpg.”

③ 页眉页脚：页眉为自动更新的日期时间、幻灯片编号；页脚为“欢度国庆”，标题幻灯片不显示。

8.2.4 幻灯片常用对象的添加与编辑

WPS 演示提供了类型丰富的文本、图形等对象，能方便快速地制作出图文并茂、富有感染力的演示文档。

1. 输入文本

给幻灯片填充文本可以通过占位符、文本框或艺术字来进行。

占位符不能在编辑幻灯片时添加，文本框、艺术字需要手动添加，三者均可使用图 8.11 和图 8.12 所示的“绘图工具”、“文本工具”选项卡中的各个命令完成相应的编辑操作。

图 8.11 “绘图工具”选项卡

图 8.12 “文本工具”选项卡

2. 形状

WPS 演示涵盖了各种形状类型，如线条、矩形、基本形状、动作按钮等。可以通过形状在演示文档中制作各种图示，对演示文档进行一定程度的美化。形状可通过如图 8.11 和图 8.12 所示的“绘图工具”、“文本工具”选项卡中的各个命令完成相应的编辑操作。

通过对形状顶点进行编辑，可以使原本的形状转变成一个新的形状。选中形状，单击“绘图工具”选项卡中的“编辑形状”下拉按钮或者右击形状，均可看到“编辑顶点”命令。

合并形状是将两个或两个以上的形状合并为一个或多个形状的运算，包括结合、组合、拆分、相交和剪除五种类型，如图 8.13 所示。

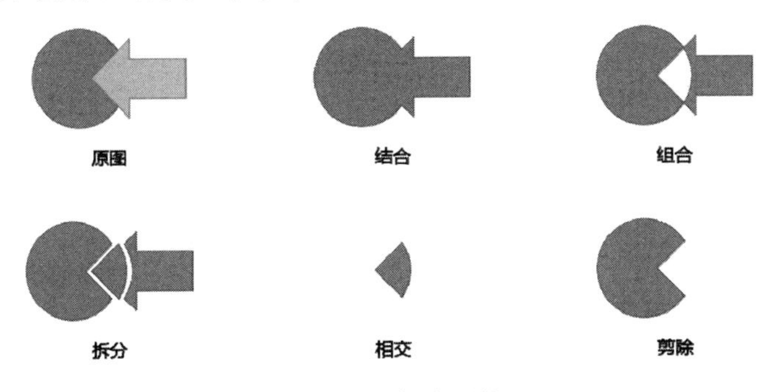

图 8.13　合并形状

提示：形状合并时，形状选择的先后顺序会影响到剪除的最终效果。合并形状不仅可以对形状和形状进行运算，形状与图片、形状与文字也可以进行组合、拆分、相交等运算。

【例 8-3】设计封面、封底、“科技发展”幻灯片。

例 8-3：操作视频

① 第 1 张幻灯片（封面）：标题“奋进新征程建立新时代”，字体微软雅黑，64 号，文本白色轮廓，填充为图片，右上对角透视阴影，梯形转换效果；副标题“汇报人：×××”，右对齐。

② 第 3 张幻灯片（“科技发展”幻灯片）：仅标题版式，插入圆角矩形，输入所需文字，1.5 倍行距，应用第 4 行第 3 列形状样式，第 4 行第 2 列发光效果，文字应用第 1 种艺术字效果，水平居中对齐，适当调整大小。

③ 第 8 张幻灯片（封底）：空白版式，插入矩形：无轮廓，橙红色渐变填充，插入文本框“展望未来 信心满怀”，华文隶书。文本框与矩形拆分，用心形替代“心”字上面的点。所有对象组合放大，放到合适位置。

3. 图片

制作演示文档，图片是必不可少的部分，在合适的位置插入图片，不仅能丰富演示文档内容，还能增强演示文档的美观性。WPS 演示中插入图片功能支持本地图片、分页插图、手机传图以及在线图片的添加。

图片编辑可使用图 8.14 所示的“图片工具”选项卡中的命令完成，具体操作与 WPS 文字方法基本一致。

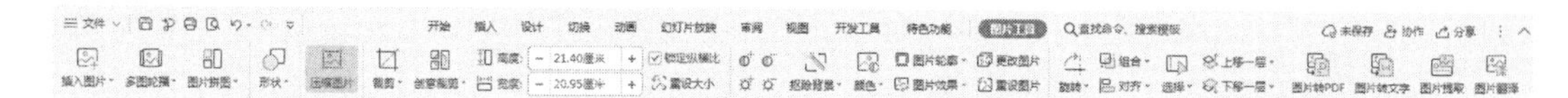

图 8.14 “图片工具”选项卡

提示： 图片较少时，可以通过对齐方式调整图片的布局排版，图片较多时，可以使用表格作为辅助对图片布局排版。

例 8-4：操作视频

【例 8-4】幻灯片中插入图片并编辑。

① 第 4 张幻灯片：两栏内容版式，标题：工业经济发展，左右两侧分别插入图片。

② 图片等尺寸，靠上对齐，分别为右透视、左透视三维旋转效果，图片边框：红色双线 6 磅，透明度 50%。

4. 表格

在演示文档中，为了更清晰地展示数据，可将表格插入幻灯片中录入数据，提高数据的可读性。单击“插入”选项卡的“表格”按钮可插入所需表格。表格可通过图 8.15 和图 8.16 所示的“表格工具”、“表格样式”两个选项卡中的各个命令完成相应的编辑，具体操作与 WPS 文字相似。

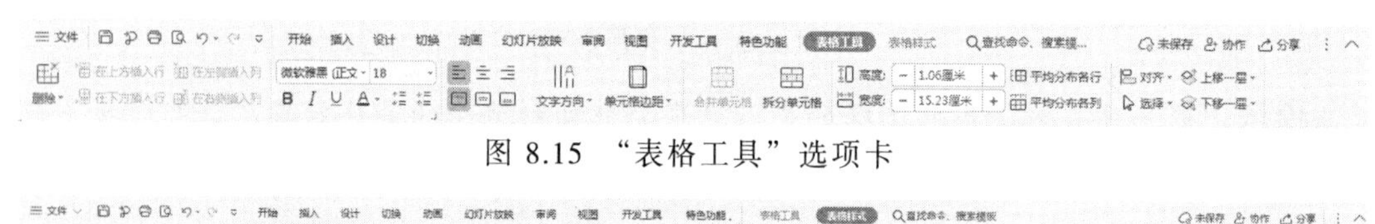

图 8.15 “表格工具”选项卡

图 8.16 “表格样式”选项卡

例 8-5：操作视频

【例 8-5】插入表格并编辑。

① 第 6 张幻灯片：标题和内容版式，标题“GDP 汇总”，插入 7 行 7 列的表格，编辑内容，等线 20 号字，加粗，第 1 列宽 6 厘米，其余列宽 3 厘米，高 1.1 厘米。中度样式 1-强调 2 表格样式，最后一行：应用艺术字样式。除第一列外文字居中对齐。

② 第 5 张幻灯片：空白版式，插入 3 行 2 列的表格，合并拆分成 5 个单元格，分别填充 5 张图片，制作照片墙效果。

5. 图表

图表可直观地反映数据的大小、趋势等，更加清晰地展示数据结果。单击“插入”选项卡的“图表”按钮可插入所需图表类型。图表的编辑可以通过图 8.11、图 8.12 和图 8.17 所示的“绘图工具”“文本工具”“图表工具”三个选项卡中的各个命令完成，具体操作与 WPS 文字相似。

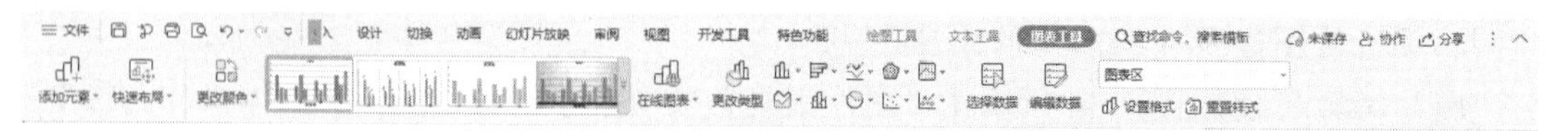

图 8.17 “图表工具”选项卡

【例 8-6】插入图表并编辑。

例 8-6：操作视频

① 第 7 张幻灯片：标题和内容版式，标题“GDP 增长”，插入簇状柱形图表，数据源在素材文件中，调整系列生成方向，无图表标题.

② GDP 增长率系列更改为折线图，图表样式 7，垂直轴（左侧）边界最大值 120，次要垂直轴主要单位 2，图例在顶部。

③ 柱形图渐变填充：颜色 1 蓝色、位置 36%，颜色 2 白色、透明度 100%，最后一个柱形条填充为图片，层叠。

6. 智能图形

智能图形可以用来表现内容之间的层级关系，在演示文档中可以直接插入使用。WPS 演示中的智能图形包括列表、流程、循环等类型。插入的智能图形可以通过图 8.18 和图 8.19 所示的“设计”、“格式”两个选项卡来完成相应的编辑操作。

图 8.18 “设计”选项卡

图 8.19 “格式”选项卡

【例 8-7】插入智能图形并编辑。

例 8-7：操作视频

① 第 2 张幻灯片：空白版式，插入连续块状流程，添加 1 个新项目，添加所需文本内容，文字竖排。

② 智能图形高 11.8 厘米、宽 21 厘米，智能图形应用第 1 种彩色，最后一种效果。位置水平、垂直均相对于左上角 2 厘米。

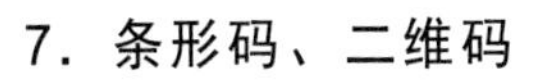

7. 条形码、二维码

条形码、二维码是日常生活中常用的信息展示形式，WPS 演示提供多种格式的条形码和二维码，可以通过图 8.20 和图 8.21 所示的对话框完成相应的插入与编辑操作。

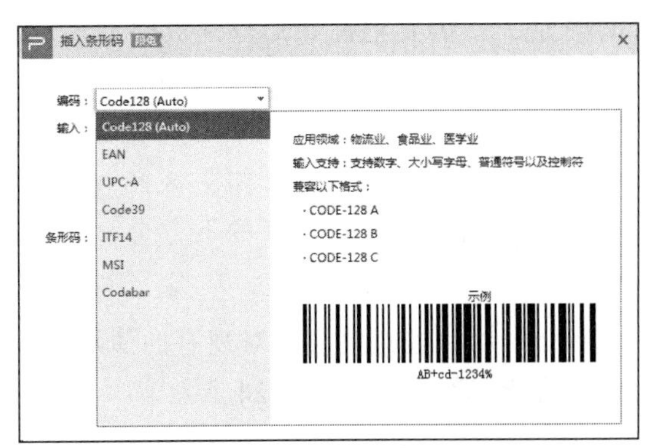

图 8.20 “插入条形码”对话框

图 8.21 “插入二维码”对话框

【例 8-8】插入二维码。

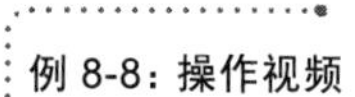

① 第 7 页插入二维码：内容为“http://www.stats.gov.cn”，液态，嵌入文字“数据来源”，红色、字号 32，图案样式最后一个。

② 二维码图片高宽均为 3.4 厘米，效果：浅绿，18pt 发光，着色 6。

8.2.5 幻灯片放映

制作演示文档的最终目的是向观众进行展示，在放映幻灯片前，需要根据场合和放映要求进行相关设置，并且在放映幻灯片时，还要注意控制幻灯片的放映流程，以便顺利放映幻灯片，可以在“幻灯片放映”选项卡中进行设置，如图 8.22 所示。

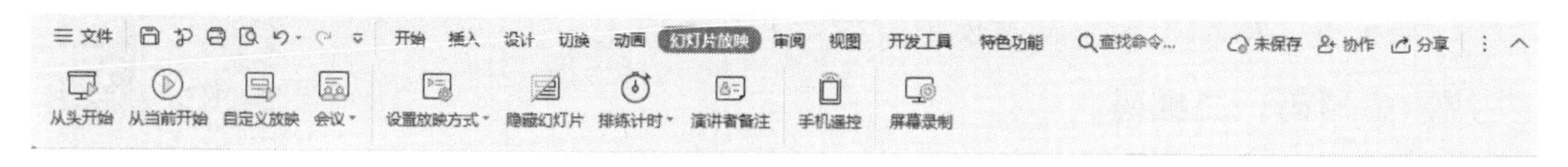

图 8.22 “幻灯片放映”选项卡

1. 排练计时

如果演讲汇报有时间限制，就需要把握好幻灯片放映的速度，可以用 WPS 演示提供的“排练计时”功能，对整个演示文档或者当前页进行预演排练，在演示文档播放时，自动记录播放过程中幻灯片的放映时间，用户可根据放映时间来调整汇报的速度和汇报内容等；还可以将最佳的排练时间保留，如图 8.23 所示，作为幻灯片高级放映的时间依据。进入幻灯片浏览视图，每张幻灯片的下方会显示该幻灯片的播放时间。

2. 自定义放映

自定义放映可以对一部分幻灯片进行整合，对现有的演示文档进行重新分组，以便给不同的受众放映演示文档的特定部分，如图 8.24 所示。

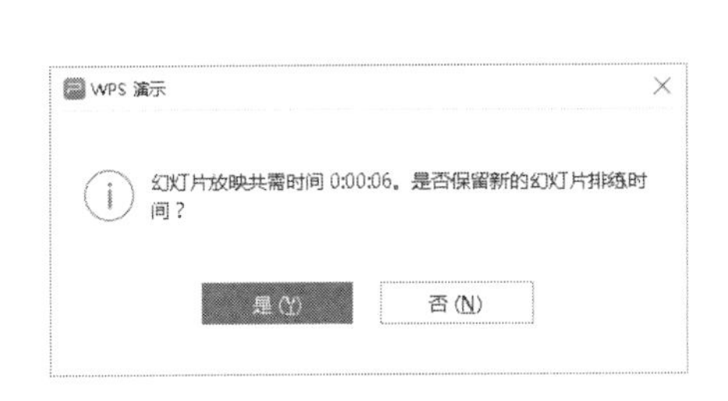

图 8.23 排练计时提示框

图 8.24 “自定义放映”对话框

3. 幻灯片放映设置

演示文档根据不同场合的需要、不同用户的观看习惯等外在因素，需要有多种播放形式，以便达到最佳的放映效果，可以在图 8.25 所示的“设置放映方式”对话框中对幻灯片的放映方式进行设置。

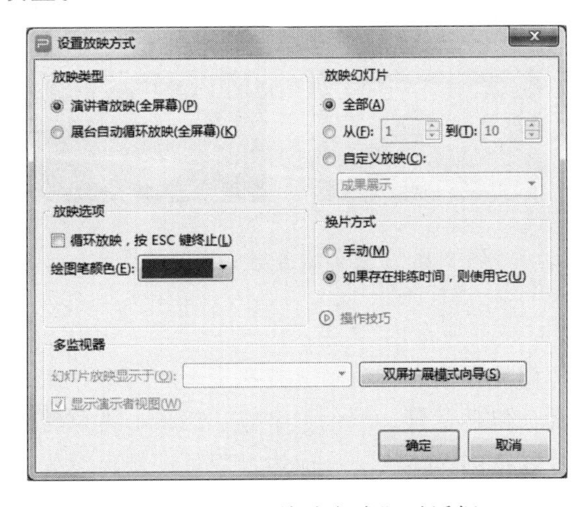

图 8.25 “设置放映方式”对话框

例 8-9：操作视频

【例 8-9】设置放映方式。

① 排练计时：第 1 张幻灯片 5 秒。

② 自定义放映：成果展示，包含第 1、3、4、6～8 张幻灯片。

③ 隐藏第 5 张幻灯片。幻灯片循环放映。

至此，案例“祖国发展成就.pptx”演示文档制作完毕。

8.3 制作产品介绍演示文档

杨晓燕代表学校参加计算机大赛，比赛团队设计了一款产品——迷你 Web 服务器，现需要制作一篇产品介绍演示文档，要求能全面、声情并茂地动态展示设计作品，吸引评委的目光。

杨晓燕已准备产品说明书、图片、视频等资料，现需制作一篇产品介绍演示文档“迷你服务器.pptx”，设计思路如下：

① 新建一个空白演示文档，设置基本结构和文本内容。

② 对幻灯片整体外观进行设计，综合应用主题、幻灯片母版。

③ 在幻灯片中添加声音和视频，并进行个性化音频和视频制作。

④ 为幻灯片添加动态效果，包括对象的动画效果和幻灯片的切换效果。

⑤ 播放演示文档，观看展示效果。

最终效果如图 8.26 所示。

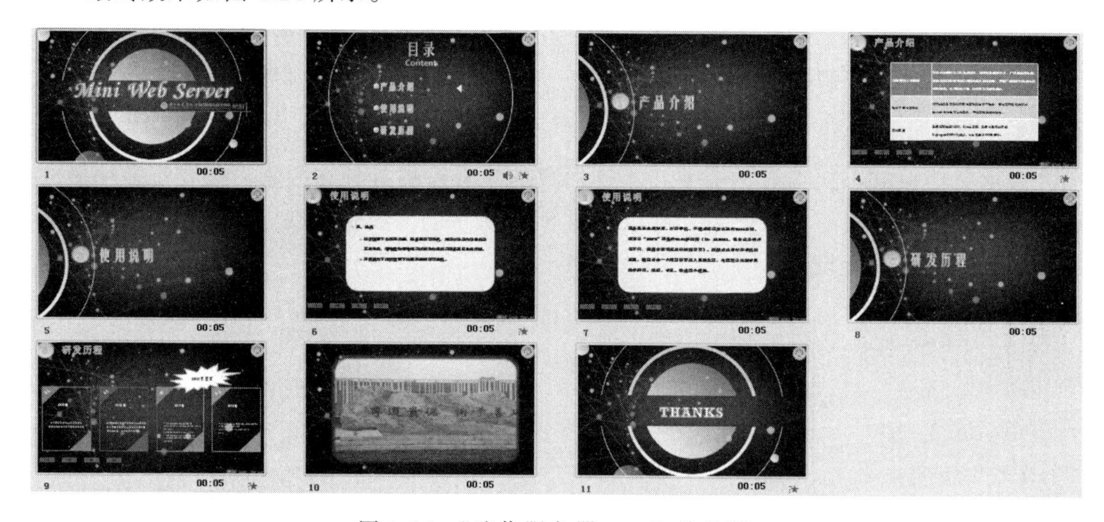

图 8.26 “迷你服务器.pptx”效果图

8.3.1 幻灯片母版

幻灯片母版，用于设计存储有关演示文档的主题和幻灯片版式信息，可以控制演示文档中共有的页面元素，包括背景、颜色、字体、效果、占位符格式、各种对象等。修改母版后可实现幻灯片风格的整体统一。应用母版可以快速设置幻灯片格式，提高工作效率。

1．幻灯片母版编辑

单击“设计”选项卡中的“编辑母版”按钮或者“视图”选项卡中的“幻灯片母版”按钮，均可进入图 8.27 所示的幻灯片母版视图界面，而每一幻灯片母版类别，又根据版式和用途的不同进行划分，它们共同决定演示文档中各张幻灯片的样式。

幻灯片母版视图中，编辑区左侧显示幻灯片母版和版式列表，最顶端为幻灯片母版，母版之下的幻灯片是该母版所包含的版式，一般有 11 种。幻灯片母版可以控制该母版下所有幻灯片的结构，如对幻灯片母版中的配色、文字格式、图片样式进行修改，其他幻灯片会同步进行相应的修改。版式幻灯片也可以单独设置，如添加图片、修改文字格式等。

编辑区显示的是母版或版式幻灯片。在幻灯片中有多个虚线框，即占位符，主要替文本、图片、表格等占位。在普通视图下，单击占位符可以直接输入新内容。假如在版式幻灯片中插入文本框并输入内容，那么在普通视图下，文本框的内容将无法被替换，这就是母版模式下，占位符与文本框最大的不同。

设置好母版后，需要返回普通视图中应用。

图 8.27　幻灯片母版编辑窗口

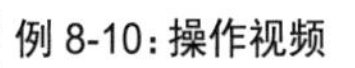

【例 8-10】编辑母版。

① 打开素材文件，应用模板“蓝色模板.potx”，进入母版视图，颜色“波形”，字体“沉稳”，效果“暗香扑面”，主题母版右上角插入“校徽.png”，适当调整大小。新建版式“过渡页”，重命名“标题和内容”版式为“内容页”。

② 过渡页设计：从标题幻灯片版式中复制圆形组合和副标题到过渡页，调整大小和位置，标题、副标题占位符字号 60，第 1 行第 4 列艺术字样式，副标题修改形状为椭圆形，删除多余文字，应用第 4 行第 6 列形状效果。

③ 内容页设计：标题占位符应用第 1 行第 4 列艺术字样式，内容占位符修改形状为圆角矩形，填充颜色为“白色，背景 1，深色 5%”，高 13 厘米，宽 22 厘米，水平垂直居中，文字黑色，2 倍行距，项目符号为图片，右下角插入图片“logo.jpg”。

④ 演示文档中新增 3 个过渡页成为第 3、5、8 张幻灯片，并输入对应文字。

⑤ 在母版视图中删除多余版式。

2. 备注母版和讲义母版

在制作幻灯片时，最常用的是用母版来快速统一全文布局和风格，但在演讲时通常需要打印出来供演讲者或者观众观看，此时就需要应用到备注母版和讲义母版。

备注页视图中可以给幻灯片添加注释，在放映时起到提示与辅助作用。备注母版主要用于设置幻灯片与备注内容一起打印时的外观，如图 8.28 所示，应用备注母版可统一备注格式。

讲义母版（见图 8.29）用于自定义演示文档打印时的外观。把演示文档打印成讲义，可以将多张幻灯片打印到同一张纸上，便于演讲者或者观众快速了解演示文档的总体内容。

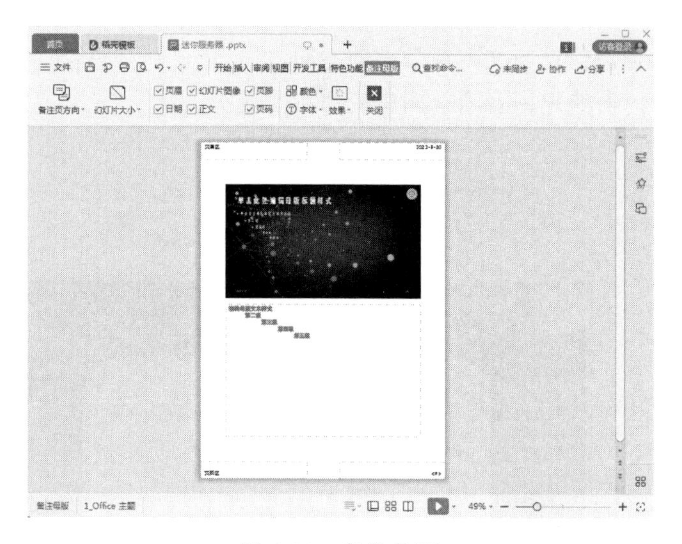

图 8.28 备注母版

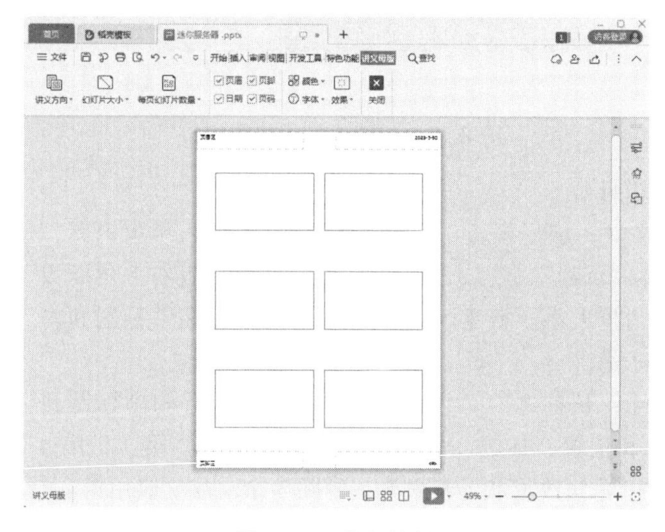

图 8.29 讲义母版

【例 8-11】设置备注母版和讲义母版。

① 在备注母版中给文本添加第 1 行第 2 列形状样式，第 1 行第 3 列艺术字样式。

② 在讲义母版中设置幻灯片方向为横向，日期为红色，并在“打印预览”中“打印内容”分别选择备注、讲义，查看效果。

例 8-11：操作视频

8.3.2 幻灯片跳转

演示文档播放时，默认按幻灯片顺序播放，但可以使用超链接、动作和动作按钮来实现对演示文档、幻灯片间的交叉链接。链接通常有两种：①本文档幻灯片之间互相进行直接链接；②本文档与外部文件进行链接。这些链接的效果需在演示文档放映时查看。

1. 创建超链接

超链接可以实现当前演示文档中不同幻灯片间的交互，也可实现在文件、电子邮件地址、网页之间的交互，超链接命令位于“插入”选项卡，单击“超链接”按钮，弹出图 8.30 所示的对话框，可以进行链接设置。

在幻灯片放映时，当鼠标悬停在设置过超链接的对象上时会显示小手标记，单击此对象可以打开链接文件或跳转到链接的网页，文本、图片等对象均可创建超链接。

插入超链接后，根据使用场景可以对超链接进行编辑，包括设置屏幕提示文字超链接的颜色、删除超链接等。

2. 创建动作

演示文档中文字、图片等对象均可添加动作，不仅能设置链接、运行程序等，还能播放声音以及创建鼠标移动时的操作动作。选中对象，单击“插入”选项卡中的“动作”按钮，弹出图 8.31 所示的“动作设置”对话框，可完成动作的编辑。

提示：演示文档中已经创建有宏时，才能启用“运行宏”选项；演示文档中对 OLE 对象添加动作时才能启用“对象动作”选项。

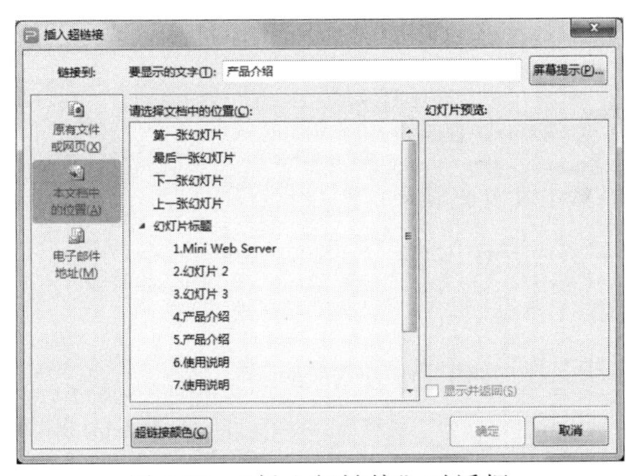

图 8.30 “插入超链接”对话框

图 8.31 “动作设置”对话框

3. 动作按钮

动作按钮是特殊的形状，单击“插入”选项卡“形状”列表的最底部，选择所需的动作按钮，在幻灯片中绘制动作按钮后将自动弹出图 8.31 所示的“动作设置”对话框，完成超链接设置，其格式编辑与形状的编辑操作一致。

例 8-12：操作视频

【例 8-12】插入超链接、动作、动作按钮。

① 插入超链接。第 2 张幻灯片中为 3 行目录文本添加超链接，分别链接到对应的过渡页。链接颜色为白色，无下划线。

② 插入动作。第 9 张幻灯片插入形状爆炸型 2，输入文字“2017 年获奖”，应用第 1 行第 6 列形状样式，插入动作：鼠标单击，超链接到“http://www.zknu.edu.cn”，声音风铃。

③ 插入动作按钮。母版中内容页版式左下角添加动作按钮：开始、后退、前进、结束，等尺寸，靠上对齐，横向分布，填充色透明度 30%，无线条。

8.3.3 添加媒体

在制作演示文档时，可以根据需要在幻灯片中插入音频和视频，使幻灯片播放时更加生动活泼。

图 8.32 插入音频

1. 插入音频

在幻灯片中插入音频既可以作为一份演示文档的背景音乐渲染气氛，也可以作为某一张幻灯片的录音材料对内容进行补充说明。

WPS 演示支持 MP3、WAV、WMA 等大多数常见格式的声音文件的插入与编辑，可以将声音文件直接嵌入到演示文档中，分享或传输文档后可以正常播放；也可将音频以链接的方式插入演示文档，分享或传输文档后不能正常播放，插入音频选项如图 8.32 所示。

WPS 演示对插入的声音文件可以在图 8.33 所示的“音频工具”选项卡中完成音频的个性化播放设置。声音图标，实质是一个特殊的图片，其格式设置与图片的格式设置一致，可以在图 8.34 所示“图片工具”选项卡中完成声音图标的个性化格式设置。

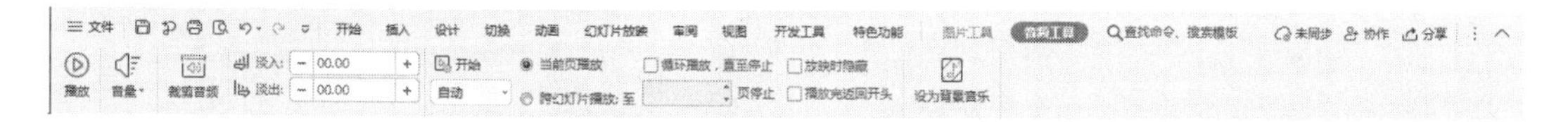

图 8.33 “音频工具”选项卡

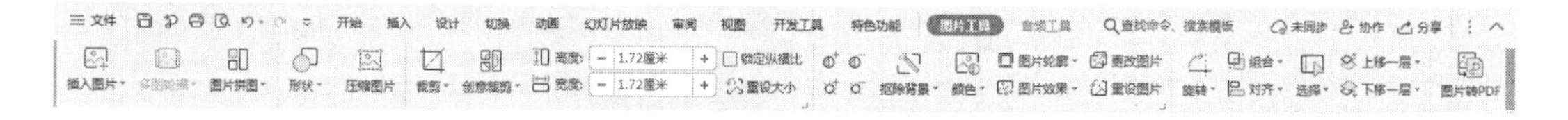

图 8.34 “图片工具”选项卡

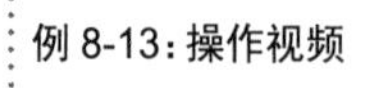

【例 8-13】插入音频。

① 第 2 张幻灯片嵌入音频文件“背景音乐.MP3”。

② 音频跨幻灯片播放置第 9 页，循环播放，放映时隐藏，图片颜色“冲蚀”。

2. 插入视频

视频通过动态、有声的画面，多方位地向观众传递信息，可以增强幻灯片内容的说服力。WPS 演示支持 AVI、MPEG、WMV 等格式的视频文件的插入与编辑，还支持 Flash 文档（swf 格式）的插入与编辑，插入视频选项如图 8.35 所示。

图 8.35 插入视频

WPS 演示对插入的视频文件提供了预览、书签、编辑等播放设置功能，可以在图 8.34、图 8.36 所示的“图片工具”“视频工具”选项卡中完成对视频的个性化播放设置。

图 8.36 “视频工具”选项卡

视频文件的封面，指视频未播放时出现的画面，默认将视频第一帧画面作为封面显示；也可以使用视频中的任意帧画面或者是来自文件中的某一幅图片作为视频的封面。

【例 8-14】插入视频。

① 新建空白版式幻灯片作为第 10 张幻灯片。

② 嵌入本地视频，播放完返回开头，视频封面来自文件“校训.jpg”，视频裁剪为圆角矩形，适当调整宽度，应用最后一行第 1 列发光效果，柔化边缘 10 磅，视频放于幻灯片正中间。

8.3.4 幻灯片动画

演示文档中使用动态效果，可以突出放映重点、控制信息流程、增强演示的趣味性和记忆点。动画，指 WPS 为演示文档中的各个对象所提供的动态效果，可以在图 8.37 所示的“动画”选项卡中完成动画的添加。

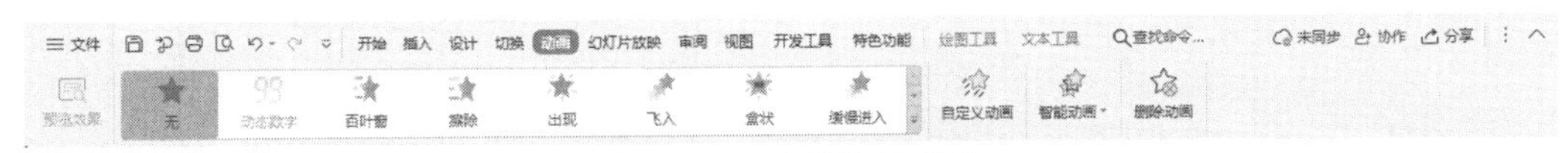

图 8.37 “动画”选项卡

1. 添加动画

WPS 演示提供了大量的预设动画效果，分为进入、强调、退出、动作路径、绘制自定义路径 5 类，如图 8.38 所示。

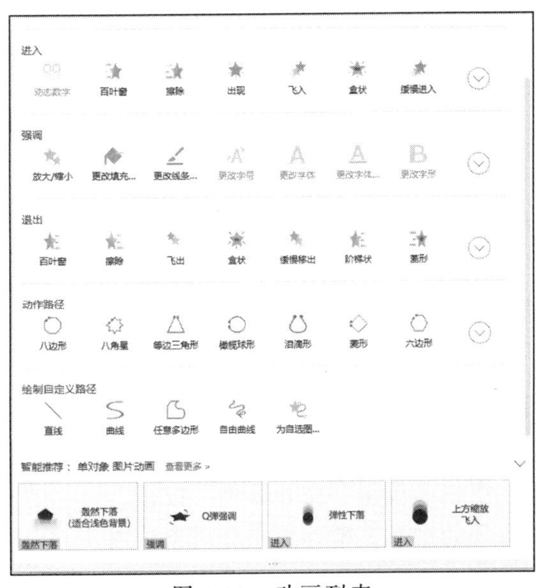

图 8.38 动画列表

2. 调整动画

幻灯片中的对象添加动画后，不同种类动画的速度、方向略有不同，可根据幻灯片的内容对动画的速度、方向、声音等进行调整。

单击“动画”选项卡的“自定义动画”按钮，弹出“自定义动画”窗格，选中需要修改的动画并右击，在右键菜单中选择“效果选项”命令，如图 8.39 所示，在动画的效果选项对话框中可以修改动画的声音、速度等，每种动画方式的效果选项有所不同，根据所显示的内容修改自己需要的模式即可。以文本框的“飞入”动画为例，可以调整动画的效果、计时、正文文本动画，如图 8.40 所示。

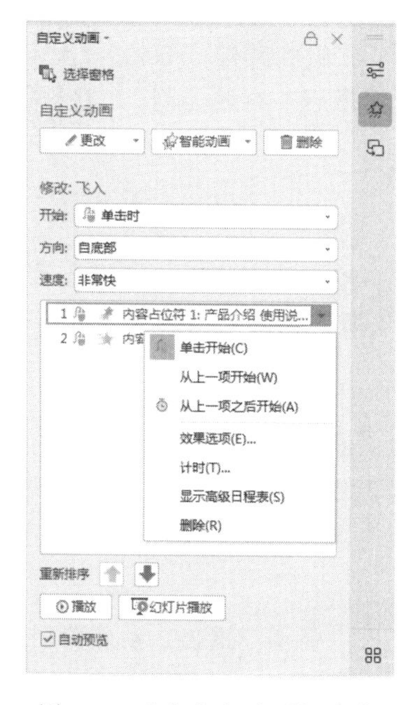

图 8.39 “自定义动画”窗格

图 8.40 “飞入”动画设置对话框

【例 8-15】添加动画。

① 第 1 张幻灯片标题加动画：进入-基本型-切入，从上一项开始，自右侧，按字母，快速 1 秒，直到下次单击结束。

② 第 2 张幻灯片目录文本添加动画：强调-细微型-忽明忽暗，快速 1 秒，按第一级段落。

例 8-15：操作视频

3. 动画叠加

动画叠加也叫动画复合，是指为一个对象同时添加多种动画效果来制作出更加复杂的动画效果。选中需要叠加动画的对象，在“动画”窗格中单击“添加效果”按钮，在下拉列表中选择需要添加的动画，即可为一个对象添加多种动画，如图 8.41 所示。

图 8.41 叠加动画

【例 8-16】动画叠加。

① 第 7 张幻灯片内容占位符文本添加 2 种动画，动画 1：进入-基本型-擦除，从上一项开始，自左侧，非常快，按字母 5%；动画 2：强调-细微型-添加下划线，从上一项开始，非常快，按字母 5%，延迟 1.5 秒。

② 母版中“过渡页”版式标题占位符添加 2 种动画，动画 1：进入-温和型-回旋，从上一项开始，按字母 10%，中速；动画 2：自定义路径-直线，从右向左移动，从上一项开始，按字母 10%，中速。

8.3.5 幻灯片切换

幻灯片的切换是指从一张幻灯片切换到另一张幻灯片时页面的过渡效果，给幻灯片设置切换方式可以使内容不同的幻灯片的转场更加自然流畅，合适的页面切换效果可以突出幻灯片的主题及各部分内容之间的关系。

WPS 演示提供多种诸如平滑、淡出、擦除等切换效果，可以根据图 8.42 所示的“切换”选项卡选择切换效果。

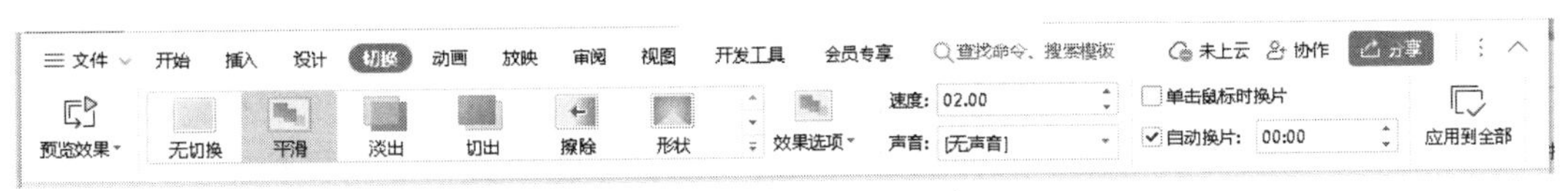

图 8.42 “切换”选项卡

幻灯片添加切换方式后，单击任务窗格中的“幻灯片切换”按钮，打开图 8.43 所示的“幻灯片切换”窗格，可对切换方式、速度、声音、换片方式进行设置，也可直接在“切换”选项卡中直接设置。

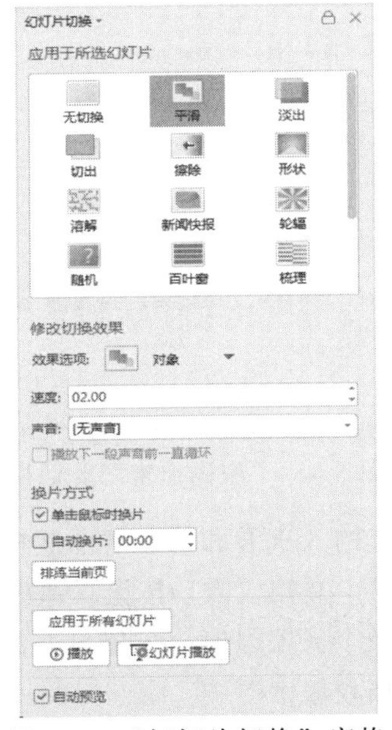

图 8.43 “幻灯片切换”窗格

【例 8-17】幻灯片设置切换效果。

① 所有幻灯片自动换片 5 秒。

② 第 4、6、9 张幻灯片使用平滑效果，第 1、2、11 张幻灯片使用棋盘效果。

例 8-17：操作视频

8.3.6 审阅、保护、分享、输出演示文档

1. 审阅演示文档

当需要对其他人制作的演示文档进行修改时，使用添加批注功能，可以在不改动原有幻灯片的情况下，使制作者了解需要如何进行修改。选中需要添加批注的对象，单击“审阅”选项卡下的“插入批注”按钮，可在演示文档中添加批注，如图 8.44 所示，添加的批注可以重新编辑或者删除。

图 8.44 “审阅”选项卡

2. 保护演示文档

在进行会议报告、产品展示演讲时，常使用演示文档来呈现。为了避免在传阅过程中被其他人修改，需要对演示文档加密或设置权限，对演示文档加以保护。

给文档设置密码，文档每次启动，输入正确密码方可打开。单击“文件”菜单，选择“文档加密”→“密码加密”命令，弹出图 8.45 所示的“密码加密”对话框，设置打开、编辑所需密码。

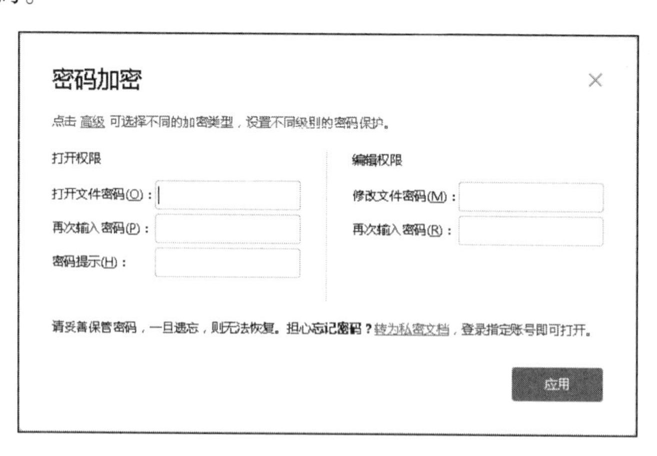

图 8.45 “密码加密”对话框

给文档设置权限，可使特定的人查看和修改演示文档，其他人无法打开。登录 WPS 账号，单击“审阅”选项卡下的“文档权限”按钮，弹出图 8.46 所示“文档权限”对话框，开启文档私密保护，仅登录个人账号时，才能打开演示文档。添加指定人时，可添加多人，并为指定人员设置文档权限。

【例 8-18】给视频加批注，文档加密。

① 给视频文件加批注“宣传视频”。

② 文档加密，设置打开密码“123”，修改密码“456”。

至此，案例“迷你服务器.pptx”演示文稿制作完毕。

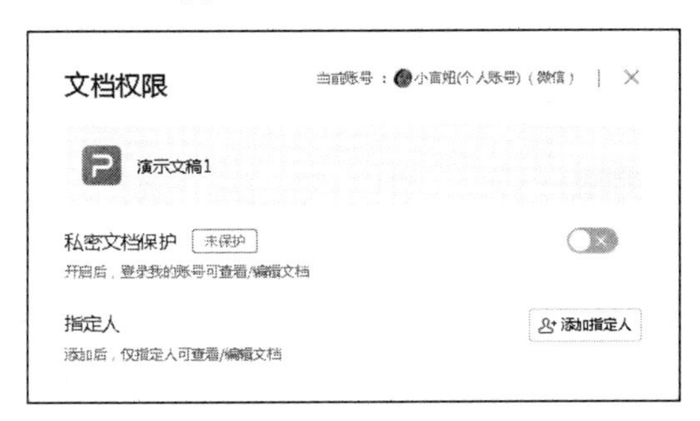

图 8.46 “文档权限”对话框

例 8-18：操作视频

3. 分享演示文档

WPS 文字、WPS 表格、WPS 演示三者并不是孤立存在的，而是互相联系的，以 WPS 演示为例，大多数情况下，演示文档中的内容都是从文字当中复制过来的，图表都是表格当中分析计算而来的，用表格来分析，用文字来佐证，最终用幻灯片来呈现展示。

例如，复制 WPS 表格中的表格数据，打开相应的幻灯片，单击“开始”选项卡下的“粘贴”下拉按钮，单击“选择性粘贴”命令，在弹出的对话框中选中“粘贴链接”单选按钮，如图 8.47 所示，即可同步 WPS 演示中的表格与 WPS 表格中的数据，当修改电子表格中的数据后，幻灯片中的数据会同步修改。

4. 出演示文档

制作完成的演示文档，可以输出为多种格式，如视频、图片等，如图 8.48 所示，以应对各种不同的需求。

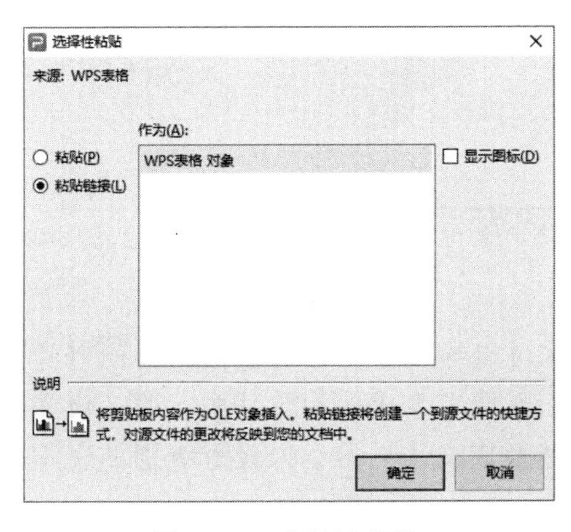

图 8.47 选择性粘贴

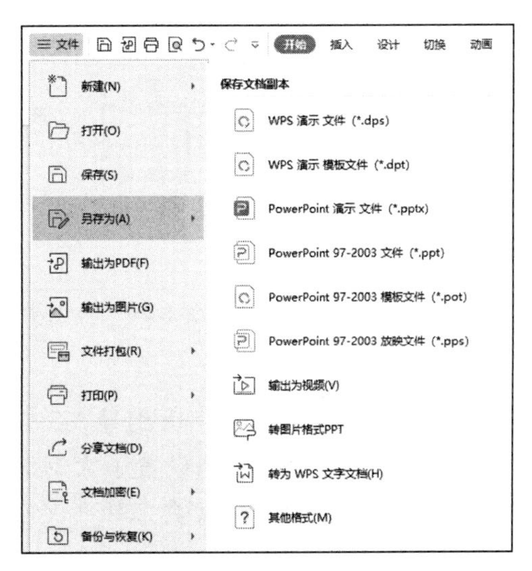

图 8.48 “另存为”命令

将演示文档输出为视频，可以避免因办公软件的兼容问题导致演示文档不能播放的情况。

将演示文档输出为图片，可以在社交软件上进行分享，一方面便于上传，另一方面也可以防止被人盗用。

当演示文档中含有音频、视频等多媒体文件时，可以将演示文档打包成文件夹或压缩文件，以保证再次打开演示文档时多媒体文件还可以正常使用。

8.4 知识拓展

8.4.1 外部数据源生成幻灯片

将外部数据源的内容导入到当前演示文档中使用是新建幻灯片的一种方法。“从文字大纲导入”功能，可将文本格式的外部数据源，如 WPS 文字文档、文本文件等导入演示文档，“重用幻灯片功能”可以将其他演示文档中的幻灯片导入当前演示文档中，如图 8.49 所示，该功能可以在 WPS 新版本中使用。

图 8.49 外部数据源导入幻灯片

1. 从文字大纲导入

WPS 演示提供的“从文字大纲导入”功能，可以导入文本内容生成新的幻灯片如图 8.49 所示。如果外部文档设置了大纲级别，则导入生成的幻灯片中，原一级文本被转换成标题，原二级以上（含二级）文本被转换成文本内容，未设置级别的文本不转换。

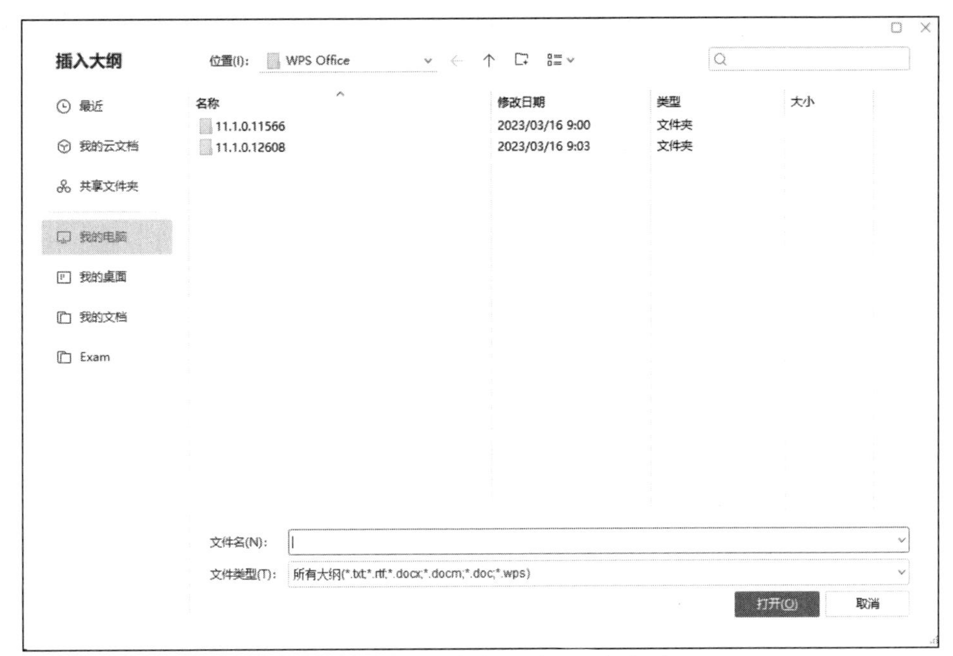

图 8.50 “从文字大纲导入”幻灯片

提示：使用“幻灯片（从大纲）”功能从外部数据源生成幻灯片，容易携带未知格式，若不清除，可能会影响后面的一些格式化操作。

2. 重用幻灯片

WPS 演示提供的“重用幻灯片”功能也可将其他演示文档中的幻灯片添加到当前演示文档中。

8.4.2 幻灯片美化原则

幻灯片的美感会影响演示文档的整体效果。在制作幻灯片时，想要让设计、制作的幻灯片既美观又专业，就需要在编辑和排版布局幻灯片时遵循一定的美化原则。

1. 对齐

对齐是排版布局幻灯片的基本原则，它是让幻灯片中各元素的边缘或中心在同一视线上，这样可以让幻灯片页面显得更加规整、统一。

2. 对比

对比就是要强调差异化，突出重点，让幻灯片中内容要点的展现更有条理，从而更有效地传递信息。在幻灯片中可以通过颜色、大小、粗细、底色等来进行对比。

3. 重复

重复是指某一视觉要素，如字体、字号、配色、图形和图片等在演示文档中多次出现，既可以是同一幻灯片也可以是不同幻灯片，这样可以保证整个演示文档的风格统一。

4. 留白

幻灯片中的留白不是指白色区域，而是指幻灯片页面某一区域中无额外元素、无装饰的空白区域，也就是未使用的区域。留白区域可以平衡幻灯片的布局，更好地衬托出中心区域的内容。留白要注意元素之间的联系性，适当的留白能保持幻灯片中各元素的联系，提高幻灯片的美观性，过渡的留白却会降低幻灯片的美观性，影响幻灯片信息的传递。

5．分离

分离原则是指将幻灯片中的内容按照逻辑分解出来，分开展示，以方便观众理解。

8.4.3　字体使用

WPS 演示中文字的应用要主次分明。在西文字体的分类方法中将字体分为了两类：衬线字体和无衬线字体。实际上对汉字的分类也是适用的，汉字还可以加入书法字体分类。不同字体之间的结合可以产生不同的效果。

1．衬线字体

衬线字体在笔画开始和结束的地方有额外的装饰，而且笔画的粗细有所不同。其文字细节比较复杂，较注重文字与文字的搭配和区分。常用的衬线字体有宋体、楷体、隶书、姚体、仿宋等，如图 8.51 所示。用衬线字体作为页面标题字体，可以给人优雅、精致的感觉。

宋体　楷体　隶书　姚体　仿宋

图 8.51　衬线字体

2．无衬线字体

无衬线字体的笔画没有装饰，笔画粗细接近，文字细节简洁，字与字的区分不是很明显。相对衬线字体的手写感，无衬线字体的人工设计感比较强，稳重又不失现代感。无衬线字体更注重段落与段落、文字与图片的配合、区分，在图表类 WPS 演示文档中表现较好。常用的无衬线字体有黑体、微软雅黑、幼圆等，如图 8.52 所示。使用无衬线字体作为页面标题字体，可以给人简练、明快、爽朗的感觉。

黑体　微软雅黑　幼圆

图 8.52　无衬线字体

3．书法字体

书法字体就是书法风格的字体，传统的书法字体有行书字体、草书字体等，如图 8.53 所示。书法字体常被用在封面、封底，用来表达传统文化或富有艺术气息的内容。

行书　草书

图 8.53　书法字体

小　　结

本章通过祖国发展成就、迷你服务器两个典型案例，讲述了使用 WPS 演示制作不同类型演示文档的基本知识和操作技巧，主要包括幻灯片的操作、常用对象的添加与编辑、母版的使用、超链接的使用、多媒体文件的编辑、动画效果的应用、切换效果的应用。

实　　训

实训 1　制作“五十周年校庆”演示文档

1.实训目的

① 掌握空演示文档的创建与保存。

② 掌握幻灯片的页面设置、模板等设计功能。

③ 掌握幻灯片的各种对象的添加与编辑。

④ 掌握幻灯片的放映。

2. 实训内容

参考图 8.54 所示的样张，设计制作出“五十周年校庆”演示文档。

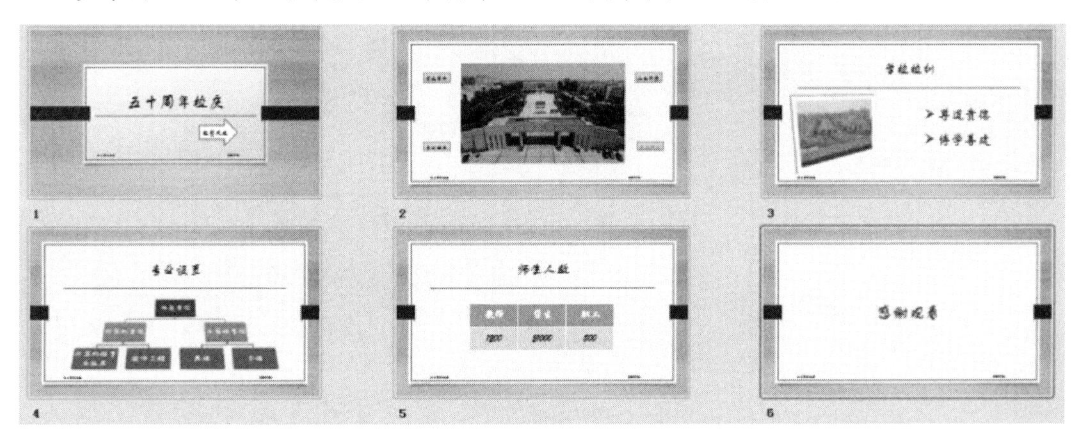

图 8.54 “五十周年校庆”演示文档样张

实训 2　制作“计算机学习”演示文档

1. 实训目的

① 掌握使用母版快速统一幻灯片风格的技巧。

② 掌握幻灯片超链接、动作按钮的设置。

③ 掌握幻灯片的对象动画效果、幻灯片切换效果的添加与设置。

④ 掌握幻灯片中音频和视频等多媒体的添加与编辑。

2. 实训内容

参考图 8.55 所示的样张，设计制作出“计算机学习”演示文档。

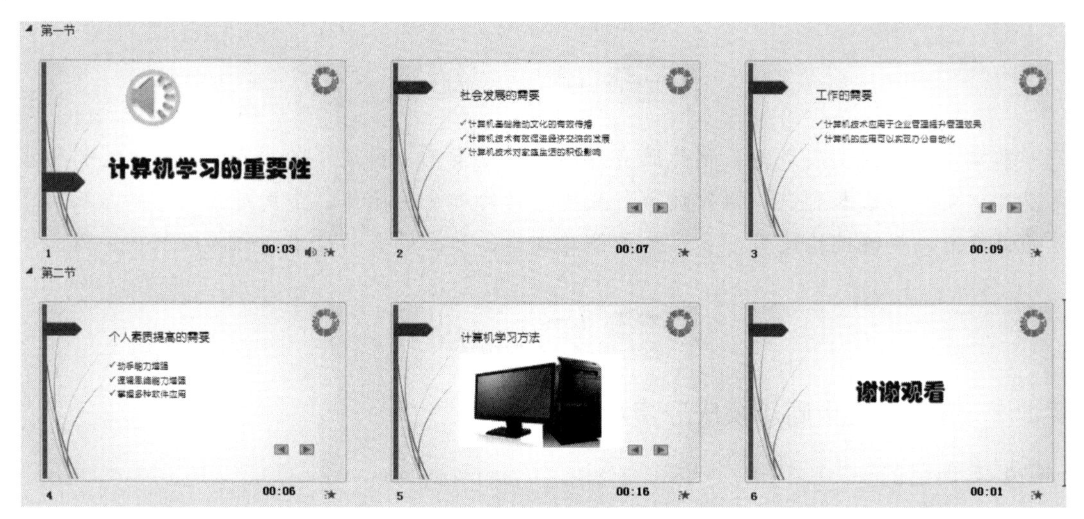

图 8.55 “计算机学习”演示文档样张

第9章 多媒体技术与应用

多媒体技术是当今信息技术领域发展最快、最活跃的技术之一，是新一代信息技术与电子技术发展和竞争的焦点。多媒体技术使用计算机交互式综合技术和数字通信网络技术处理多种媒体——文本、图形、图像、声音和视频，使多种信息建立逻辑连接，集成为一个交互式系统。

9.1 多媒体数据处理

9.1.1 多媒体基本概念

1. 媒体的概念与类型

媒体(media)是指传播信息的介质。它是指人借助用来传递信息与获取信息的工具、渠道、载体、中介物或技术手段。也可以把媒体看作实现信息从信息源传递到受信者的一切技术手段。

媒体包含两层含义：一是指信息的物理载体（即存储和传递信息的实体），如书本、挂图、磁盘、光盘、磁带以及相关的播放设备等；二是指信息的表现形式（或者说传播形式），如文字、声音、图像、动画等。多媒体计算机中所说的媒体，是指后者，即计算机不仅能处理文字、数值之类的信息，而且能处理声音、图形、声音和视频等各种不同形式的信息。

2. 多媒体与多媒体技术

多媒体（Multimedia）是多种媒体的综合，一般包括文本、声音和图像等多种媒体形式。在计算机系统中，多媒体指组合两种或两种以上媒体的一种人机交互式信息交流和传播媒体。

多媒体技术（Multimedia Technology）就是通过计算机对语言文字、数据、音频、视频等各种信息进行存储和管理，使用户能够通过多种感官和计算机进行实时信息交流的技术。多媒体技术所展示、承载的内容实际上都是计算机技术的产物，是利用计算机把文字材料、影像资料、音频及视频等媒体信息数字化，并将其整合到交互式界面上，使计算机具有交互展示不同媒体形态的能力。

9.1.2 多媒体计算机系统

多媒体计算机系统是指能把视、听和计算机交互式控制结合起来，对音频信号、视频信号的获取、生成、存储、处理、回收和传输综合数字化所组成的一个完整的计算机系统。完整的多媒体计算机系统是由多媒体硬件系统和多媒体软件系统组成的。

1．多媒体硬件系统

多媒体硬件系统包括计算机硬件、声音/视频处理器、多种媒体输入/输出设备及信号转换装置、通信传输设备及接口装置等。其中，最重要的是根据多媒体技术标准研制而成的多媒体信息处理芯片和板卡、光盘驱动器等。

2．多媒体软件系统

① 多媒体操作系统。多媒体操作系统是指“除具有一般操作系统的功能外，还具有多媒体底层扩充模块，支持高层多媒体信息的采集、编辑、播放和传输等处理功能的系统”。当前主流的操作系统都具备多媒体功能。

② 多媒体应用软件。多媒体应用软件主要是一些创作工具或多媒体编辑工具，包括字处理软件、绘图软件、图像处理软件、动画制作软件、声音编辑软件以及视频处理软件。常用的图像处理软件有 Adobe Photoshop 等，视频处理软件有 Adobe Premiere、After Effects 等。

9.2 图像处理软件 Photoshop

Adobe Photoshop 是目前最为流行、使用最为广泛的一款图像处理软件，是平面设计、广告摄影、网页制作等领域的必备软件，具有界面友好、风格独特，支持多种图像文件格式，支持多种颜色模式，较好的软硬件兼容性等特点。

杨晓燕是大二的一名学生，业余参加学校校训宣传活动，需要设计宣传图片，结合之前学过的 Photoshop 知识，她得出完成任务的一般思路如下：

① 收集图片素材。

② 新建图像文件。

③ 创建图层，进行图像合成。

④ 保存图像。

最终效果如图 9.1 所示。

图 9.1 图像处理效果

9.2.1 Photoshop 基本操作

1. 工作界面

Photoshop CS6 工作界面由菜单栏、工具箱、工具选项栏、面板组、文档窗口、状态栏等组成，如图 9.2 所示。

图 9.2 Photoshop CS6 工作界面组成

（1）菜单栏

菜单栏包括文件、编辑、图像、图层、文字、选择、滤镜、3D、视图、窗口、帮助等菜单，在每个菜单项中都内置了多个命令，选择菜单中的命令即可实现各种操作。

（2）工具箱

工具箱包含所有用于图像编辑处理和绘制图形的工具。工具箱具有单列显示和双列显示两种形式，可通过工具箱顶端的按钮进行切换。

（3）工具选项栏

工具选项栏根据选择的工具发生变化，当在工具箱中选择了某个工具时，可在此栏中对该工具的参数进行设置。

（4）文档窗口

文档窗口是对图像进行编辑和处理的主要场所，每打开一个图像文件，就会创建一个文档窗口，如果打开了多个图像，则各个文档窗口会以选项卡的形式显示。

（5）面板组

位于窗口的右侧，包括颜色、图层、通道、历史记录面板等，可以完成各种图像处理操作和工具参数的设置。选择“窗口”菜单中的相应命令，可以打开相应的面板。

（6）状态栏

打开一个图像文件后，文档窗口底部自动出现状态栏，用于显示文档信息，如缩放比例、文档的大小等。

提示：在 Photoshop CS6 中，选择“编辑”菜单中的“首选项”命令，在打开的“首选项”对话框中，可以进行“常规”“界面”等设置，如在界面设置中，设置用户习惯使用的颜色方案等。

2. 新建图像文件

选择“文件”菜单中的“新建”命令，打开“新建”对话框，可以根据需要对新建图像文件的名称、宽度、高度、分辨率、颜色模式、背景内容等进行设置，如图 9.3 所示。

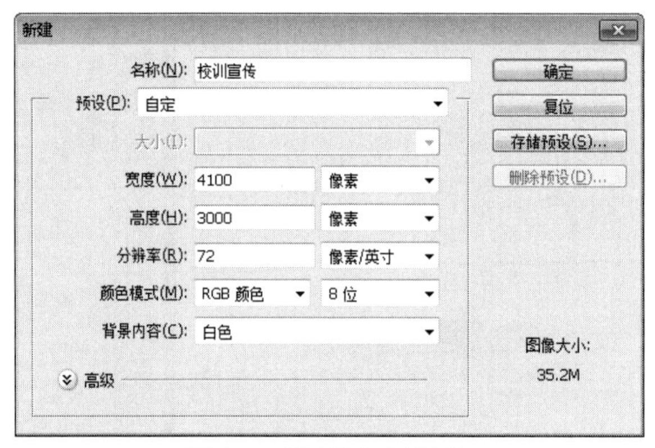

图 9.3 “新建”对话框

3. 保存图像文件

图像文件经过编辑后要进行保存。选择“文件”菜单中的“存储为”命令，打开“存储为”对话框，可以设置文件位置、文件名、文件格式等，如图 9.4 所示。其中，Photoshop 默认保存的文档格式为.psd。.psd 是 Photoshop 专用的文档格式，该文档格式中包含图层等信息。

图 9.4 “存储为”对话框

提示：常用的图像文件存储格式主要有 BMP 格式、GIF 格式、JPEG 格式、PNG 格式等。

① BMP 格式，是 Windows 操作系统中的标准图像文件格式，这种格式的特点是包含的图像信息较丰富，几乎不进行压缩，但占用磁盘空间过大。

② GIF（图像交换格式）格式，是一种 LZW 压缩格式，用来最小化文件大小和减少传递时间。在网页中，GIF 文件格式普遍用于显示索引颜色和图像，支持多图像文件和动画文件。其缺点是存储色彩最高只能达到 256 种。

③ JPEG（联合图片专家组）格式，是目前所有格式中压缩率最高的格式。JPEG 非常适合用来存储照片，用来表达更生动的图像效果。

④ PNG 格式。PNG 图片以任何颜色深度存储单个光栅图像。PNG 是与平台无关的格式。作为 Internet 文件格式，与 JPEG 的有损耗压缩相比，PNG 提供的压缩量较少。

4. 设置前景色与背景色

在 Photoshop 中，默认状态下前景色为黑色，背景色为白色。前景色与背景色工具位于工具箱底部。单击前景色与背景色工具右上方的图标，可以进行前景色与背景色的切换；单击前景色或背景色图标，打开“拾色器”对话框设置颜色，如图 9.5 所示。

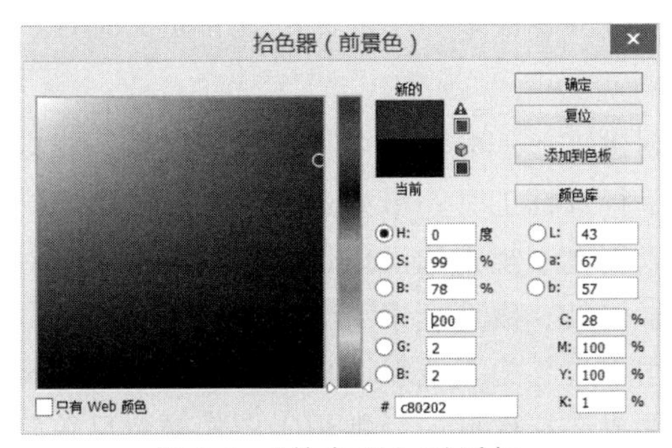

图 9.5 “拾色器”对话框

【例 9-1】新建图像文件，宽度为 4 100 像素，高度为 3 000 像素，分辨率为 72 像素/英寸，背景白色，将图像文件保存为“校训宣传.psd。”

例 9-1：操作视频

9.2.2 图层的应用

使用 Photoshop 进行图像处理必须使用图层，一个图像往往由多个图层组成，图层被喻为 Photoshop 的灵魂。

1. 认识图层

图层就像是透明的纸，在一个图层中，有图像的部分是不透明的，没有图像的部分则是透明的，所有图层堆叠在一起，便可构成一幅完整的图像，图层的编辑基本上都可以通过“图层”面板来完成，如图 9.6 所示。

图 9.6 “图层”面板

2. 新建图层

新建一个图像时，系统会自动在新建的图像窗口中生成一个背景图层。如果需要新建图层，可以单击“图层”面板下方的“新建图层”按钮，或选择“图层”菜单中的“新建图

层”命令。

3. 图层的基本操作

图层的基本操作主要包括复制图层、删除图层、图层重命名、调整图层顺序、图层的可见性、图层的链接、多个图层的对齐与分布。

提示：图像中的背景图层是不能重命名与更改叠放顺序的，但可以在“图层”面板中双击背景图层，将其转换为一般图层。按【Ctrl+[】组合键可将当前图层上移一层，按【Ctrl+]】组合键可将当前图层下移一层。

图层链接后，选择其中的一个图层就可以将相链接的图层图像一起移动。而对齐与分布图层，则需要选择所需的图层才能进行操作。

9.2.3 选区的创建与编辑

在 Photoshop 中，选区的运用非常重要，用户常常需要通过选区来对图像进行选择、编辑。Photoshop 提供了规则选区工具、不规则选区工具、快速选择工具三种选区工具供用户使用，用户也可以通过颜色吸取等手段来创建自定义选区。

1. 选区工具

规则选区工具可以创建矩形、椭圆、单行、单列选区。规则选区工具包括矩形选框工具、椭圆选框工具、单行选框工具、单列选框工具，如图 9.7 所示。

不规则选区工具可以创建不规则选区以选取任意的不规则对象。不规则选区工具包括套索工具、多边形套索工具、磁性套索工具，如图 9.8 所示。套索工具用于绘制自由选区；多边形套索工具用于边界为直线型图像的选取；磁性套索工具可以在图像中沿颜色边界捕捉像素，从而形成选择区域，经常用于图像颜色反差较大的区域创建选区。

快速选择工具主要根据图像颜色的差异来获取选区，即按颜色来选取对象。快速选择工具包括快速选择工具、魔棒工具，如图 9.9 所示。快速选择工具以图像中的相近颜色来建立选择范围，需要灵活地设置画笔大小。魔棒工具用于选取颜色一致的图像，从而获取选区，经常用于选取颜色对比较强的图像。

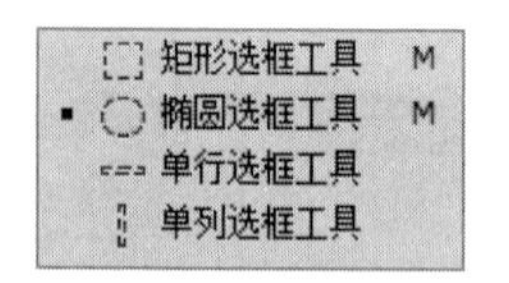

图 9.7 规则选区工具

图 9.8 不规则选区工具

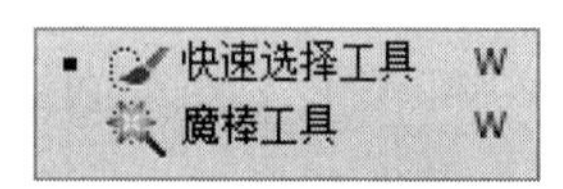

图 9.9 快速选择工具

2. 自定义选区

使用“选择”菜单中的“色彩范围”命令，可以根据选择的色彩范围创建选区。此外，按下【Ctrl】键，鼠标单击图层，可以全选图层中的所有像素建立选区。

例 9-2：操作视频

【例 9-2】在“校训宣传.psd”文件中添加所需图片图层，并将相应图层重命名为“正门”“校徽”。

9.2.4　图像的编辑与修饰

图像的修饰能使图像的处理更加准确、快捷、生动。Photoshop 中提供了多种图像的编辑与修饰工具，这些命令和工具各有特色，可满足不同的编辑与修饰需求。

1. 图像的调整

图像的宽度、高度、分辨率都可影响到文件的大小。选择“图像”菜单中的“图像大小”命令，可查看图像的大小信息，也可重新设置图像的大小和分辨率。选择“图像”菜单中的“调整”级联菜单中的命令，可以对图像的亮度/对比度、色阶、曲线等进行调整。

2. 画笔工具的使用

画笔工具是 Photoshop 中重要的工具之一，可以用它进行简单的涂抹，也可进行精细的绘画。在工具栏中选择“画笔工具”，在对应的工具栏选择调整笔刷的样式、大小、硬度等参数，即可以前景色作为画笔颜色在当前图层进行涂抹绘画。

3. 形状的添加

Photoshop 中可以通过添加各种形状来丰富当前图像，Photoshop 中提供了矩形工具、圆角矩形工具、椭圆工具、多边形工具、直线工具、自定义形状工具六种形状工具，选择相应工具，绘制形状，同时可在工具栏选项中进行填充、描边、粗细、线型等参数设置。

4. 对象的变换

选择“编辑”菜单中的“自由变换”命令或按【Ctrl+T】组合键，可对选中的图像进行变换。一种方式是使用鼠标拖动，另外一种方式是在“自由变换”工具选项栏进行设置，如图 9.10 所示。选择“编辑”菜单中的“变换”级联菜单中的命令，能够对选择对象进行缩放、旋转、扭曲等多种变换。

图 9.10　“自由变换”工具选项栏

【例 9-3】图像的编辑与修饰。

例 9-3：操作视频

① 将“正门”图层的输入色阶调整为“1、1.0、212”，“正门”“校徽”图层中的图像自由变换适当调整图像大小。

② 新建图层，绘制一个白色矩形，无描边，使用红色画笔，在中间区域绘制笔刷效果，然后建立选区，清除红色区域，同时图层透明度设置为 60%。

③ 再新建 3 个图层，一个绘制淡蓝色矩形并旋转，一个绘制白色半透明的矩形，一个绘制无填充的白色边框矩形，重命名并调整图层叠放顺序。

9.2.5　文字的应用

文字是平面设计的一个重要组成部分，在图像中加入文字往往更能表达作品的主题和作者的思想。Photoshop 提供了丰富的文字输入功能和编排功能。

1. 文字工具

Photoshop 使用文字工具创建文字，文字工具包括横排文字工具、直排文字工具、横排文字蒙版工具、直排文字蒙版工具，如图 9.11 所示。不管是横排文字工具还是直排文字工具，在文档窗口中单击即可输入单行文字，而在文档窗口中按下鼠标左键拖动绘制一个文本框可输入段落文字。

图 9.11 文字工具

2. 文字格式设置

文字创建完成后需要对其进行格式设置。文字工具选项栏可以对创建的文字进行格式设置，主要包括字体、大小、颜色的设置等，如图 9.12（a）所示。

在“文字”菜单中选择“面板”组中的“字符”命令打开“字符|段落”面板，如图 9.12（b）所示，在该面板中单击“段落”选项卡，即可进行段落格式设置。“字符|段落”面板具有与文字工具选项栏类似的功能，但其功能更强大。

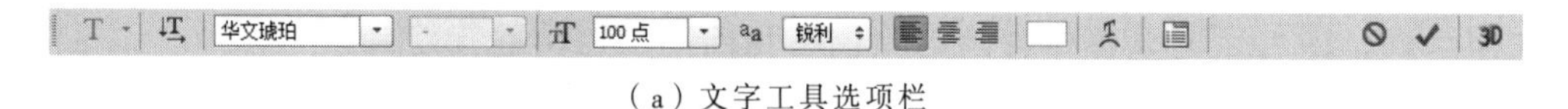

（a）文字工具选项栏

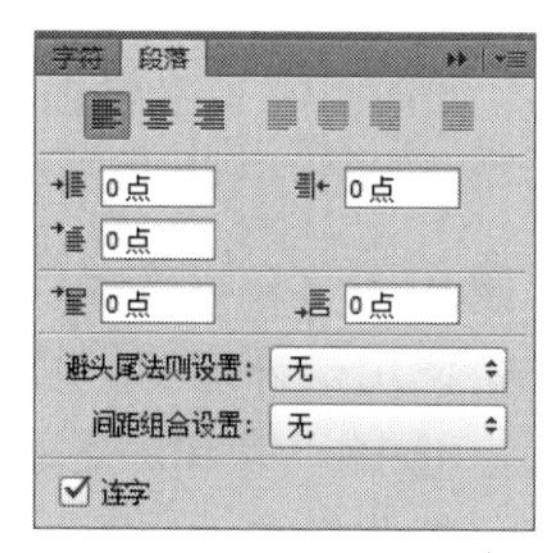

（b）“字符|段落”面板

图 9.12 文字格式设置

例 9-4：操作视频

【例 9-4】使用文字工具在“校训宣传.psd”中输入校训，文字格式设置为华文行楷、180 点、红色，并调整文字与校徽图片的对齐与位置，保存“校训宣传.psd”文件并将文件存储为“校训宣传.jpg”。

至此，本章图像处理任务完成。

9.3 视频编辑软件 Premiere

Adobe Premiere Pro 是目前流行的非线性视频编辑软件，提供了采集、剪辑、调色、美化音频、字幕添加、输出、DVD 刻录的一整套流程，被广泛应用于电影、电视、多媒体、网络视频、动画设计以及家庭 DV 等领域的制作中，是视频编辑爱好者和专业人士必不可少的视频编辑工具。同时，该软件还具有较好的兼容性，可以与 Adobe 公司推出的其他软件相互协作，为制作高效数字视频建立了新的标准。

杨晓燕是校宣传部宣传员，需要制作一个学校的宣传视频。杨晓燕结合所学的 Premiere 知识，得出以下设计思路：

① 收集相关的视频（也可录制）、音频、图片等资料。

② 创建项目，导入素材，将视频进行适当剪辑。

③ 添加转场效果、视频特效、字幕等。

④ 输出视频影片。

最终效果如图 9.13 所示。

图 9.13　宣传视频效果

9.3.1　Premiere 基本操作

1. 工作界面

Premiere Pro CS6 工作界面由标题栏、菜单栏、“源（素材）” / “特效控制台”面板组、“节目”面板、“项目”面板、“工具”面板、“时间线”面板等组成，如图 9.14 所示。

图 9.14　Premiere Pro CS6 工作界面组成

（1）菜单栏

菜单栏包括文件、编辑、项目、素材、序列、标记、字幕、窗口、帮助等 9 个菜单选项，每个菜单选项代表一类命令。

（2）“源”面板

“源”面板显示“项目”面板或“时间线”面板中某个素材的原始画面。

（3）“项目”面板

“项目”面板用于对素材进行导入、存放和管理。该面板可以用多种方式显示素材，如列表、图标等，也可以对素材进行分类、重命名、新建等。

（4）“时间线”面板

“时间线”面板是 Premiere Pro CS6 中最重要的编辑面板，包括多个视频和音频轨道，放置来自“项目”面板的素材和文字等内容，可以按照时间顺序排列和连接各种素材，可以进行素材剪辑，可以添加切换效果、视频特效、文字等，最终制作绚丽的影片效果。

（5）“节目”面板

“节目”面板显示音、视频节目编辑合成后的最终效果，用户通过预览最终效果来估算编辑的效果与质量，以便进行进一步的调整和修改。

（6）“工具”面板

“工具”面板中包括选择工具、缩放工具等工具，这些工具主要用于在“时间线”面板中进行编辑操作，如选择、裁剪等。

2. 创建项目并保存

在启动 Premiere Pro CS6 开始进行视频制作时，必须首先创建新的项目文件或打开已存在的项目文件。Premiere Pro CS6 项目文件扩展名为.prproj。

3. 导入素材

在新建项目之后，接下来需要做的是将待编辑的素材导入“项目”面板中。Premiere Pro CS6 支持图像、视频、音频等多种类型和文件格式的素材导入。选择“文件”菜单中的“导入”命令（也可以在“项目”面板的空白处双击），在打开的“导入”对话框中选择所需素材即可将素材导入“项目”面板中。

4. 将素材插入“时间线”面板

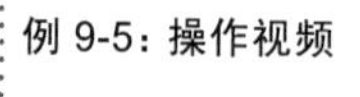
例 9-5：操作视频

素材导入“项目”面板以后，在“项目”面板中选中素材，将其拖动到“时间线”面板中相应的轨道中，即可将各素材插入“时间线”面板，以便按照时间顺序排列和连接各种素材、剪辑素材、合成效果等。

【例 9-5】创建项目“宣传视频.prproj”并导入素材。

① 新建项目“宣传视频.prproj”，“序列预设”设置为 DV-PAL 制式下的标准 48 kHz。

② 在“项目”面板中导入所需素材，并将“开门迎新.mp4”素材拖动到“时间线”面板的“视频 1”轨道中。

5. 剪辑素材

Premiere 的一大优点是可以对素材进行随意剪辑，然后对剪辑的素材片段的位置进行随意调整。用户可以在“时间线”窗口和“源”监视器窗口剪辑素材。

在“时间线”面板中剪辑素材经常会使用“工具”面板中的工具，常用的工具包括如下几种：选择工具、轨道选择工具和剃刀工具。其中“剃刀工具”主要用于对素材的剪辑，选中剃刀工具然后单击“时间线”面板中的素材片段，素材会从单击的位置裁切开。

例 9-6：操作视频

【例 9-6】对“时间线”面板中的“开门迎新.mp4”文件进行剪辑。

① 选中“时间线”面板中“视频 1”轨道中的“开门迎新.mp4”素材，将时间滑块放置在“00:00:08:08”位置，使用剃刀工具进行剪辑并使用“编辑”菜单中的“波纹删除”命令删除多余素材。

② 移动素材，按下鼠标左键将其拖动至“00:00:00:00”位置。

9.3.2 视频切换效果

视频切换是指两个场景（即两段素材）之间，采用一定的技巧，如伸展、叠化、卷页等，实现场景之间的平滑切换，使作品的流畅感提升，使画面更富有表现力。

Premiere Pro CS6 的视频切换特效位于“效果”面板的“视频切换”分类选项，如图 9.15 所示。视频切换特效在“特效控制台”面板（见图 9.16）中进行设置，主要包括调整切换区域、设置切换持续时间等。

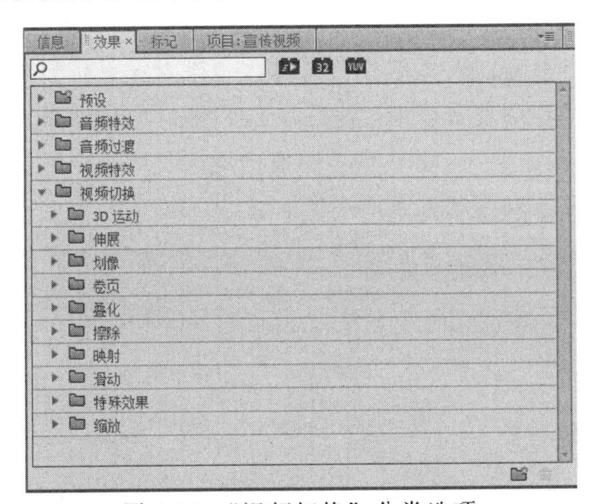

图 9.15 “视频切换”分类选项

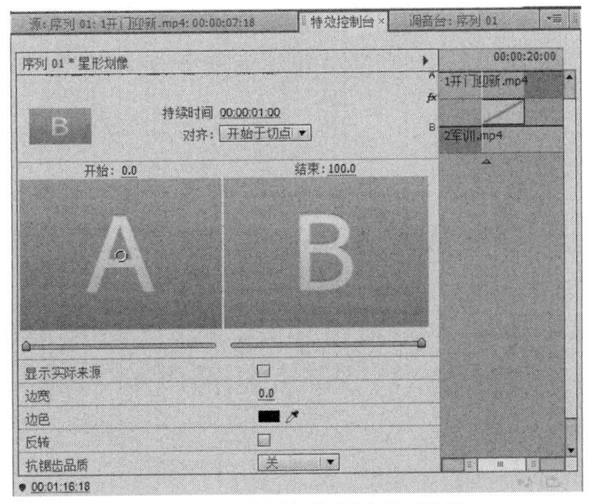

图 9.16 “特效控制台”面板

例 9-7：操作视频

【例 9-7】将“2 军训.mp4”“3 学位授予.mp4”“4 学校全景.mp4”依次插入视频 1 轨道中，并为“2 军训.mp4”素材添加“星形划像”视频切换效果，为“3 学位授予.mp4”素材添加“中心剥落”视频切换效果，为“4 学校全景.mp4”素材添加“门”视频切换效果。

① 将素材添加至视频 1 轨道中，在“效果”面板中，展开“视频切换”分类选项，选中“星形划像”效果，将其拖动到“时间线”面板中的“2 军训.mp4”文件的开始位置。

② 单击“时间线”面板中的“星形划像”特效，在“特效控制台”面板中，将“持续时间”设置为“00:00:01:13”；将“对齐”设置为“开始于切点”；勾选“显示实际来源”复选框，然后将开始设置为 19.9，结束设置为 95.5。

③ 为其他素材添加视频切换特效，为“3 学位授予.mp4”处添加“卷页”中的“中心剥落”切换效果，为“4 学校全景.mp4”处添加“3D 运动”中的“门”切换效果。

9.3.3 视频特效

视频特效是 Premiere 的一大重点和特色，它可应用在图像、视频、字幕等对象上。通过设置参数及创建关键帧动画等操作，就可以制作丰富多彩的视频效果。

Premiere Pro CS6 的视频特效位于“效果”面板中的“视频特效”分类选项，如图 9.17 所示，包括“变换”“调整”“透视”等。视频特效在“特效控制台”面板（见图 9.18）中进行设置，不同的特效设置的参数不同。

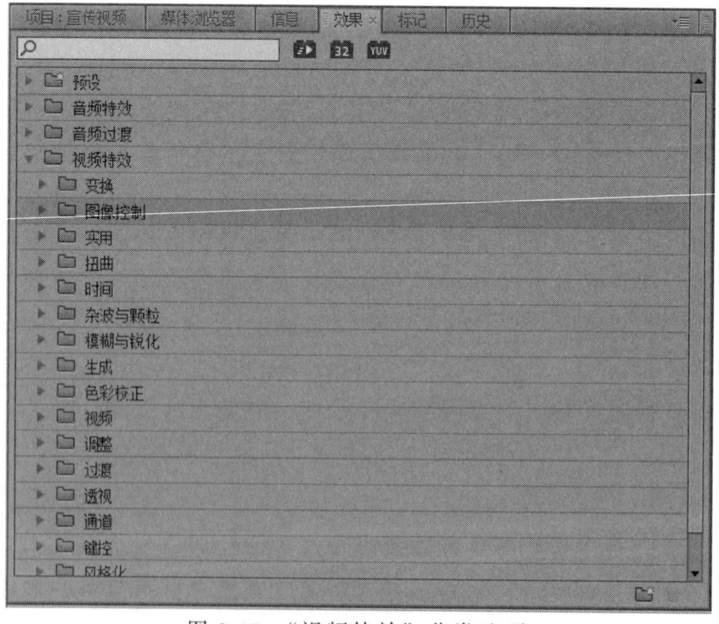

图 9.17 “视频特效”分类选项

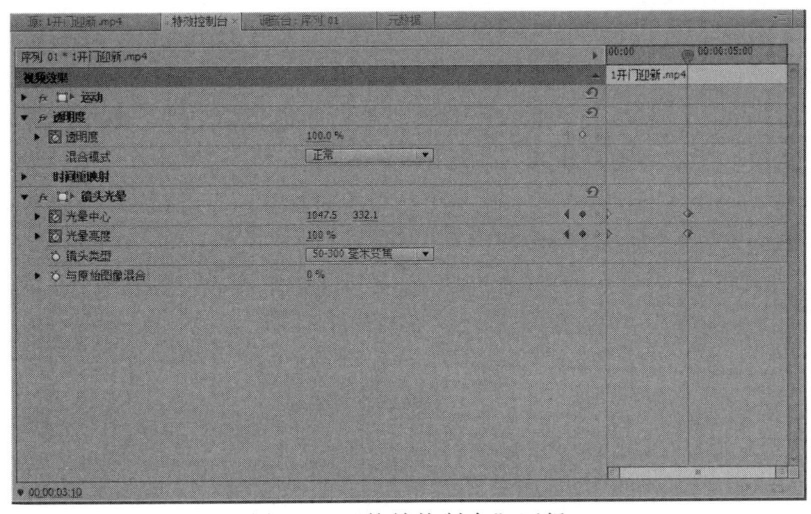

图 9.18 “特效控制台”面板

【例 9-8】将“1 开门迎新.mp4”素材添加“镜头光晕”视频特效并设置视频特效参数。

例 9-8：操作视频

① 在“效果”面板中，展开“视频特效”选项，展开“生成”文件夹，选中“镜头光晕”效果，拖动至“时间线”面板中的“1 开门迎新.mp4”文件上。

② 将时间滑块定位于初始位置，在“特效控制台”面板中单击“光晕中心”前的“切换动画”按钮创建关键帧，同时设置光晕中心的值为 613.8、446.2。

③ 单击“光晕亮度”前的“切换动画”按钮创建关键帧，将值改为 50%。

④ 在“时间线”面板中，将时间滑块定位于“00:00:03:10”位置，单击“特效控制台”面板，设置光晕中心的值为 1047.5、332.1，设置“光晕亮度”值为 100%。

9.3.4 字幕

字幕是影视节目中必不可少的组成部分，它可以帮助影片全面地展现其信息内容，起到解释画面、补充内容等作用。在 Premiere Pro CS6 中，字幕分为三种类型：默认静态字幕、默认滚动字幕、默认游动字幕。

默认静态字幕是指在默认状态下停留在画面指定位置不动的字幕；默认滚动字幕其默认的状态即为在画面中从下到上垂直运动，运动速度取决于该字幕持续时间的长短；默认游动字幕即在默认状态下就具有沿画面水平方向运动的特性。

1. 新建字幕

在 Premiere Pro CS6 中，新建字幕有多种方法，比如通过“字幕”菜单创建、通过“文件”菜单创建（也可以用【Ctrl+T】组合键）、通过“项目”面板创建。

2. 字幕编辑面板编辑文字

Premiere Pro CS6 提供了一个专门用来创建及编辑字幕的字幕编辑面板，所有文字编辑及处理都是在该面板中完成的。字幕编辑面板不仅可以创建各种各样的文字效果，而且能够绘制各种图形，为用户的文字编辑工作提供很大的方便。

在“新建字幕”对话框中设置字幕参数后，单击“确定”按钮，即弹出字幕编辑面板，如图 9.19 所示。字幕编辑面板由字幕属性栏、字幕工具箱、字幕动作栏、字幕属性设置面板、字幕工作区、字幕样式共六部分组成。

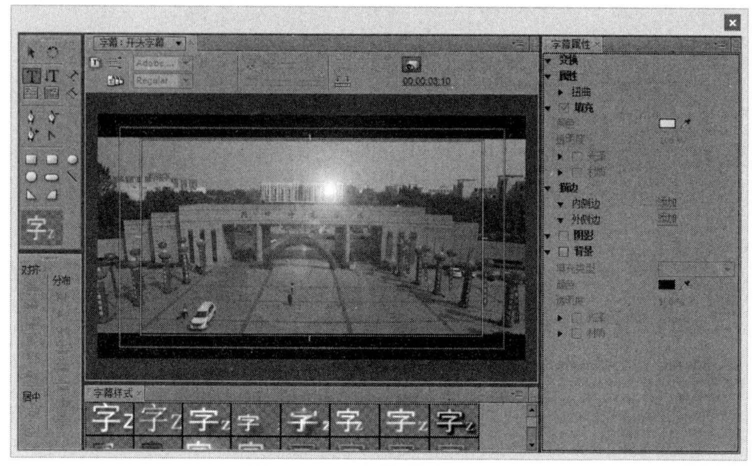

图 9.19　字幕编辑面板

3．插入字幕

在字幕编辑面板中编辑完文字后，关闭字幕编辑面板，在“项目”面板中可看到创建的字幕对象，如图 9.20 所示。

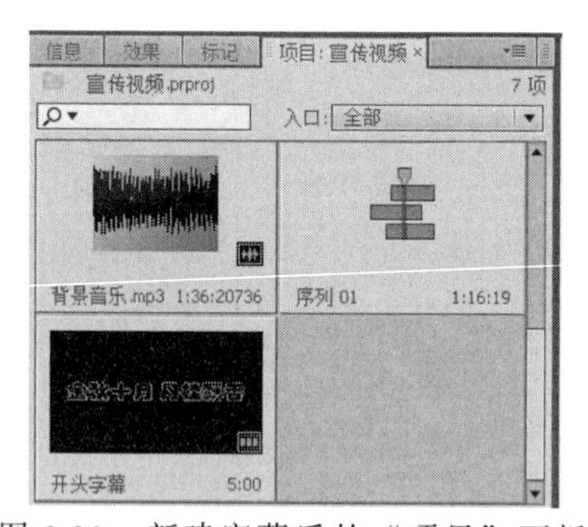

图 9.20　新建字幕后的“项目”面板

【例 9-9】新建默认静态字幕，字幕名称为“开头字幕”。

① 新建字幕“金秋十月　丹桂飘香”，字体为 STCaiyun，大小为 150。

② 将字幕添加到“时间线”面板中的“视频 2”轨道中的开始处，调整字幕长度，然后为该字幕制作淡出效果。

例 9-9：操作视频

9.3.5　视频影片的输出

在编辑好项目内容之后，就可以将编辑好的项目文件进行渲染并导出为可以独立播放的视频文件。Premiere Pro CS6 提供了多种输出方式，可以输出不同的文件类型。

1．项目输出准备

在影视剪辑工作中，输出完整影片之前要做好输出准备，主要指渲染预览，即把编辑好的文字、图像、音频、视频效果等进行预处理，生成暂时的预览视频，便于对编辑效果进行检查与预览，提高最终的输出速度、节约时间。

2．影片输出

可以根据需要将影片输出成所需要的格式，在输出过程中需要进行必要的输出基本参数设置。

例 9-10：操作视频

【例 9-10】将“背景音乐.mp3”文件作为视频背景音乐，影片输出为“宣传视频.mp4”。

① 将“项目”面板中的“背景音乐.mp3”文件添加到“时间线”面板中的“音频 2”轨道中。

② 选择“文件”菜单中的“导出”→“媒体”命令，在“导出设置”对话框中，将“格式”设置为 H.264，“输出名称”设置为“宣传视频.mp4”，其余设置使用默认值，完成导出。

提示：Premiere Pro 导出视频格式常用的包括以下几种。

① AVI 格式。全称是 Audio Video Interleaved，即音频视频交错格式，是 Windows 系统中使用的视频文件格式，优点是兼容性好、图像质量好、调用方便；缺点是文件较大。

② H.264 格式。H.264 是国际标准化组织（ISO）和国际电信联盟（ITU）共同提出的继 MPEG4 之后的新一代数字视频压缩格式，具有图像质量好、网络适应性强等特点，是目前常用的视频输出格式。

③ FLV 格式。全称是 Flash Video，是一种流媒体格式，具有文件小、加载速度快的特点。

小　结

本章介绍了多媒体数据处理的相关知识，Photoshop CS6 中图层的应用、选区的创建、图像的编辑与修饰、文字的应用等知识与操作方法，Premiere Pro CS6 中素材的管理与剪辑、视频切换效果、视频特效、字幕、视频影片输出等知识与方法。

实　训

实训 1　图像合成

1．实训目的

① 掌握图像文件的创建与保存。

② 掌握选区的创建与编辑。

③ 掌握图层的应用。

2. 实训内容

根据提供的素材，完成图 9.21 所示的效果。

图 9.21　实训 1 效果

实训 2　编辑个人小视频

1. 实训目的

① 掌握视频文件的创建与保存。

② 掌握视频的剪辑。

③ 掌握转场效果、视频特效、字幕等的添加与编辑。

④ 掌握视频影片的输出。

2. 实训内容

制作个人小视频，展示个人的兴趣、爱好等。

第 3 篇

计算机网络与新技术

第 10 章 计算机网络

随着计算机网络技术的飞速发展，计算机网络以及 Internet 已进入人类社会的各个领域，并发挥着越来越重要的作用。事实上，到了今天，计算机网络已成为人们日常生活中不可分割的一部分。

10.1 计算机网络概述

10.1.1 计算机网络的定义

计算机网络是指将地理位置不同的具有独立功能的多台计算机及其外围设备，通过通信线路连接起来，在网络操作系统、网络管理软件及网络通信协议的管理和协调下，实现资源共享和信息传递的计算机系统。

10.1.2 计算机网络的功能

计算机网络有许多功能，其主要功能有以下几种：

1. 数据通信

数据通信是依照一定的通信协议，利用数据传输技术在两个终端之间传递数据信息的一种通信方式和通信业务。数据通信是计算机网络最基本的功能之一，也是实现其他功能的基础。它可实现计算机和计算机、计算机和终端以及终端与终端之间的数据信息传递，是继电报、电话业务之后的第三种最大的通信业务。

2. 资源共享

资源共享是计算机网络最主要的功能之一。计算机资源包括硬件资源、软件资源和数据资源。硬件资源的共享可以提高设备的利用率，避免设备的重复投资，如利用计算机网络建立网络打印机；软件资源的共享可以充分利用已有的信息资源，减少软件开发过程中的劳动，避免大型数据库的重复建设；数据资源的共享可以使网络用户方便地获取网上各种各样的信息资源，包括网页、论坛、数据库、音频和视频文件等。

3. 集中管理

计算机网络技术的发展和应用，已使得现代的办公方式、经营管理等发生了变化。目前，已经有许多管理信息系统、办公自动化系统等，通过这些系统可以实现日常工作的集中管理，提高工作效率，增加经济效益。

4．实现分布式处理

网络技术的发展，使得分布式计算成为可能。对于大型的课题，可以分为许许多多小题目，由不同的计算机分别完成，然后再集中起来解决问题。

5．负载均衡

负载均衡是指工作被均匀地分配给网络上的各台计算机系统。网络控制中心负责分配和检测，当某台计算机负荷过重时，系统会自动转移负荷到较轻的计算机系统去处理。

由此可见，计算机网络可以大大扩展计算机系统的功能，扩大其应用范围，提高可靠性，为用户提供方便，同时也减少了费用，提高了性能价格比。

10.1.3 计算机网络的分类

网络类型的划分标准各种各样，一般根据网络覆盖的地理范围把网络类型划分为局域网、城域网、广域网三种，三者之间的关系如图 10.1 所示。

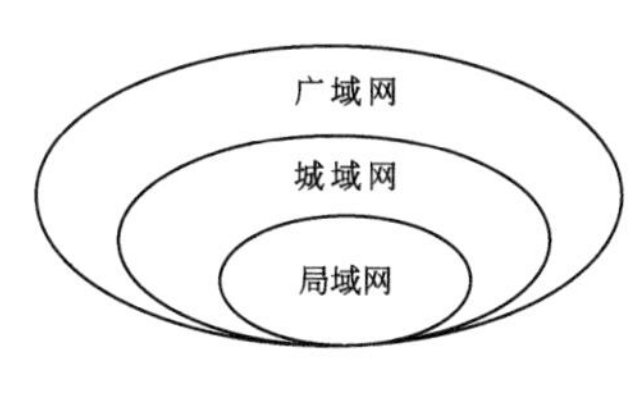

图 10.1 网络类型

1．局域网

局域网（Local Area Network，LAN）是在局部地区范围内的网络，它所覆盖的地区范围较小，例如，各个单位、公司自己的网络，家庭内的网络都是典型的局域网。

2．城域网

城域网（Metropolitan Area Network，MAN）是在一个城市范围内，不同小区范围内的计算机互联。MAN 与 LAN 相比扩展的距离更长，连接的计算机数量更多。

3．广域网

广域网（Wide Area Network，WAN）也称远程网，所覆盖的范围比城域网更广，它一般是不同城市间的 LAN 或 MAN 互联。

10.2 Internet 应用

10.2.1 认识 Internet

1．Internet 的起源和形成

1969 年，ARPA（美国国防部研究计划管理局）为了方便军事研究，将部分军事及研究用的计算机主机互相连接起来，形成了 Internet 的雏形——ARPANET。

1985 年，NSF（美国国家科学基金会）提供巨资建立美国五大超级计算中心，并开始了全美的组网工程，建立基于 TCP/IP 的 NSF 网络。

1989 年，MILNET（由 ARPANET 分离出来）实现了与 NSFNET 的连接后，开始采用 Internet 这个名称。自此以后，其他部门的计算机相继并入 Internet，Internet 逐渐成形并进入飞速发展的阶段。

2. Internet 的发展

20 世纪 80 年代末，随着科技和经济的迅猛发展，尤其是计算机网络技术以及相关通信技术的高速发展，人类社会开始从工业社会向信息化社会过渡。1992 年，ISOC（国际互联网协会）正式成立，其旨在推动 Internet 全球化，加快网络互联技术、应用软件的发展，提高 Internet 普及率。

1994 年美国的 Internet 由商业机构全面接管，这使 Internet 从单纯的科研网络演变成一个世界性的商业网络，从而加速了 Internet 的普及和发展，世界各国纷纷连入 Internet，各种商业应用也一步步地加入 Internet，Internet 几乎成为现代信息社会的代名词。

提示： 我国最早连入 Internet 的单位是中国科学院高能物理研究所。1994 年 8 月 30 日，中国邮电部同美国 Sprint 电信公司签署合同，建立了 CHINANET 网，使 Internet 真正向普通中国人开放。同年，中国教育科研网（CERNET）连接到了 Internet。目前，各大学的校园网已成为 Internet 上最重要的资源之一。

3. Internet 的基本服务功能

在 Internet 中，专门有一些计算机是为其他计算机提供服务的，它们被称为服务器。当一台计算机接入 Internet，就可以访问这些服务器。

Internet 提供了多种服务，通过这些服务，人们可以从事工作、学习、娱乐等多种活动。Internet 主要的应用及服务有万维网（World Wide Web，WWW）、电子邮件（E-mail）、搜索引擎（Search Engine）、即时通信（Instant Messaging，IM）、文件传输协议（File Transfer Protocol，FTP）、信息讨论与公布等。

10.2.2 IP 地址与域名

Internet 上的每台主机要和其他主机进行通信，需要有一个地址，这个地址是全球唯一的，它唯一标识与 Internet 连接的一台主机。Internet 上的主机地址有两种表示形式：IP 地址和域名地址。

1. IP 地址

IP 是英文 Internet Protocol 的缩写，意思是“网络之间互联的协议”，也就是为计算机网络相互连接进行通信而设计的协议。任何厂家生产的计算机系统，只要遵守 IP 协议就可以与因特网互联互通。正是因为有了 IP，因特网才得以迅速发展成为世界上最大的、开放的计算机通信网络。因此，IP 也可称为“因特网协议”。

IP 地址是一个 32 位的二进制数，通常被分为 4 字节。为了方便人们的使用，IP 地址通常用“点分十进制”表示成（a.b.c.d）的形式，其中，a、b、c、d 就是每个字节对应的十进制数。例如，点分十进制 IP 地址（100.4.5.6），实际上是 32 位二进制数（01100100.00000100.00000101.00000110）。

提示： 目前主流使用的是第二代互联网 IPv4 技术，地址空间已不够用。下一代互联网协议 IPv6 采用 128 位地址长度，几乎可以不受限制地提供地址，有人曾经形象地比喻，IPv6 可以“让地球上每一粒沙子都拥有一个 IP 地址”。在 IPv6 的设计过程中除了解决地址短缺问题以外，还考虑在 IPv4 中解决不好的其他问题，主要有端到端 IP 连接、服务质量、安全性、组播、移动性、即插即用等。

2. 域名

由于 IP 地址是一串数字，用户记忆起来非常困难，因此人们定义了一种字符型的主机命名机制，即域名。域名的实质就是用一组字符组成的名字代替 IP 地址。

域名采用层次结构，从右到左依次为第一级域名，第二级域名……直至主机名，各级子域名之间用圆点“.”隔开。其结构如下：

主机名.….第二级域名.第一级域名

第一级域名（也称顶级域名）一般有两类：一类表示不同国家和地区，例如.cn 代表中国；一类表示不同用途，如表 10.1 所示。

表 10.1　顶级域名及其意义

域　名	意　义	域　名	意　义	域　名	意　义
edu	教育机构	net	网间连接组织	int	国际组织
org	非营利组织	gov	政府部门	—	—
mil	军事部门	com	商业组织	—	—

10.2.3　浏览器浏览 Web

1. Web 与 URL

Web 中文名称“环球网”。Web 和 Internet 两词经常交替使用，很多人容易混淆，但二者之间是有区别的。Internet 主要侧重硬件的网络连接和诸如 E-mail 等的网络应用；而 Web 主要指存储在 Internet 上的信息，信息主要以网页（HTML）的形式存在，并且相互之间通过超链接进行指向。

统一资源定位器（Uniform Resource Locator，URL）是专为标识 Internet 网上资源位置而设的一种编址方式，平时所说的网页地址指的即是 URL。URL 不仅给出了要访问的资源类型和资源地址，而且提供了访问的方法，所以，它描述的是如何访问文档、文档位置以及文档名称。

URL 一般由三部分组成：

传输协议://主机 IP 地址或域名地址/资源所在路径和文件名

例如，清华大学首页的 URL 为 http://www.tsinghua.edu.cn/publish/th/index.html，这里 http 指超文本传输协议，www.tsinghua.edu.cn 是其 Web 服务器域名地址，publish/th 是网页所在路径，index.html 是相应的网页文件。

提示： URL 中常用到的协议如下所示。

① HTTP：超文本访问协议，表示访问和检索 Web 服务器上的文档。

② FTP：文件传输协议，表示访问 FTP 服务器上的文档。

③ Telnet 协议：远程登录协议，表示远程登录到某服务器。

2. 浏览器的基本操作

浏览器是 Internet 的主要客户端软件，它主要用来浏览万维网上的信息或在线查阅所需的资料。常用浏览器软件有 360 安全浏览器、QQ 浏览器等。

下面以 360 安全浏览器为例，介绍浏览器的常用功能。

（1）认识 360 安全浏览器

双击桌面上的 360 安全浏览器图标，启动浏览器后，其窗口如图 10.2 所示。

图 10.2　360 安全浏览器窗口

360 安全浏览器窗口与其他应用程序窗口的外观基本相同，由标题栏、地址栏、收藏夹栏、工具栏、主窗口等元素组成。

（2）浏览网页

在地址栏输入网址后按【Enter】键，将打开对应的网站内容。

例如，在地址栏中输入搜狐网址 www.sohu.com，然后按【Enter】键，即可打开搜狐网主页，如图 10.3 所示；单击主页上的链接，可查看对应的网页内容。

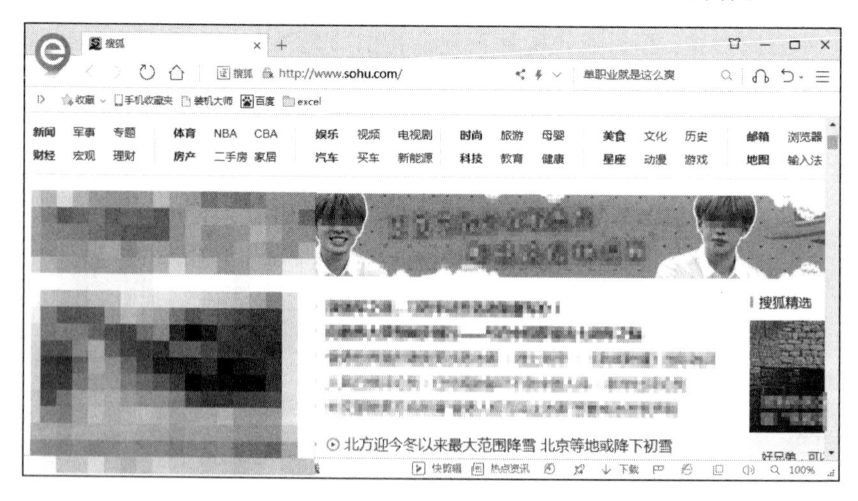

图 10.3　搜狐网主页

提示：地址栏左侧分别是“后退”“前进”“刷新”“主页”4 个按钮，右侧分别是“分享页面”“极速模式”“地址栏下拉列表”3 个按钮。

（3）设置浏览器主页

浏览器主页是指每次启动浏览器后，最先显示的 Web 页。如果需要经常访问某一 Web 页，可以将该 Web 页设置为浏览器主页。

（4）使用收藏夹

对于经常访问的网页，可以添加到收藏夹中。以后要打开该网址时，直接单击收藏夹中的链接即可。

【例 10-1】使用 360 浏览器浏览网页。

例 10-1：操作视频

① 设置浏览器主页。

② 打开搜狐网主页，浏览网页。

③ 将搜狐主页添加到收藏夹，并管理收藏夹。

10.2.4 搜索引擎

搜索是指在 Internet 大量的信息资源中找到用户所需要的内容。面对 WWW 上的海量数据，要找到有效的信息成为一项非常艰巨的任务。为避免搜索结果过多过杂，搜索结果快速有效且定位准确，已经成为用户强烈需要的 Internet 功能。因此，能够从海量的数据中提取信息的搜索引擎应运而生。

搜索引擎是能自动从因特网搜集信息，经过一定整理以后，提供给用户进行查询的系统。

搜索引擎可以分为通用搜索引擎和专业搜索引擎。Baidu 是比较著名的通用搜索引擎。而专业搜索引擎有多种类型，如 www.cnki.net（CNKI 主页，专业学术搜索引擎）等。

1. 百度使用方法

以百度为例，介绍搜索引擎的简单使用方法，其他搜索引擎使用方法类似。

（1）百度基本使用方法

搜索引擎是根据用户输入的关键词，在网页库中找到匹配的网页，展示给用户。因此，使用搜索引擎想要得到所需的结果，一定要选择合适的搜索关键词。

（2）百度高级搜索

利用图 10.4 所示的百度高级搜索可以指定多个关键词，可以设定包含或不包含某个关键词，可以设定每页显示的搜索结果显示条数，可以限定在某一类文件中查找，可以限制关键字的位置等，从而更好地定位搜索位置，提高搜索效率。

【例 10-2】使用百度搜索引擎搜索网页。

例 10-2：操作视频

① 搜索英语四级真题试卷。

② 搜索 2019 年新东方英语四级真题解析。

提示：百度提供的其他搜索功能如下所示。

① 百度新闻：搜索浏览最热新闻资讯。

② 百度视频：搜索海量网络视频。

③ 百度音乐：搜索、试听、下载海量音乐。

④ 百度图片：搜索海量网络图片。

⑤ 百度地图：搜索功能完备的网络地图。

搜索设置　高级搜索　首页设置

搜索结果：包含以下全部的关键词　英语四级真题

包含以下的完整关键词：　新东方 2019

包含以下任意一个关键词

不包括以下关键词

时间：限定要搜索的网页的时间是　全部时间

文档格式：搜索网页格式是　所有网页和文件

关键词位置：查询关键词位于　网页的任何地方　仅网页的标题中　仅在网页的URL中

站内搜索：限定要搜索指定的网站是　例如：baidu.com

高级搜索

图 10.4　百度高级搜索

2. CNKI 知识搜索

中国国家知识基础设施（China National Knowledge Infrastructure，CNKI）即中国知网，是世界上全文信息量规模最大的“CNKI 数字图书馆”，为全社会知识资源高效共享提供最丰富的知识信息资源和最有效的知识传播与数字化学习平台。中国知网 CNKI 主页提供了各种文献的搜索、查看、下载功能。

【例 10-3】在中国知网搜索“数字货币”相关文献。

例 10-3：操作视频

10.2.5 网络交流与即时通信

网络交流是指通过基于信息技术（IT）的计算机网络来实现人与人之间思想、感情、观念、态度的交流过程，是信息相互交换的过程，主要表现形式有电子邮件、即时通信、网络论坛、微博、网络电话、新闻发布等。

1. 电子邮件

电子邮件（Electronic Mail，简称 E-mail）又称电子信箱，是利用计算机所组成的互联网络，向交往对象发出的一种电子信件，信件内容可以是文字、图像、声音等多种形式。使用电子邮件对外联络，不仅安全保密，节省时间，不受篇幅限制，可以进行一对多的邮件传递，而且可以大大降低通信费用。虽然现在电子邮件受到了即时聊天、BBS 等网络新应用的一定冲击，但仍是一个必不可少的工具。

电子邮件地址格式为“用户名@主机名.域名”，用户名一般长度为 4～16 位，由英文字母、数字、下划线组成，主机名.域名是邮局方服务计算机的标识，如腾讯邮箱的主机名.域名即为 qq.com。

收发电子邮件可以在 Web 端、PC 端和手机端进行。常见的提供电子邮件服务的网站有腾讯、网易、新浪等，PC 端电子邮件处理软件有 Foxmail、Outlook Express、网易闪电邮等，手机端有 QQ 邮箱、谷歌邮箱、网易邮箱等。

2. 即时通信

即时通信（Instant messaging，IM）是一个终端服务，是通过即时通信技术来实现在线聊天与交流的软件，使用这些软件，用户可以与网上其他用户进行即时交流，即时地传递文字信息、档案、语音与视频交流，是目前 Internet 上最为流行的通信方式。

个人即时通信软件，主要是以个人（自然）用户使用为主，开放式的会员资料，非营利目的，方便聊天、交友、娱乐，如 QQ、微信等。

商务即时通信软件，主要功能是便于寻找客户资源或进行商务联系，以低成本实现商务交流或工作交流，例如企业平台网的阿里旺旺贸易通、阿里旺旺淘宝版等。

企业即时通信软件，一种是以企业内部办公为主，建立员工交流平台，减少运营成本，促进企业办公效率；另一种是以即时通信为基础，整合相关应用，如腾讯的 RTX 和企业微信、百度如流等。

3. 网络论坛、微博

网络论坛（BBS）是网络上的交流场所，一般在专门的论坛网站、综合性门户网站或者功能性专题网站都开设自己的论坛，以促进网友之间的交流，增加互动性和丰富网站的内容。通过论坛，网民们得以更方便地交流，更便捷地发表自己的观点，而且发布信息都是通过有记录的文字来进行，所以这样也避免了精华内容的流失。比较知名的论坛有搜狐论坛、百度贴吧、天涯论坛、华声论坛等。

微博（微型博客）是指一种基于用户关系信息分享、传播以及获取的通过关注机制分享简短实时信息的广播式的社交媒体、网络平台，用户可以通过 PC、手机等多种移动终端接入，以文字、图片、视频等多媒体形式，实现信息的即时分享、传播互动。微博平台以其便捷性、传播性、原创性越来越受到人们青睐，且在政民沟通、公益参与、推动公共事件、辟谣与信息公开、拉动地方经济、推动社会文化等方面起着越来越重要的作用。常用的微博平台有新浪微博、搜狐微博、腾讯微博等。

10.3 移动互联网及其应用

10.3.1 移动互联网概述

移动互联网将移动通信和互联网二者结合起来，是互联网的技术、平台、商业模式和应用与移动通信技术结合并实践的活动的总称。移动互联网是移动和互联网融合的产物，它继承了移动随时、随地、随身和互联网开放、分享、互动的优势，以宽带 IP 为技术核心，可同时提供话音、传真、数据、图像、多媒体等高品质的电信服务，由运营商提供无线接入，互联网企业提供各种成熟的应用。

目前，移动互联网正逐渐渗透到人们生活、工作的各个领域，微信、支付宝、位置服务等丰富多彩的移动互联网应用迅猛发展，正在深刻改变信息时代的社会生活，近几年，更是实现了从 3G 经 4G 到 5G 的跨越式发展。

5G 网络即第五代移动通信网络，是最新一代蜂窝移动通信技术。其性能目标是高数据速率、减少延迟、节省能源、提高系统容量和大规模设备连接。表 10.2 所示为 5G 与 4G 关键性能指标的对比。

表 10.2　5G 与 4G 关键性能指标对比

技术指标	峰值速率	用户体验速率	流量密度	端到端时延	连接数密度	能　效
4G 参考值	1 Gbit/s	10 Mbit/s	0.1 Tbit/（s·km^2）	10 ms	$10^5/km^2$	1 倍
5G 目标值	10~20 Gbit/s	0.1~10 Gbit/s	10 Tbit/（s·km^2）	1 ms	$10^6/km^2$	100 倍提升
提升效果	10~20 倍	10~100 倍	100 倍	10 倍	10 倍	100 倍

进入 5G 时代，网络世界将从“二维”升级到“三维”。5G 将会推动 AR 和 VR 的快速发展，观看购衣直播，可以拉近看到衣服有没有拉丝起球；在社交平台上，与亲友 360° 视频交流等。在线教育引入 AR、VR，可以让学员仿佛置身于真实场景中，如通过询问、结算等场景学习英文购物。5G 可以给智能硬件“赋能”，VR 眼镜、智能手环、智能耳机等移动智能终端轻量化是未来趋势，5G 时代也会有不少新型智能硬件涌现。

目前，5G 的应用领域已经非常广泛（见图 10.5），包括制造业、能源与公用事业、农业、零售业、金融服务、媒体与娱乐业、健康照护产业、运输业、AR/VR、保险业、教育业、云端运算、游戏产业、房地产、公共安全、供应链管理、餐饮业、旅游业等。

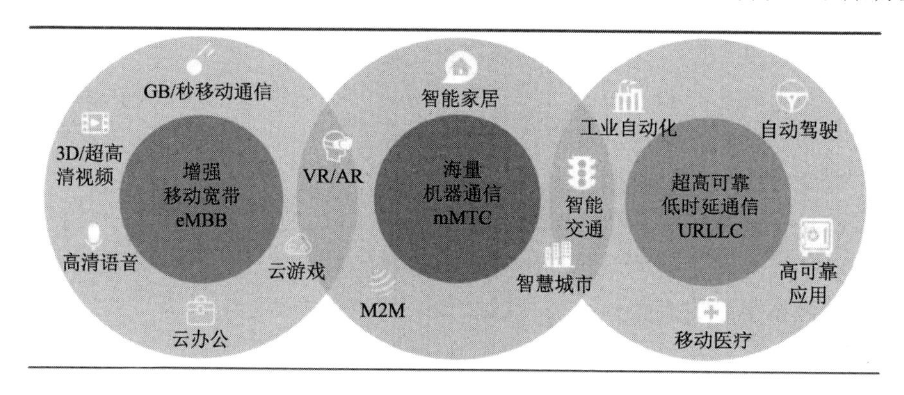

图 10.5　5G 应用场景

10.3.2　移动互联网应用

随着移动互联网的迅速发展和应用，大量新奇的应用逐渐渗透到人们生活、工作的各个领域，进一步推动着移动互联网的蓬勃发展。移动音乐、手机游戏、视频应用、手机支付、位置服务等丰富多彩的移动互联网应用发展迅猛，正在深刻改变信息时代的社会生活，移动互联网正在迎来新的发展浪潮。以下是几种主要的移动互联网应用。

1. 电子阅读

电子阅读是指利用移动智能终端阅读小说、电子书、报纸、期刊等的应用。电子阅读区别于传统的纸质阅读，真正实现无纸化浏览，同时通过手机等移动设备使用户能随时随地浏览。移动阅读已成为继移动音乐之后最具潜力的增值业务。

2. 手机游戏

手机游戏可分为在线移动游戏和非网络在线移动游戏，是目前移动互联网最热门的应用之一。随着移动终端性能的改善，更多的游戏形式将被支持，客户体验也会越来越好。

3. 移动视听

移动视听是指利用移动终端在线观看视频，收听音乐及广播等影音应用。5G网络带来的超高清视频技术，给用户带来了更高质量的观看体验。

4. 移动搜索

移动搜索是指以移动设备为终端，对传统互联网进行的搜索，从而实现高速、准确地获取信息资源。随着移动互联网内容的充实，人们查找信息的难度会不断加大，内容搜索需求也会随之增加。相比传统互联网的搜索，移动搜索对技术的要求更高，智能搜索、语义关联、语音识别等多种技术都要融合到移动搜索技术中。

5. 移动社区

移动社区是指以移动终端为载体的社交网络服务，也就是终端、网络加社交。除了传统的贴吧、论坛、知乎等以文字交流为主的社区，出现了内容更为丰富，以照片、语音、录像、位置信息、实时视频为主的社区，例如抖音、小红书、淘宝直播等。

6. 移动商务

移动商务是指通过移动通信网络进行数据传输，并且利用移动信息终端参与各种商业经营活动的一种新型电子商务模式，是电子商务的一个分支。随着移动互联网的发展成熟，企业用户也会越来越多地利用移动互联网开展商务活动。

7. 移动支付

移动支付是互联网时代一种新型的支付方式，其以移动终端为中心，通过移动终端对所购买的产品进行结算支付，移动支付的主要表现形式为手机支付。移动支付主要分为近场支付和远程支付两种。典型应用包括支付宝支付和微信支付。同时，也出现了一些新的技术，例如刷脸支付等。

10.4 网络安全

网络安全是指网络系统的硬件、软件及其系统中的数据受到保护，不因偶然的或恶意的原因而遭到破坏、更改、泄露，系统连续可靠正常地运行，网络服务不中断。网络安全包括网络设备安全、网络信息安全、网络软件安全。

10.4.1 网络安全的威胁

网络安全的威胁主要来自两个方面：自然威胁与人为威胁。以下主要介绍几种常见的人为威胁。

1. 黑客攻击

黑客（Hacker）通常指对计算机科学、编程和设计方面具有高度理解的人。黑客攻击是指利用黑客技术入侵他人计算机或网络系统，进行攻击。

常见的黑客攻击途径有获取口令、电子邮件、木马程序、诱入法、系统漏洞等。

2. 计算机病毒

计算机病毒是编制或者在计算机程序中插入的破坏计算机功能或者数据，影响计算机使用，并能自我复制的一组计算机指令或者程序代码。

计算机病毒具有传播性、隐蔽性、感染性、潜伏性、可激发性、表现性或破坏性等特点。计算机病毒有独特的复制能力，它们能够快速蔓延，又常常难以根除。它们能把自身附着在各种类型的文件上，当文件被复制或从一个用户传送到另一个用户时，它们就随同文件一起蔓延开来。因此，计算机病毒最大的特点是具有传染性。同时，传染性成为判定一个程序是否为病毒的首要条件。

3. 恶意软件

恶意软件是指在未明确提示用户或未经用户许可的情况下，在用户计算机或其他终端上安装运行，侵害用户合法权益的软件，但不包含计算机病毒。

如果计算机中有恶意软件，可能会出现以下几种情况：用户使用计算机上网时，会有窗口不断跳出；计算机浏览器被莫名修改增加许多工作条；当用户打开网页时，网页会变成不相干的奇怪画面。

一般具有以下特征之一的软件可被认为是恶意软件：强制安装、难以卸载、浏览器劫持、广告弹出、垃圾邮件、恶意收集用户信息等。

10.4.2 信息加密与认证技术

网络安全防护的主要技术有信息加密与认证技术。

1. 信息加密技术

信息加密的目的是保护信息的保密性、完整性和安全性，简单地说就是信息的防伪造、防窃取。信息加密原理是将信息通过密码算法对数据进行转化，转化为没有正确密钥任何人都无法读懂的密文（也称报文），然后传输或存储，当需要时再重新转化为明文。

按照双方收发的密钥是否相同，将加密技术分为两类，即对称加密和非对称加密。

（1）对称加密

对称加密的特征是收信方和发信方使用相同的密钥，即加密密钥和解密密钥是相同或等价的，优点是有很强的保密强度，且能经受住时间的检验和攻击，但其密钥必须通过安全的途径传送。

（2）非对称加密

非对称加密又称公钥加密，使用一对密钥来分别完成加密和解密操作，其中一个公开发布（即公钥），另一个由用户自己秘密保存（即私钥）。

2. 信息认证技术

信息认证技术是用电子手段证明发送者和接收者身份及其文件完整性的技术，即确认双方的身份信息在传送或存储过程中未被篡改过。

目前常用的认证技术有以下几种：

（1）报文鉴别

报文鉴别主要指通信双方对通信的信息进行验证，以确保报文由正确的发送方产生，且内容在传输过程中未曾变动，报文按与传送时相同的顺序接收到。

（2）身份鉴别

现在常使用的方法是口令验证及利用信物鉴别的方法，例如磁卡条、智能卡等。随着网络技术与生物技术的发展，具有较强的防复制性的指纹识别、人脸识别、视网膜识别等鉴别身份的方法也得到越来越广泛的应用。

（3）数字签名

数字签名的作用是在信息传输过程中，接收方能够对第三方证明其接收的信息是真实的，并保证发送源的真实性；同时保证发送方不能否认自己发出信息的行为，接收方也不能否认曾经收到信息的行为。

（4）数字证书

数字证书是互联网通信中标志通信各方身份信息的一串数字，提供了在 Internet 上验证通信实体身份的方式，类似于现实生活中的驾驶证或身份证。它是由权威机构证书授权中心发行的，人们可以在网上用它来识别对方的身份。

10.4.3 网络安全防护措施

针对网络安全威胁，提出以下几点网络安全防护措施。

1. 安装网络防火墙

防火墙是一种保护计算机网络安全的技术性措施，它通过在网络边界上建立相应的网络通信监控系统来隔离内部和外部网络，以阻挡来自外部的网络入侵。

目前常见的防火墙有硬件防火墙和软件防火墙。硬件防火墙是一种专门的网络设备，通常架设于两个网络接驳处，直接从网络设备上检查过滤有害的数据报文。软件防火墙是一种安装在负责内外网络转换的网关服务器或者独立的个人计算机上的特殊程序，能保护设备免受外网非法用户的入侵。常用的个人计算机防火墙软件有瑞星个人防火墙、360RP 防火墙、天网防火墙等。

2. 安装杀毒软件

杀毒软件，也称反病毒软件或防毒软件，用于消除计算机病毒、特洛伊木马和恶意软件等对计算机造成的安全威胁。杀毒软件通常集成监控识别、病毒扫描和清除及自动升级等功能，有的杀毒软件还带有数据恢复等功能，是计算机防御系统的重要组成部分。国内著名的反病毒软件有 360 杀毒、金山毒霸和瑞星杀毒软件等。

下面以 360 杀毒软件为例，介绍杀毒软件的常用功能。

360 杀毒是 360 安全中心出品的一款免费的云安全杀毒软件，具有查杀率高、资源占用少、升级迅速等优点。同时，360 杀毒可以与其他杀毒软件共存，是一个理想的杀毒备选方案。360 杀毒是一款一次性通过 VB100 认证的国产杀毒软件，主界面如图 10.6 所示。

360 杀毒提供了多种病毒扫描方式。

① 快速扫描。扫描 Windows 系统目录及 Program Files 目录。

② 全盘扫描。扫描所有磁盘。

③ 自定义扫描。扫描用户指定的目录（在该模式下，还预设了 Office 文档、我的文

档、U盘、光盘和桌面五种扫描方式）。

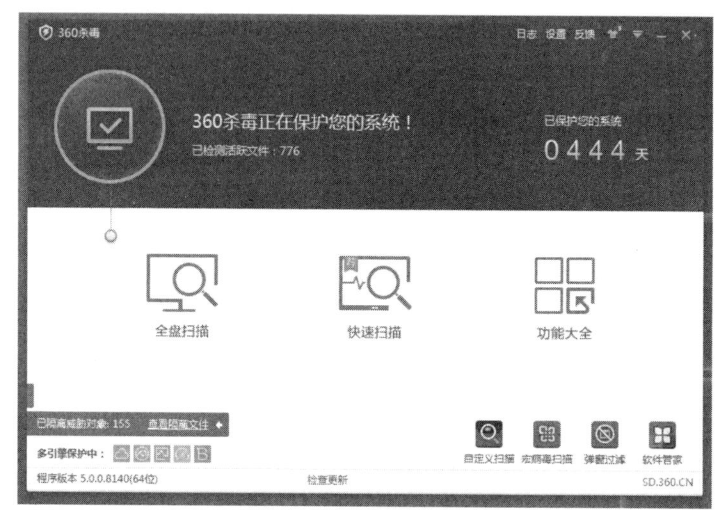

图 10.6　360 杀毒主界面

④ 宏病毒扫描。扫描 Office 文件中的宏病毒。

⑤ 右键扫描。当用户在文件或文件夹上右击时，可以选择“使用 360 杀毒扫描”命令对选中文件或文件夹进行扫描。

360 杀毒扫描到病毒后，会首先尝试清除文件所感染的病毒，如果无法清除，则会提示用户删除感染病毒的文件。木马和间谍软件由于并不采用感染其他文件的形式，而是其自身即为恶意软件，因此会被直接删除。

提示：在 360 杀毒的“设置”对话框中，可进一步进行“病毒扫描设置”、病毒库“升级设置”等，帮助用户更好地保护系统。

3．安装安全辅助软件

安全辅助软件是一类可以帮助杀毒软件（又名安全软件）的辅助安全产品，主要用于实时监控、防范和查杀流行木马、清理系统中的恶评插件、管理应用软件、系统实时保护，修复系统漏洞，具有浏览器修复、浏览器保护、恶意程序检测及清除功能，同时提供系统全面诊断，弹出插件免疫，阻挡色情网站及其他不良网站，以及端口的过滤，清理系统垃圾、痕迹和注册表，并且提供对系统的全面诊断报告，方便用户及时定位问题所在，为用户提供全方位的系统安全保护；而且能够兼容绝大多数杀毒软件，安全辅助软件和杀毒软件同时使用，可以更大幅度地提高计算机的安全性、稳定性和其他性能。目前最受欢迎的安全辅助软件有 360 安全卫士、金山卫士和腾讯电脑管家等。

下面以 360 安全卫士为例，介绍安全辅助软件的常用功能。

360 安全卫士是由 360 安全中心推出的一款功能强、效果好、受用户欢迎的计算机安全防护软件。其拥有查杀木马、清理插件、修复漏洞、全面体检、保护隐私等多种功能，并独创了“木马防火墙”“360 密盘”等功能，依靠抢先侦测和云端鉴别，可全面、智能地拦截各类木马，保护用户的账号、隐私等重要信息。360 安全卫士主界面如图 10.7 所示。

图 10.7 360 安全卫士主界面

360 安全卫士主要有以下几种功能：

① 全面体检。全面地检查用户计算机的各项状况。

② 查杀修复。主要包括木马查杀和系统修复功能。木马查杀是找出用户计算机中疑似木马的程序并在取得用户允许的情况下删除这些程序。系统修复是检查用户计算机中多个关键位置是否处于正常的状态，修复常见的上网设置、系统设置，为系统修复高危漏洞和功能性更新。

③ 电脑清理。集成了清理插件、清理痕迹、清理 Cookie、清理注册表、查找大文件等计算机文件检查和清理功能，通过电脑清理可以提高计算机的运行速度和上网速度，避免硬盘空间的浪费，并提供了一键清理功能，提高用户清理效率。

④ 优化加速。全面优化计算机系统，提升计算机速度。

⑤ 手机助手。是 Android 智能手机的资源获取平台，提供海量的游戏、软件、音乐、小说、视频、图片，通过它可以轻松下载、安装、管理手机资源。

⑥ 软件管家。聚合了众多安全优质的软件，用户可以方便、安全地下载。

小　　结

本章介绍了计算机网络的定义、功能和分类，并对互联网以及移动互联网中的常见应用做了介绍，通过对计算机网络的了解能更深刻地意识到网络中存在的安全威胁，通过各种安全防护措施提高计算机的安全性。

实　　训

实训 1　计算机网络基础知识

1．实训目的

① 掌握计算机网络的基本理论知识。

② 了解和掌握因特网和移动互联网的相关应用。

③ 了解网络安全的威胁，掌握相关防护措施。

2. 实训内容

完成下面理论知识题：

① 计算机网络是计算机技术与（　　）相结合的产物。

A. 通信技术　　B. 人工智能技术　C. 管理技术　　D. 多媒体技术

② 一个网吧将其所有的计算机连成网络，这个网络属于（　　）。

A. 广域网　　B. 城域网　　C. 局域网　　D. 互联网

③ 计算机网络的主要实现（　　）功能。

A. 数据处理与数据通信　　B. 数据通信与网络连接

C. 数据编码与数据传递　　D. 网络协议与数据编码

④ IPv6 地址长度为（　　）。

A. 8　　B. 16　　C. 32　　D. 128

⑤ 下面关于域名说法错误的是（　　）。

A. 域名比 IP 地址好记　　B. edu 代表教育机构

C. com 是顶级域名　　D. 域名采用网状结构

⑥ 下面（　　）不属于互联网的应用。

A. 万维网　　B. 信息检索　　C. 即时通信　　D. 系统体检

⑦ 下面（　　）不是合法的 IP 地址。

A. 110.11.32.11　　B. 256.255.255.255

C. 111.110.123.158　　D. 1.1.1.1

⑧ 关于 IP 地址说法错误的是（　　）。

A. 同一时刻一个 IP 地址可以标识一台主机

B. IPv4 协议中规定 IP 地址是 32 位二进制数

C. IPv4 协议可以保证每台机器都能分配到一个 IP 地址

D. IPv6 协议可以保证每台机器都能分配到一个 IP 地址

⑨ 合法的电子邮件地址是（　　）。

A. zknujkx@163.com　　B. zknujkx-01@163.com

C. zknujkx#163.com　　D. zknujkx&163.com

⑩ 移动互联网的应用有（　　）。

A. 移动教育　　B. 移动办公　　C. 移动电子商务　　D. 以上都是

⑪ 下面属于网络安全威胁的是（　　）。

A. 病毒　　B. 木马　　C. 信息窃取　　D. 以上都是

⑫ 增强网络安全意识，下面做法错误的是（　　）。

A. 不打开来历不明的链接、图片

B. 不轻信各类中奖信息

C. 不随便丢弃还有个人信息的快递单

D．经常使用不需要密码的 Wi-Fi

⑬ 有关信息加密的说法错误的是（　　）。

A．信息加密的目的是便于传输

B．信息加密的目的是保护信息的保密性、完整性和安全性

C．按照双方收发的密钥是否相同的标准划分为两大类

D．加密后的信息称为密文

⑭ 属于信息认证技术的有（　　）。

A．身份鉴别　　B．数字签名　　C．数字证书　　D．以上都是

⑮ 下面说法错误的是（　　）。

A．计算机中的木马和病毒是一个意思

B．5G 网络速度更快

C．移动互联网广泛应用于教育、电子商务、社交等领域

D．雷雨天气尽量避免使用移动设备

实训 2　计算机“体检”

1．实训目的

① 了解计算机安全软件的基本知识。

② 掌握使用计算机安全辅助软件进行系统优化、查杀病毒和管理软件等计算机日常防护的操作。

2．实训内容

使用 360 安全卫士或腾讯电脑管家等安全辅助软件对计算机进行检查，如果系统有漏洞给系统打补丁，如果有木马则进行木马查杀，如果系统有垃圾则进行清理，如开机速度慢则进行开机加速等，尽量使计算机体检后检测分值能达到 100 分。

第11章 新一代信息技术

党的二十大报告提出："推动战略性新兴产业融合集群发展，构建新一代信息技术、人工智能、生物技术、新能源、新材料、高端装备、绿色环保等一批新的增长引擎。"

云计算、大数据和物联网代表了IT领域最新的技术发展趋势，三者相辅相成，相互促进。

云计算已经普及并成为IT行业的主流技术。云计算的实质是由越来越大的计算量以及越来越多、越来越动态、越来越实时的数据需求催生出来的一种基础架构和商业模式。云计算时代，个人用户可以将文档、照片、视频、游戏等存档记录上传至"云"中永久保存；企业客户根据自身需求，也可以搭建自己的"私有云"，或者托管、租用"公有云"上的IT资源与服务。

"大数据"在物理学、生物学、环境生态学等领域以及军事、金融、通信等行业的存在已有时日，近年来，互联网和信息行业的发展令其越发引起人们的关注。最早提出"大数据"时代已经到来的是全球知名咨询公司麦肯锡。麦肯锡称："数据已经渗透到当今每一个行业和业务职能领域，成为重要的生产因素。人们对于海量数据的挖掘和运用，预示着新一波生产率增长和消费者盈余浪潮的到来。"

数字经济是指以使用数字化的知识和信息作为关键生产要素、以现代信息网络作为重要载体、以信息通信技术的有效使用作为效率提升和经济结构优化的重要推动力的一系列经济活动。

本章介绍云计算、大数据、物联网、数字经济的基础知识，使大家对云计算、大数据、物联网、数字经济有初步认识和了解。

11.1 云 计 算

很少有一种技术能够像"云计算"这样，在短短几年间就产生巨大的影响力。阿里巴巴、腾讯、华为、中国电信、金山、Google（谷歌）、Amazon（亚马逊）、IBM和微软等IT企业以前所未有的速度和规模推动云计算技术和产品的普及，云计算在弹性计算、数据库、人工智能、容器服务、存储服务、网络与CDN、大数据计算等领域得到广泛应用，业界已对云计算有高度认同。

11.1.1 云计算概述

1. 云计算的概念

云计算（Cloud Computing，见图11.1）是在分布式计算、并行计算和网格计算的基础上发展而来的，是一种新兴的商业计算模型。云计算与网络密不可分，云计算的原始含义即是通过互联网提供计算能力。云计算一词的起源与 Amazon 和 Google 两家公司有十分密切的关系，它们最早使用了 Cloud Computing 的表述方式。随着技术的发展，对云计算的认识也在不断地发展变化，目前云计算仍没有形成普遍一致的定义。

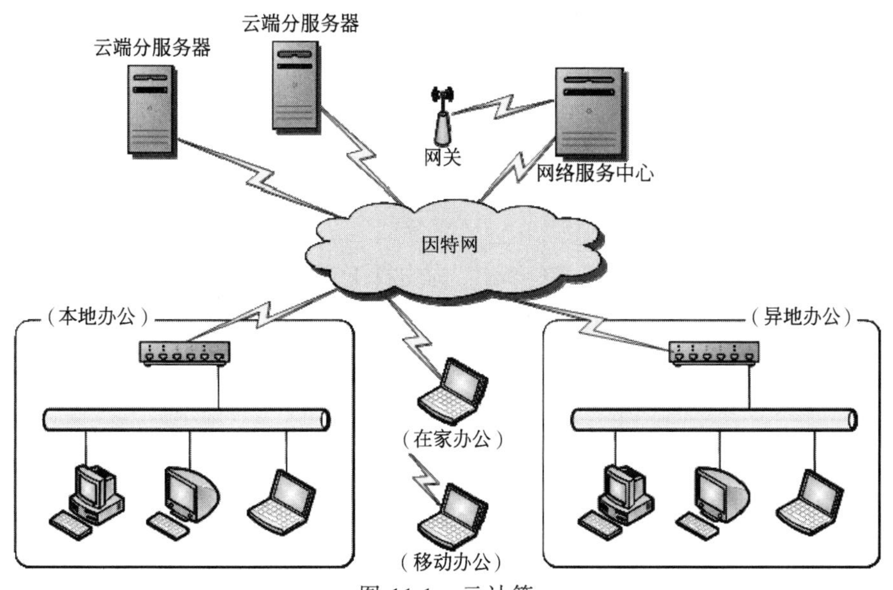

图 11.1　云计算

狭义的云计算是指厂商通过分布式计算和虚拟化技术搭建数据中心或超级计算机，以免费或按需租用的方式向技术开发者或者企业客户提供数据存储、分析以及科学计算等服务，比如 Amazon 数据仓库出租服务、阿里服务器出租服务等。

广义的云计算是指厂商通过建立网络服务器集群，向各种不同类型的客户提供在线软件使用、硬件租借、数据存储、计算分析等不同类型的服务。广义的云计算包括了更多的厂商和服务类型，例如，国内用友、金蝶等管理软件厂商推出的在线财务软件，Google 发布的 Google 应用程序套装等。

“云”是指存储于互联网服务器集群上的资源，它包括硬件资源（服务器、存储器、CPU 等）和软件资源（应用软件、集成开发环境等）。本地计算机只需要通过互联网发送一个需求信息，远端就会有成千上万的计算机为用户提供所需资源，并将结果返回到本地计算机，本地计算机几乎不需要做什么，所有的处理都可以由云计算提供商所提供的计算机群完成。

2．云计算的特点

从研究现状看，云计算具有以下特点：

（1）超大规模

“云”具有相当大的规模，云计算依靠分布式的服务器所构建起来的“云”能赋予用户前所未有的计算能力。

据不完全统计，Google 云计算、Amazon、IBM、微软和 Yahoo 等公司的“云”均已经拥有几百万台服务器；国内阿里云、华为云和腾讯云服务器也达到几百万台，这一数据还在不断上涨。

（2）虚拟化

云计算支持用户在任意位置、使用各种终端获取应用服务。所请求的资源来自“云”，而不是固定的有形实体。应用在“云”中何处运行，用户无须了解，也不用关心应用运行的具体位置。用户只需要一台笔记本计算机或者一个手机，就可以通过网络获取所需的一切服务，甚至包括超级计算这样的服务。

（3）高可靠性

“云”使用了数据多副本容错、计算节点同构可互换等措施来保障服务的高可靠性，使用云计算比使用本地计算机更加可靠。

（4）通用性

云计算不局限于特定的应用，在“云”的支撑下可以构造出千变万化的应用，同一个“云”可以同时支撑不同应用的运行。

（5）高可伸缩性

“云”的规模可以动态伸缩，满足应用和用户规模增长的需要。

（6）按需服务

“云”是一个庞大的资源池，用户可以按需购买服务，像使用自来水、电和煤气那样计费。

（7）极其廉价

由于“云”的特殊容错机制，可以采用廉价的节点来构成云，“云”的自动化集中式管理使大量企业无须负担日益高昂的数据中心管理成本，“云”的通用性使资源的利用率较传统系统有大幅提升，因此用户可以充分享受“云”的低成本优势。

3．云计算的分类

在云计算中，硬件和软件都被抽象为资源并被封装为服务，向云外提供，用户则以互联网为主要接入方式，获取云中提供的服务。云计算可以从两个方面来分类：一是按照所有权来分，可将云计算分为私有云、公有云和混合云三类；二是按照服务类型来分，可将云计算分为基础设施即服务（Infrastructure as a Service，IaaS）、平台即服务（Platform as a Service，PaaS）、软件即服务（Software as a Service，SaaS）三类。

（1）公有云、私有云和混合云

业界按照云计算提供者与使用者的所属关系（或者说所有权）为划分标准，将云计算分为3类，即公有云、私有云和混合云。用户可以根据自身需求，选择适合自己的云计算模式。

① 公有云。公有云，或者称为公共云，是由第三方（供应商）提供的云服务，这些云在公司防火墙之外，由云提供商安全承载和管理，一般可通过 Internet 使用，可能是免费的或成本低廉的。

② 私有云。私有云是在企业内提供的云服务，这些云在公司防火墙之内，由企业管理。

③ 混合云。混合云是公有云和私有云的混合，这些云一般由企业创建，而管理职责由企业和公有云提供商共同承担。

（2）IaaS、PaaS 和 SaaS

按服务类型，可以将云计算分为基础设施即服务（IaaS）、平台即服务（PaaS）、软件即服务（SaaS）三种类型，如图 11.2 所示。

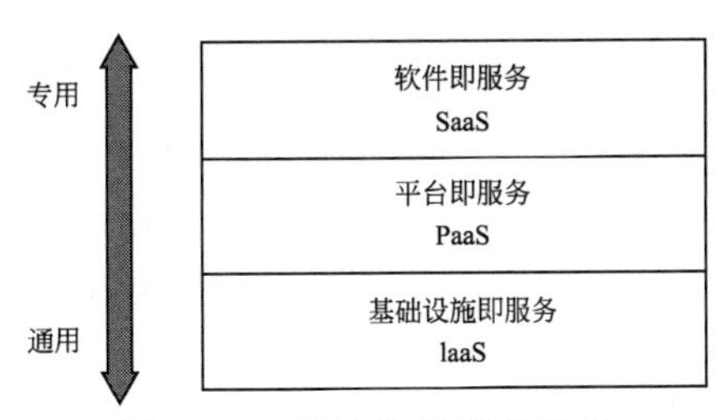

图 11.2 云计算的服务类型

① IaaS。IaaS 提供给用户的服务是对所有计算基础设施的使用，包括存储、硬件、服务器、网络带宽和其他基本的计算资源，用户能够部署和运行任意软件，包括操作系统和应用程序。用户不需要管理或控制任何云计算基础设施，但能够控制操作系统的选择、存储空间和部署的应用，也有可能获得有限制的网络组件（如路由器、防火墙、负载均衡器等）的控制。

IaaS 类型的代表产品有 Amazon EC2、GoGrid Cloud Servers 和 Joyent。

② PaaS。PaaS 将研发的软件平台作为一种服务，以 SaaS 的模式提交给用户。平台通常包括操作系统、编程语言的运行环境、数据库和 Web 服务器。用户或者企业基于 PaaS 平台可以快速开发自己所需要的应用和产品。

PaaS 类型的代表产品有 Google App Engine、Microsoft Azure、Amazon Web Services 和 Force.com。

③ SaaS。SaaS 是一种通过 Internet 提供软件的模式，服务提供商将应用软件统一部署在自己的服务器上，用户无须购买软件，而是向提供商租用基于 Web 的软件来管理企业经营活动。云提供商在云端安装和运行应用软件，云用户通过云客户端使用软件。在 SaaS 模式中，云用户不能管理应用软件运行的基础设施和平台，只能做有限的应用程序设置。

SaaS 类型的代表产品有 Yahoo 邮箱、Google Apps、Saleforce.com、WebEx 和 Microsoft Office Live。

11.1.2 主流云计算技术

目前，主流的云计算技术有 Google 云计算、Amazon 云计算、IBM 云计算、微软云计算、阿里云计算、腾讯云计算、华为云计算、天翼云计算和金山云计算等。

1. Google 云计算

Google 是最大的云计算技术的使用者，拥有目前全球最大的搜索引擎。除了搜索业务，Google 还有 Google Maps、Google Earth、Gmail、YouTube 等其他业务。这些应用的共性在于数据量巨大，且要面向全球用户提供实时服务，因此，Google 必须解决海量数据存储和快速处理的问题。Google 研发出了简单而又高效的技术，让多达百万台的廉价计算机协同工作，共同完成这些任务。这些技术在诞生几年之后才被命名为 Google 云计算技术。

Google 云计算技术包括 Google 文件系统（Google File System，GFS）、分布式计算编程模型 MapReduce、分布式锁服务 Chubby 和分布式结构化数据存储系统 BigTable 等，这 4 个系统既相互独立又紧密联系，共同协作为用户提供一体化的主机服务器服务与自动升级的在线应用服务。

2. Amazon 云计算

Amazon 是依靠电子商务逐步发展起来的，凭借其在电子商务领域积累的大量基础性设施、先进的分布式计算技术和巨大的用户群体，Amazon 很早就进入了云计算领域，并在云计算、云存储等方面一直处于领先地位。

在传统的云计算服务基础上，Amazon 不断进行技术创新，开发出了一系列新颖、实用的云计算服务。Amazon 研发了弹性计算云 EC2 和为企业提供计算和存储服务的简单存储服务 S3。收费的服务项目包括存储空间、带宽、CPU 资源以及月租费。月租费与电话月租费类似，存储空间、带宽按容量收费，CPU 根据运算量时长收费。

Amazon 的云计算服务还包括简单数据库服务 Simple DB、简单队列服务 SQS、弹性服务 MapReduce、内容推送服务 CloudFront、电子商务服务 DevPay 和 FPS 等。这些服务涉及云计算的方方面面，用户完全可以根据自己的需要选取一个或多个 Amazon 云计算服务。这些服务都是按需获取资源的，具有极强的可扩展性和灵活性。

3. IBM 云计算

IBM 推崇的云计算是网格计算和虚拟化技术的结合，它的“蓝云”计算平台为企业提供了可通过 Internet 访问的分布式云计算体系。

4. 微软云计算

Microsoft Azure 是微软推出的云计算平台，其主要作用是提供一整套完整的开发、运行和监控的云计算环境，为软件开发人员提供服务接口。

5. 阿里云计算

阿里云是中国互联网公司阿里巴巴旗下的云计算产品，阿里云提供 ECS、RDS、OSS 等多种云产品。其中，ECS 是阿里云的核心产品，也是国内云计算市场的一支重要力量，它具有快照备份、数据盘扩容、自主控制等功能，能够满足企业对云计算的多种需求。

6. 腾讯云计算

腾讯云是腾讯公司推出的云计算服务平台，为企业快速上云提供方便。腾讯云提供云服务器、云数据库、云存储等多个产品。其中，云服务器是腾讯云的核心产品，具有计费方式灵活、部署快速等特点，能够满足企业的多方面需求。此外，腾讯云秉承“安全”的理念，在云安全方面做得非常到位，为企业的云计算应用提供可靠的保障。

7. 华为云计算

华为云是华为集团推出的全球云计算服务平台。华为云提供的云计算产品涵盖云容器引擎、虚拟服务器、VPC 等多个领域。其中，云容器引擎是华为云的核心产品，它能够满足分布式应用的多方面需求，包括自动部署、容灾、监控等。华为云还提供全球一站式上云解决方案，为企业的云计算应用提供全方位的服务。

8. 天翼云计算

天翼云是中国电信集团推出的云计算服务平台。天翼云为用户提供云主机、对象存储、数据库、云计算机、云桌面、混合云、CDN、大数据等全线产品，为政府、教育、金融等行业创建定制云解决方案。

9. 金山云计算

金山云是金山集团推出的云计算服务平台，自主开发云服务器、对象存储、云安全等一整套云计算产品，提供大数据、人工智能、区块链、边缘计算等服务，能够准确定制适合企业市场的解决方案。

11.1.3 云安全

云计算的安全问题无疑是云计算应用最大的瓶颈。云计算拥有庞大的计算能力与丰富的计算资源，越来越多的恶意攻击者正在利用云计算服务实施恶意攻击。

对于恶意攻击者，云计算扩展了其攻击能力与攻击范围。

首先，云计算的强大计算能力让密码破解变得简单、快速。同时，云计算里的海量资源给了恶意软件更多传播的机会。

其次，在云计算内部，云端聚集了大量用户数据，虽然利用虚拟机予以隔离，但对于恶意攻击者而言，云端数据依然是极其诱人的超级大蛋糕。一旦虚拟防火墙被攻破，就会诱发连锁反应，所有存储在云端的数据都面临被窃取的威胁。

最后，数据迁移技术在云端的应用也给恶意攻击者以窃取用户数据的机会。恶意攻击者可以冒充合法数据，进驻云端，挖掘其所处存储区域里前一用户的残留数据痕迹。

云计算在改变 IT 世界，云计算也在催发新的安全威胁出现。云计算给人们带来更多便利的同时，也给恶意攻击者提供了更多发动攻击的机会。

云安全既是一个传统课题，又因为云的特性增加了很多新的问题。

11.2 物 联 网

物联网（Internet of Things，见图 11.3）的概念是在 1999 年提出的。所谓“物联网”，就是“物物相连的因特网”，这里有两层意思：第一，物联网的核心和基础仍然是因特网，是在因特网基础上的延伸和扩展的网络；第二，其用户端延伸和扩展到了任何物品与物品之间，进行信息交换和通信。

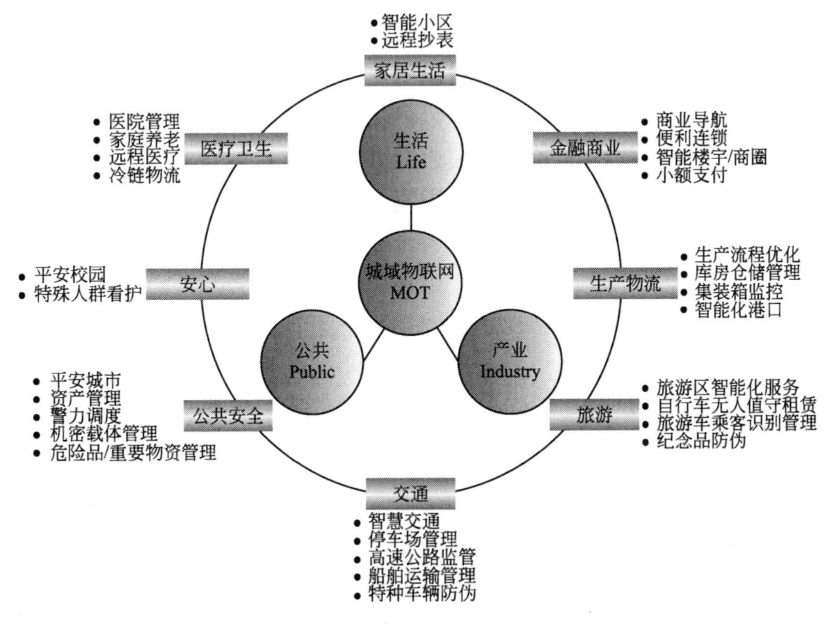

图 11.3 物联网

11.2.1 物联网概述

1. 物联网的定义

物联网把新一代 IT 技术充分运用在各行各业之中，具体地说，就是把感应器嵌入和装备到电网、铁路、桥梁、隧道、公路、建筑、供水系统、大坝、油气管道等各种物体中，然后将“物联网”与现有的因特网整合起来，实现人类社会与物理系统的整合。在这个整合的网络当中，存在能力超级强大的中心计算机群，能够对整个网络内的人员、机器、设备和基础设施实施实时的管理和控制。在此基础上，人类可以以更加精细和动态的方式管理生产和生活，达到“智慧”状态，提高资源利用率和生产力水平，改善人与自然间的关系。

物联网至今还没有约定俗成的公认的概念，目前较为公认的物联网的定义为：利用条码、射频识别（RFID）、红外感应器、全球定位系统、激光扫描器等信息传感设备，按约定的协议，把任何物品与因特网连接起来，进行信息交换和通信，以实现智能化识别、定位、跟踪、监控和管理的一种网络。物联网的组成如图 11.4 所示。

从网络结构上看，物联网是通过 Internet 将众多信息传感设备与应用系统连接起来并在广域网范围内对物品身份进行识别、控制的分布式系统。

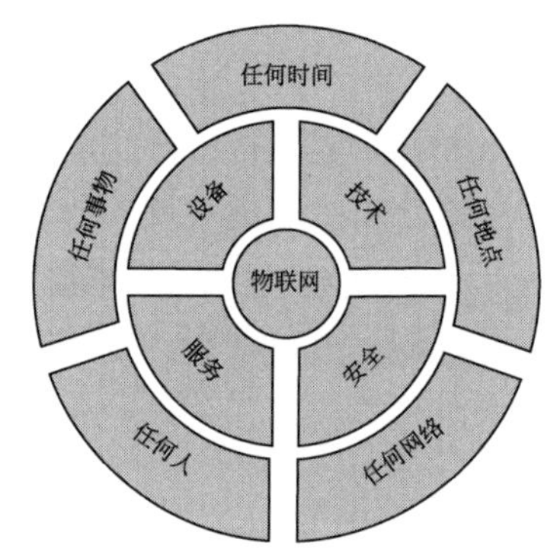

图 11.4　物联网的组成

2. 物联网的特征

一般认为，物联网具有以下三大特征。

① 全面感知。物联网利用射频识别、二维码、无线传感器（Wireless Sensor Networks, WSN）等感知、捕获、测量技术随时随地对物体进行信息采集和获取。

② 可靠传递。物联网通过无线网络与互联网的融合，将物体的信息实时准确地传递给用户。

③ 智能处理。物联网利用云计算、数据挖掘以及模糊识别等人工智能技术，对海量的数据和信息进行分析和处理，对物体实施智能化的控制。

11.2.2 物联网的体系架构

物联网作为一种形式多样的聚合性复杂系统，涉及信息技术自上而下的每一个层面，其体系架构一般可分为感知层、网络层、应用层 3 个层面。其中公共技术不属于物联网技术的某个特定层面，而是与物联网技术架构的 3 层都有关系，它包括标识解析、安全技术、网络管理和服务质量（Quality of Service，QoS）管理等内容。物联网技术体系架构如图 11.5 所示。

1. 感知层

感知层，顾名思义就是感知系统的一个层面。这里的感知主要就是指系统信息的采集。感知层就是通过二维码、RFID、传感器、红外感应器、全球定位系统等信息传感装置，自动采集与所有物品相关的信息，并传送到上位端，完成传输到互联网前的准备工作。感知层的作用相当于人的眼耳鼻喉和皮肤等神经末梢，主要功能是识别物体，采集信息。感知层示意图如图 11.6 所示。

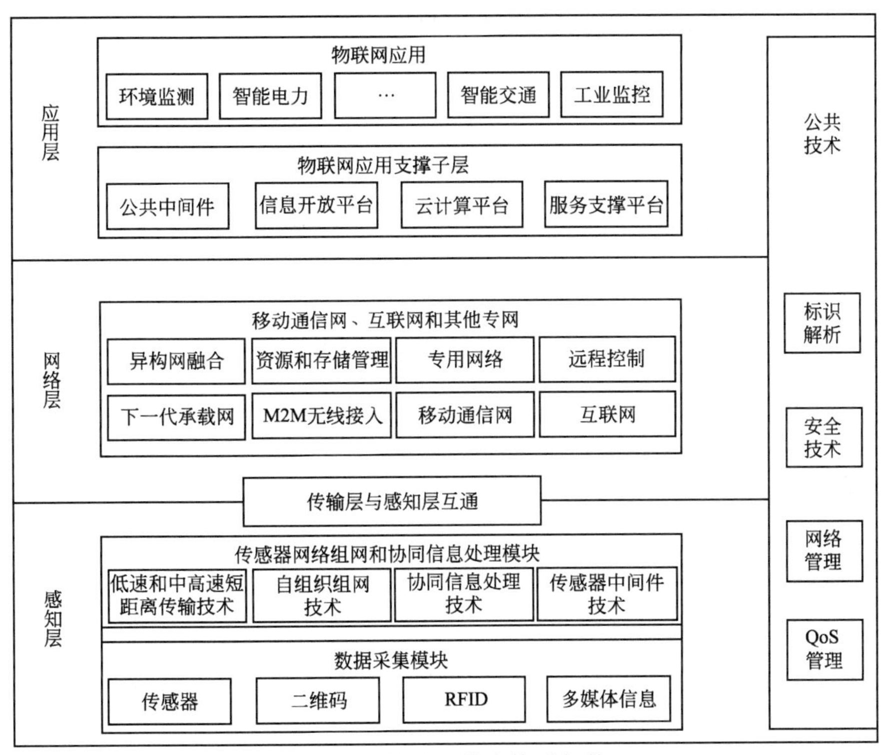

图 11.5 物联网技术体系架构

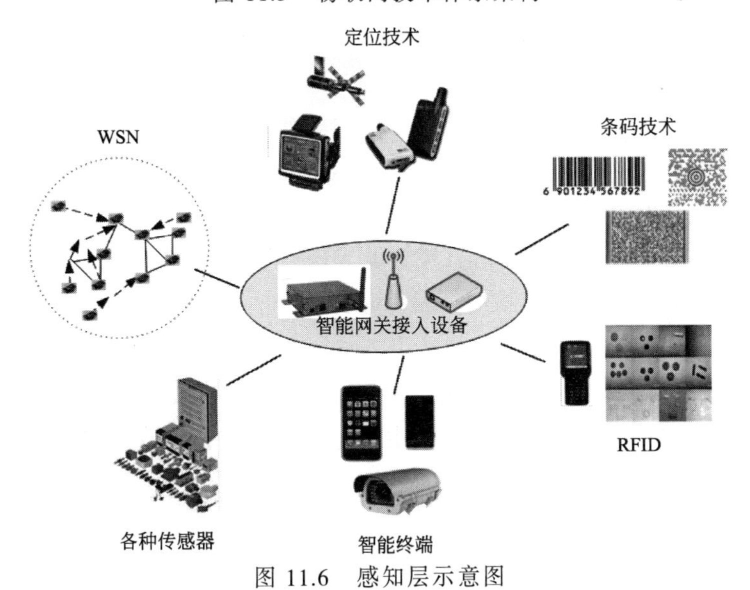

图 11.6 感知层示意图

2．网络层

网络层可以理解为搭建物联网的网络平台，建立在现有的移动通信网、互联网和其他专网的基础上，连接感知层和应用层，相当于人的神经中枢和大脑，负责传递和处理感知层获取的信息。

3．应用层

应用层是物联网和用户（包括人、组织和其他系统）的接口，它与行业需求结合，实现物联网的智能应用。

11.2.3 关键技术

1．传感器技术

传感器作为物联网中的信息采集设备，通过利用各种机制把被观测量转换为一定形式的电信号，然后由相应的信号处理装置来处理，并产生相应的动作。常见的传感器包括温度、压力、湿度、光电、霍尔磁性传感器。

2．RFID

RFID 即射频识别，是一种非接触式的自动识别技术，主要用来为各种物品建立唯一的身份标识。在 RFID 技术中融合了无线射频技术和嵌入式技术。RFID 在自动识别、物品物流管理领域有着广阔的应用前景。RFID 的系统组成包括电子标签、读写器以及作为服务器的计算机。

3．人工智能

人工智能技术将实现用计算机模拟人的思维过程并做出相应的行为，在物联网中利用人工智能技术可以分析物品“讲话”的内容，然后借助计算机实现自动化处理。

4．云计算

云计算技术的发展为物联网的发展提供了技术支持。在物联网中各种终端设备的计算能力及存储能力都十分有限，物联网借助云计算平台能实现对海量数据的存储和计算。

5．“两化”融合

“两化”融合是指电子信息技术广泛应用到工业生产的各个环节，信息化成为工业企业经营管理的常规手段。信息化进程和工业化进程不再相互独立进行，不再是单方的带动和促进关系，而是两者在技术、产品、管理等各个层面相互交融，彼此不可分割，并催生工业电子、工业软件、工业信息服务业等新产业。“两化”融合是工业化和信息化发展到一定阶段的必然产物，其核心就是信息化支撑，追求可持续发展模式。

6．M2M

M2M 是“两化”融合的补充和提升，是机器到机器、人对机器和机器对人的无线数据传输方式。有多种技术支持 M2M 网络中终端之间的传输协议，目前主要有 CDMA、GPRS、3G、4G、5G 等。

11.2.4 物联网典型应用

1．智能家居

物联网在家居领域的应用主要体现在两个方面：家电控制和家庭安防。家电控制是物联网在家居领域的重要应用，它是利用微处理电子技术、无线通信及遥控遥测技术来集成或控制家中的电子电器产品，如电灯、厨房设备（电烤箱、微波炉、豆浆机、咖啡壶等）、取暖制冷系统、视频及音响系统等。它是以家居控制网络为基础，通过智能家居信息平台来接收和判断外界的状态和指令，进行各类家电设备的协同工作。当主人不在家时，如果家中发生偷盗、火灾、煤气泄漏等紧急事件，智能家庭安防系统能够现场报警，及时通知主人，同时还能向物业中心进行计算机联网报警。智能家居示意图如图 11.7 所示。

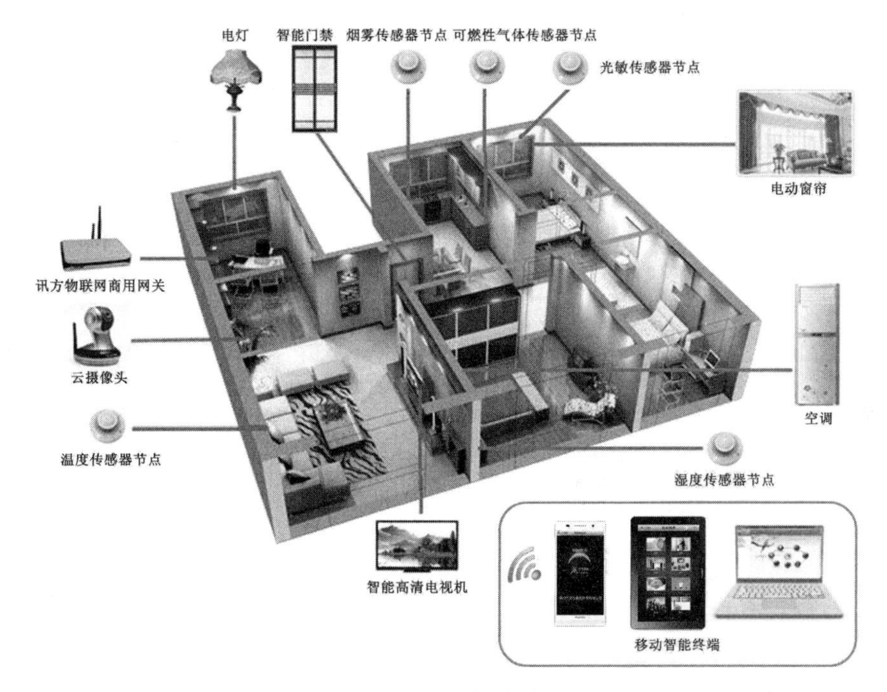

图 11.7 智能家居

2. 智能交通

智能交通是物联网的体现形式，利用先进的信息技术、数据传输技术以及计算机处理技术等，通过集成到交通运输管理体系中，使人、车和路能够紧密配合，改善交通运输环境、保障交通安全以及提高资源利用率。具体分为如下几个方面：

① 智能收费。用电子标签标识通行车辆，当车辆接近高速公路收费站时，装在收费站的阅读器自动远距离读取电子标签上的信息，并通过物联网访问银行服务系统，完成费用收缴，实现全国公路联网收费，不停车收费 ETC。这种自动缴费功能取消了现有预付卡购买、储值和收费环节，方便系统管理，避免预付卡盗用、冒用的发生。因此，它提高了车辆通行效率，缓解了高速公路收费站车辆通行压力。除此之外，智能收费功能还可以用在加油站的付款、公交车的电子票务等领域。ETC 收费如图 11.8 所示。

图 11.8 ETC 收费

② 交通监控。通过遍布城市道路的视频监控系统和无线通信系统，将道路、车辆和驾驶人之间建立快速通信联系。哪里发生了交通事故，哪里交通拥挤，哪条路最为通畅，哪条路最短，

该系统都会以最快的速度提供给驾驶员和交通管理人员。

③ 电子车牌。电子车牌是一种新兴无线射频自动识别技术，具有高速识别、防拆、防磁、加密存储等特点，公安交通管理部门应用该技术，能精确、全面地获取交通信息，规范车辆使用和驾驶行为，抑制车辆乱占道、乱变道、超速等违法违规行为，并能有效打击肇事逃逸、克隆、涉案等违法车辆。电子眼抓拍的违规违章车辆如图 11.9 所示。

（a）压实线

（b）闯红灯

（c）逆行

（d）不按规定车道行驶

（e）提前左转

（f）超速

图 11.9　抓拍的违规违章车辆

④ 交通信息查询。对于外出旅游的人员，物联网可以为其提供各种交通信息。外出人员无论在办公室、大街上、家中，还是汽车上，都可以通过计算机、电视、电话、无线电、车内显示屏等任何终端及时获得所需的交通信息，如最近的餐馆、指定的旅游景点等。

⑤ 智能公交车。结合公交车辆的运行特点，建设公交智能调度系统，对线路、车辆进行规划调度，实现智能排班。

⑥ 共享单车。运用带有 GPS 或 NB-IoT 模块的智能锁，通过 App 相连，实现精准定位、实时掌控车辆状态等。

⑦ 充电桩。通过物联网设备，实现充电桩定位、充放电控制、状态监测及统一管理等功能。

⑧ 智能红绿灯。依据车流量、行人及天气等情况，动态调控灯信号来控制车流，提高道路承载力。

3. 智慧医疗

如图 11.10 所示，智慧医疗系统借助简易实用的家庭医疗传感设备，对家中病人或老人的生理指标进行检测，并将生成的生理指标数据通过固定网络或无线网络传送给护理人员或有关医疗单位。根据客户的需求，信息服务商还可以提供相关增值业务，如紧急呼叫救助服务、专家咨询服务、终生健康档案管理服务等。智能医疗系统真正解决了现代社会的子女们因工作忙碌无暇照顾家中老人的问题，可以随时表达孝子情怀。

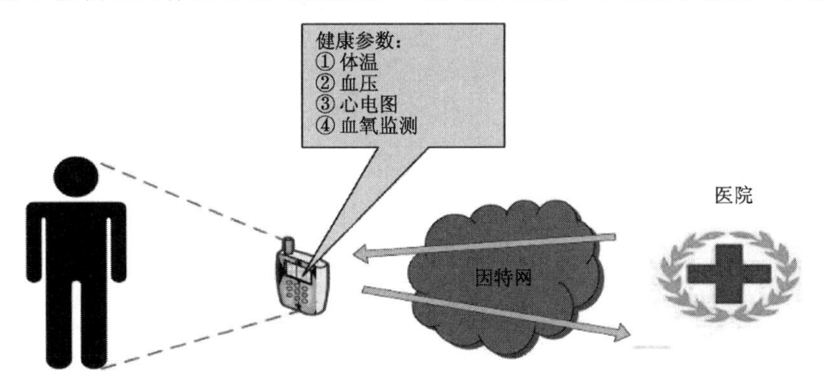

图 11.10　智慧医疗示意图

4．精细农业

物联网在农业领域的应用主要可以概括为两个方面：智能化培育控制、农副食品安全溯源。

物联网通过光照、温度、湿度等各式各样的无线传感器，可以实现对农作物生产环境中的温度、湿度信号以及光照、土壤温度、土壤含水量、叶面湿度、露点温度等环境参数进行实时采集。同时在现场布置摄像头等监控设备，实时采集视频信号。用户通过计算机或手机，可以随时随地观察现场情况、查看现场温湿度等数据，并可以远程控制、智能调节指定设备，如自动开启或者关闭浇灌系统、温室开关卷帘等。现场采集的数据为农业综合生态信息自动监测、环境自动控制和智能化管理提供科学依据。图 11.11～图 11.13 分别为使用物联网技术进行专家远程指导种植、作物成熟度预报、智能滴灌示意图。

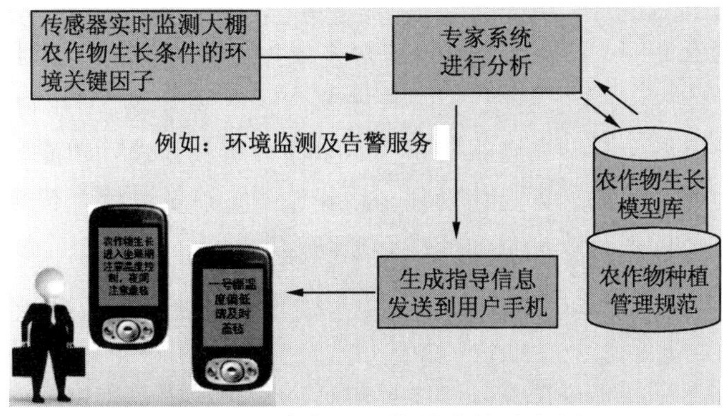

图 11.11　专家远程指导种植示意图

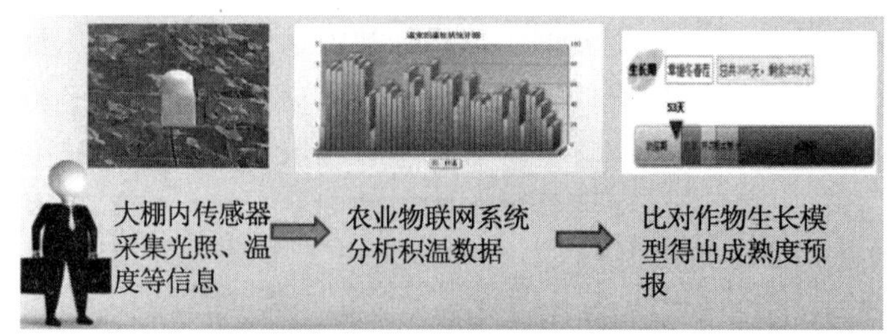

图 11.12　作物成熟度预报示意图

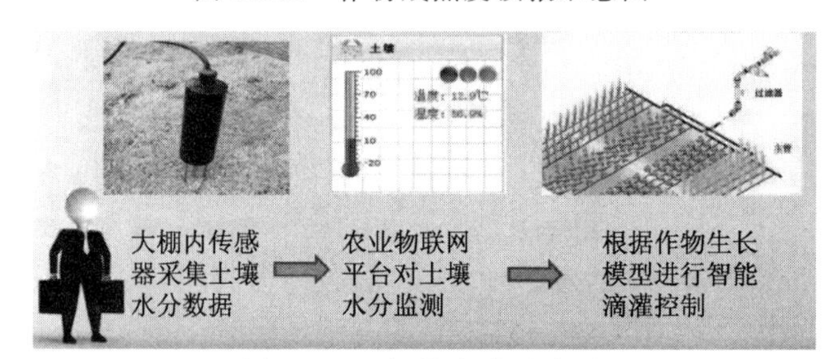

图 11.13　智能滴灌示意图

随着物联网的发展和应用，人们可以对跟踪的食品和其中成分的供应链体系进行部分或整体的调整，或者重新构建，以解决在食品出现质量问题和其他安全隐患时能及时发出警告并进行召回等相关的问题。图 11.14 所示为农产品溯源流程图。

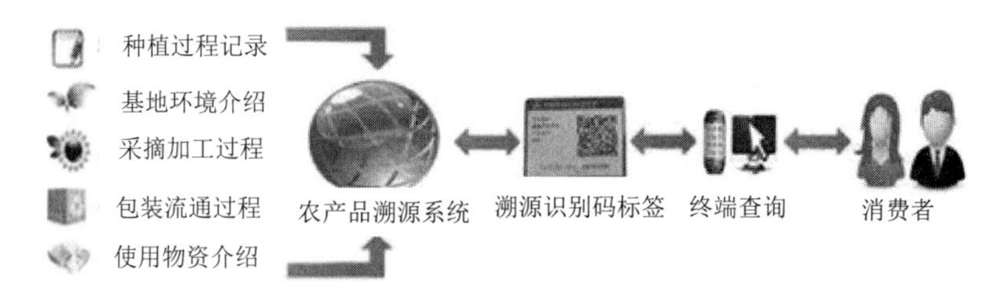

图 11.14　农产品溯源流程图

5. 智慧物流

党的二十大报告提出："加快发展物联网，建设高效顺畅的流通体系，降低物流成本。"智慧物流是以物联网、大数据、人工智能等信息技术为支撑，在物流的运输、仓储、包装、装卸、配送等各个环节实现系统感知、全面分析及处理等功能。物联网在物流领域的应用场景分为四个方向，即仓储管理、运输监测、冷链物流、智能快递柜。智慧物流的实现能大大地降低各行业运输的成本，提高运输效率，提升整个物流行业的智能化和自动化水平。

6. 智能安防

智能安防核心在于智能安防系统，主要包括门禁、报警和监控三大部分。行业中主要以视频监控为主，该系统对拍摄的图像进行传输与存储，并对其分析与处理。

① 门禁系统。主要以感应卡式、指纹、虹膜以及面部识别等为主，有安全、便捷和高效的特点，能联动视频抓拍、远程开门、手机位置探测及轨迹分析等。

② 监控系统。主要以视频为主，分为警用和民用市场。通过视频实时监控，使用

摄像头进行抓拍记录，将视频和图片进行数据存储和分析，实时监测，确保安全。

③ 报警系统。主要通过报警主机进行报警，同时，部分研发厂商会将语音模块以及网络控制模块置于报警主机中，缩短报警反映时间。

7. 智慧能源

当前，将物联网技术应用在能源领域，主要用于水、电、燃气等表计以及根据外界天气对路灯的远程控制等，基于环境和设备进行物体感知，通过监测，提升利用效率，减少能源损耗。根据实际情况，智慧能源分为四大应用场景：

① 智能水表。可利用先进的 NB-loT 技术，远程采集用水量，以及提供用水提醒等服务。

② 智能电表。自动化信息化的新型电表，具有远程监测用电情况，并及时反馈等功能。

③ 智能燃气表。通过网络技术，将用气量传输到燃气集团，无须入户抄表，且能显示燃气用量及用气时间等数据。

④ 智慧路灯。通过搭载传感器等设备，实现远程照明控制以及故障自动报警等功能。

8. 智能零售

智能零售依托于物联网技术，主要体现了两大应用场景，即自动售货机和无人便利店。智能零售通过将传统的售货机和便利店进行数字化升级、改造，打造无人零售模式。通过数据分析，并充分运用门店内的客流和活动，为用户提供更好的服务，为商家提供更高的经营效率。

① 自动售货机。自动售货机也叫无人售货机，分为单品售货机和多品售货机，通过物联网卡平台进行数据传输，客户验证，购物车提交，到扣款回执。

② 无人便利店。采用 RFID 技术，用户仅需扫码开门，便可进行商品选购，关门之后系统会自动识别所选商品，并自动完成扣款结算。

11.3 大 数 据

大数据在以云计算为代表的技术创新基础上将原本很难收集和使用的数据利用起来，通过不断创新，为人类创造更多的价值。可以说，大数据是互联网发展到一定阶段的必然产物。

11.3.1 大数据基本概念

1. 大数据的定义

大数据本身是一个宽泛的概念，业界尚未给出统一的定义，不同的研究机构和公司都从各自的角度诠释了什么是大数据。

2011 年，美国著名的咨询公司麦肯锡在研究报告《大数据的下一个前沿：创新、竞争和生产力》中给出了大数据的定义：大数据是指大小超出了典型数据库软件工具收集、存储、管理和分析能力的数据集。

美国国家标准技术研究所的定义为：大数据是指那些传统数据架构无法有效地处理的新数据集。这些数据集的特征包括：容量大、数据类型的多样性、多个领域数据的差异性、数据的动态特征（速度或流动率、可变性等），因此，需要采用新的架构来高效率完成数据处理。

按国内普遍的理解，大数据可以认为是具有数量巨大、来源多样、生成极快、形式多变等特征且难以使用传统数据体系结构有效处理的包含大量数据集的数据。

从以上不同的定义可以看出，大数据的内涵不仅仅是数据本身，还包括大数据技术和大数据应用。

从数据本身角度而言，大数据是指大小、形态超出典型数据管理系统采集、存储、管理和分析能力的大规模数据集，而且这些数据之间存在着直接或间接的关联性，可以使用大数据技术从中挖掘模式与知识。

大数据技术是挖掘和展现大数据中蕴含价值的一系列技术与方法，包括数据采集、预处理、存储、分析挖掘与可视化等；大数据应用则是对特定的大数据集，集成应用大数据系列的技术与方法，以获得有价值信息的过程。大数据技术的研究与突破，其最终目标就是从复杂的数据集中挖掘有价值的新信息，发现新的模式与知识。

2. 大数据的特征

从大数据的定义中，可以总结出大数据的特征。

（1）数据量大（Volume）

大数据的起始计量单位至少是 PB（1 PB=1 024 TB），也可采用更大的单位 EB（1 EB=1 024 PB）或 ZB（1 ZB=1 024 EB）。

（2）类型繁多（Variety）

大数据的类型包括网络日志、音频、视频、图片、地理位置信息等，多类型的数据对数据的处理能力提出了更高的要求。

（3）价值密度低（Value）

随着物联网的广泛应用，信息感知无处不在，信息海量，但信息价值密度却较低，如何通过强大的算法更迅速地完成数据的价值“提纯”，是大数据时代亟待解决的难题。

（4）速度快、时效高（Velocity）

处理速度快，时效性要求高，这是大数据区别于传统数据挖掘最显著的特征。

11.3.2 主流大数据服务

针对大数据分析的需求，IT 界纷纷推出自己的大数据分析工具，目前主流的平台和产品有以下几种：

1. Google 的技术与产品研发

Google 近年来持续投入大数据产品研发，从 MapReduce、GFS 和 BigTable 开始，已经开发了多个有影响力的技术和产品。

（1）Percolator

Google 的一个核心业务就是提供全球搜索服务，而对于搜索来说，索引非常重要，每当爬虫爬取到新的 Web 页面时，索引就需要更新，否则这个页面就无法被搜索到。为此，Google 建立了一个巨大的文档库，存放着它从互联网上爬取的所有 Web 页面，同时有一个相对应的巨大索引库，如果使用全量更新的方式，即对该文档库进行全库扫描来创建新的索引会带来很多问题，比如遭遇性能、存储与技术的上限等，因此，对索引的更新要做成增量更新，即只对每天新爬到的 Web 页面作索引。Percolator 就是一个可以为一个巨大的数据集提供增量更新的系统，该系统在 BigTable 的基础上加入了对局部更新的支持，弥补了 MapReduce 无法在计算时处理局部更新的缺陷，成为 Google 用来更新其搜索索引的有力工具。

（2）Pregel

当今互联网产生了很多社交数据，其中有许多是图数据，比如人物关系图即是一种很关键的图数据。随着图数据规模的增大，图分析越来越受到互联网公司的关注，为此 Google 研发了 Pregel，用来支持大规模分布式的图分析和计算。

（3）Dremel

Dremel 是 Google 的交互式数据分析系统，可以组建规模上千的集群，并使用类 SQL 语言秒级分析 PB 级的数据。使用 MapReduce 处理一个数据需要分钟级的时间，而作为 MapReduce 的发起者的 Google 开发了 Dremel，将处理时间缩短到秒级，以作为 MapReduce 的有力补充。

Google 的开发技术带动了开源大数据产品的发展，Hadoop、HBase 等都受到了 Google 相关产品的巨大影响。

2. 微软的 HDInsight

HDInsight 是微软在 Windows Azure 上运行的云服务，该服务以云方式部署并设置 Apache Hadoop 群集，从而提供对大数据进行管理、分析和报告的软件框架。

作为 Azure 云生态系统的一部分，HDInsight 中的 Hadoop 拥有众多优势：最先进的 Hadoop 组件；高可用性和可靠性的群集；高效又经济的 Azure Blob 数据存储；集成其他 Azure 服务，包括网站和 SQL 数据库；使用成本低等。

相较于其他云服务，Azure 上的大数据服务 HDInsight 支持的技术种类非常多，包括基本的 Hadoop 分布式文件系统 HDFS、超大型表格的非关系型数据库 HBase、类 SQL 的查询语言 Hive、分布式处理和资源管理技术 MapReduce 与 YARN，以及更简单的 MapReduce 转换脚本 Pig。此外，HDInsight 还支持负责群集设置、管理和监视的 Ambari，进行 Microsoft .NET 环境下数据序列化的 Avro，计算机学习技术 Mahout，数据导入和导出工具 Sqoop，快速、大型数据流的实时处理系统 Storm，负责协调分布式系统的流程 ZooKeeper 等。

3. IBM 的 InfoSphere

2011 年 IBM 正式推出了 InfoSphere 大数据分析平台，包括互补的 BigInsights 和 Streams 两部分。BigInsights 可以对大规模的静态数据进行分析，它提供多节点的分布式计算，可以随时增加节点提升数据处理能力；Streams 则采用内存计算方式分析实时数据。除此之外，InfoSphere 大数据分析平台还集成了数据仓库、数据库、数据集成、业务流程管理等组件。

BigInsights 基于 Hadoop，增加了文本分析和统计决策工具，并在可靠性、安全性、易用性、管理性方面作出了相应的改进，比如提供了一种类 SQL 的更高级的查询语言，此外，BigInsights 还可与 DB2、Netezza 等集成，使得该大数据平台更适合企业级的应用。对企业级产品而言，最重要的是没有单点故障，而 BigInsights 除了支持 Hadoop 的 HDFS 存储系统外，也支持 IBM 推出的 GPFS（General Parallel File System，IBM 开发的文件系统）平台，以更好发挥其强大的灾难恢复、高可靠性、高扩展性的优势，让整个分布式系统更可靠。

11.3.3 “大数据+”的典型应用

1. 智慧医疗的应用

在智慧医疗中，人们所面对的数目及种类众多的病菌、病毒及肿瘤细胞都处于不断进化的过程中，在发现和诊断疾病时，疾病的确诊和治疗方案的确定是最困难的。借助于大数据平台，可以收集不同病例和治疗方案及病人的基本特征，据此建立针对疾病特点的大数据库。如果未来基因技术发展成熟，可以根据病人的基因序列特点进行分类，建立医疗行业的病人分类大数据库。在医生诊断病人时可以参考病人的疾病特征、化验报告和检测报告，参考疾病数据库来快速帮助病人确诊，明确定位疾病。在制定治疗方案时，医生可以依据病人的基因特点，调取相似基因、年龄、人种、身体情况相同的有效治疗方案，快速制定出适合病人的治疗方案，帮助更多人及时准确进行治疗。同时这些数据也有利于医药行业开发出更加有效的药物和医疗器械。医疗行业的数据应用一直在进行，但是数据没有打通，都是孤岛数据，没有办法形成大规模应用。未来需要将这些数据统一收集，纳入统一的大数据平台。这样，各类企业以医院、医生、患者、医药、医险、医检等为入口，纷纷布局智慧医疗与大数据，促进医院信息化、可穿戴设备、在线医疗咨询服务、医药电商等行业的蓬勃发展，从而打造出完整的智慧医疗产业链条（见图 11.15），最终将造福于每个人。

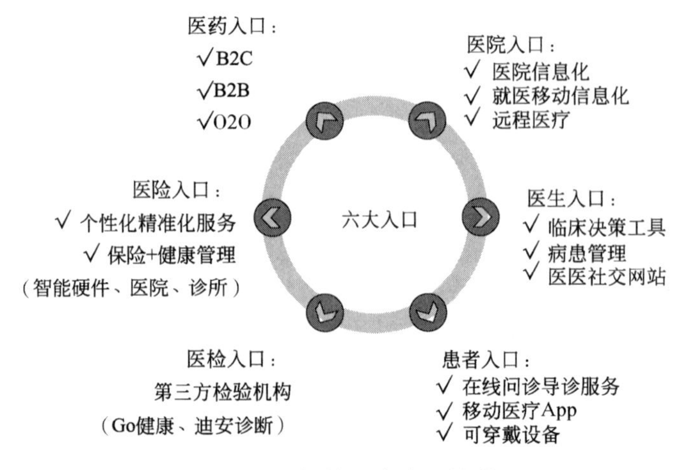

图 11.15　智慧医疗产业链条

2. 智慧农业的应用

大数据在农业中的应用主要是指依据未来商业需求的预测来进行农牧产品生产，降低菜贱伤农的概率。同时，大数据的分析将会更加精确地预测未来的天气，帮助农牧民做好自然灾害的预防工作。大数据同时也会帮助农民依据消费者消费习惯来决定增加哪些品种农作物的种植，减少哪些品种农作物的生产，提高单位种植面积的产值，同时有助于快速销售农产品，完成资金回流。牧民可以通过大数据分析来安排放牧范围，有效利用牧场。渔民可以利用大数据安排休渔期、定位捕鱼范围等。

3. 金融行业的应用

大数据在金融行业应用范围较广，典型的案例有花旗银行利用 IBM 沃森计算机为财富管理客户推荐产品；美国银行利用客户点击数据集为客户提供特色服务，如有竞争的信用额度；招商银行利用客户刷卡、存取款、电子银行转账、微信评论等行为数据进行分析，每周给客户发送针对性广告信息，里面有顾客可能感兴趣的产品和优惠信息。可见，大数据在金融行业的应用可以总结为以下五个方面：精准营销、风险管控、决策支持、效率提升和产品设计。

4. 智慧交通的应用

目前，交通的大数据应用主要在两个方面，一方面可以利用大数据传感器数据来了解车辆通行密度，合理进行道路规划包括单行线路规划；另一方面可以利用大数据来实现即时信号灯调度，提高已有线路运行能力。科学的安排信号灯是一个复杂的系统工程，必须利用大数据计算平台才能计算出一个较为合理的方案。科学的信号灯安排将会提高 30%左右已有道路的通行能力。在美国，政府依据某一路段的交通事故信息来增设信号灯，降低了 50%以上的交通事故率。机场的航班起降依靠大数据将会提高航班管理的效率，航空公司利用大数据可以提高上座率，降低运行成本。铁路利用大数据可以有效安排客运和货运列车，提高效率、降低成本。高德地图已连续 9 年发布了中国主要城市交通分析报告，不仅有年度、季度分析报告，还有各城市的月报、周报、日报和节假日出行预测报告。此外，高德地图的实时交通信息服务目前覆盖了全国 1000 多个城市（包括一二三线城市和小城镇），是国内首家实时交通信息服务覆盖全国的地图软件。

5. 零售行业的应用

零售行业的大数据应用有两个层面：一个层面是零售行业可以了解客户消费喜好和趋势，进行商品的精准营销，降低营销成本；另一个层面是依据客户购买的产品，为客户推荐可能购买的其他产品，扩大销售额。另外，零售行业可以通过大数据掌握未来消费趋势，有利于热销商品的进货管理和过季商品的处理。零售行业的数据对于产品生产厂家是非常宝贵的，零售商的数据信息将会有助于资源的有效利用，降低产能过剩。厂商依据零售商的信息按实际需求进行生产，可以减少不必要的生产浪费。

11.3.4 大数据安全

1. 大数据面临的安全问题

大数据面临的信息安全问题主要集中在隐私泄露、外界攻击和数据存储 3 个方面。

（1）隐私泄露的风险大幅度增加

在大数据技术的背景下，由于大量数据的汇集使得用户隐私泄露的风险逐渐增大，而用户的隐私数据被泄露后，其人身安全也有可能受到一些影响。

（2）黑客的攻击意图更加明显

在大数据模式下的数据是更容易被攻击的，因为大数据中包含着大量的数据，而在数据较多且复杂的背景下，黑客可以更容易地检测其存在的漏洞并进行攻击，而随着数据量的增大，会吸引更多潜在的攻击者，黑客攻击成功之后也会通过突破口获取更多的数据，从而可以在一定程度上降低攻击成本，并获得更多的收益，因此，很多黑客都喜欢攻击大数据技术下的数据。

（3）存在数据安全的先天不足

由于大数据技术是将数据集中后存储在一起的，就有可能出现将某些生产数据错放在经营数据存储位置中的这类情况，致使企业的安全受到一定的影响。

2. 大数据安全问题解决方案

（1）对数据进行标记

大数据类型繁多、数量庞大的特性直接导致了大数据较低的价值密度，而对大数据进行分类标识，有助于从海量数据中筛选出有价值的数据，既能保证其安全性，又能实现大数据的快速运算，是一种简单、易行的安全保障措施。

（2）设置用户权限

分布式系统架构应用在具有超大数据集的应用程序上时，可以对用户访问权限进行设置：首先对用户群进行划分，为不同的用户群赋予不同的最大访问权限；然后再对用户群中的具体用户进行权限设置，实现细粒度划分，不允许任何用户超过其所在用户群的最大权限。

（3）强化加密系统

为保证大数据传输的安全性，需要对数据进行加密处理：对要上传的数据流，需要通过加密系统进行加密；对要下载的数据，同样要经过对应的解密系统才能查看。为此，需要在客户端和服务端分别设置一个对应的文件加/解密系统处理传输数据，同时为了增强安全性，应将密钥与加密数据分开存放。

11.4 云计算、大数据、物联网三者之间的关系

《互联网进化论》一书中提出“互联网的未来功能和结构将与人类大脑高度相似，也将具备互联网虚拟感觉，虚拟运动，虚拟中枢，虚拟记忆神经系统”，并绘制了一幅互联网虚拟大脑结构图，如图 11.16 所示。

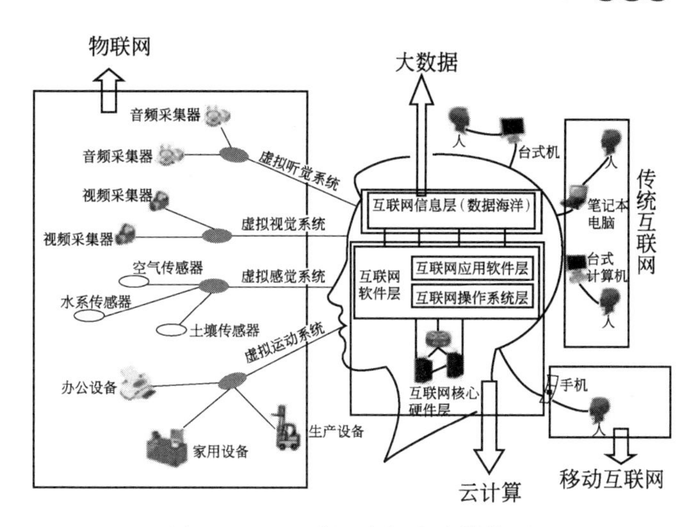

图 11.16　互联网虚拟大脑结构图

从图 11.16 中可以看出：

物联网对应互联网的感觉神经系统，因为物联网重点突出了传感器感知的概念，同时它也具备网络线路传输、信息存储和处理、行业应用接口等功能，而且与互联网共用服务器、网络线路和应用接口，使人与人（Human to Human，H2H）、人与物（Human to Thing，H2T）、物与物（Thing to Thing，T2T）之间的交流变成可能，最终将使人类社会、信息空间和物理世界（人—机—物）融为一体，使人们逐渐进入一个万物感知、万物互联、万物智联的数字化智能社会。

大数据代表互联网的信息层，是互联网智慧和意识产生的基础。随着博客、社交网络、云计算、物联网等技术的兴起，互联网上的数据信息正以前所未有的速度增长和累积。互联网用户的互动、企业和政府的信息发布、物联网传感器感应的实时信息每时每刻都在产生大量的结构化和非结构化数据，这些数据分散在整个互联网网络体系内，体量极其巨大，这些数据中蕴含了对经济、科技、教育等领域非常宝贵的信息。

云计算是互联网的核心硬件层和核心软件层的集合，也是互联网中枢神经系统的萌芽。在互联网虚拟大脑的架构中，互联网虚拟大脑的中枢神经系统是将互联网的核心硬件层、核心软件层和互联网信息层统一起来为互联网各虚拟神经系统提供支持和服务。从定义上看，云计算与互联网虚拟大脑中枢神经系统的特征非常吻合。在理想状态下，物联网的传感器和互联网的使用者通过网络线路和计算机终端与云计算进行交互，向云计算提供数据，接受云计算提供的服务。

得益于大数据和云计算的支持，当前，物联网正在从“连接”走向“智能”，并通过“互联网+”渗透到各行各业，服务实体经济，促进传统产业的全面转型升级，促使共享经济成为未来经济发展的主流。

总之，物联网、云计算和大数据三者互为基础，物联网产生大数据，大数据需要云计算。物联网在将物品和互联网连接起来，进行信息交换和通信，以实现智能化识别、定位、跟踪、监控和管理的过程中，产生大量数据，云计算解决万物互联带来的巨大数据量，所以三者互为基础，又相互促进。三者之间的关系如图 11.17 所示。

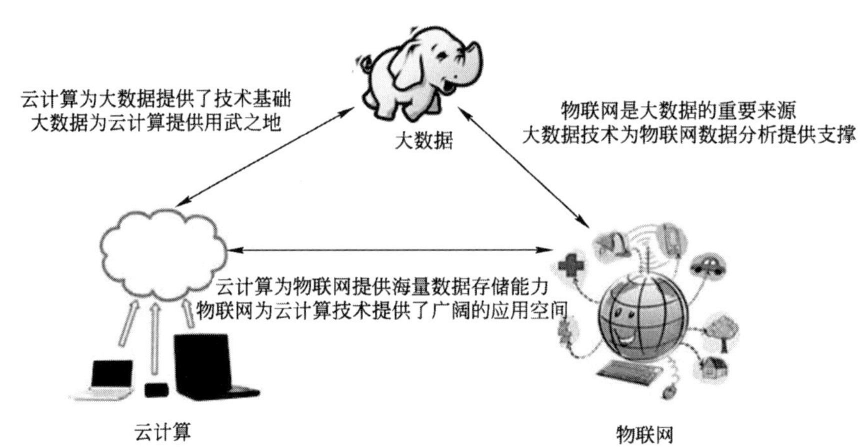

图 11.17　云计算、大数据和物联网关系图

11.5　数字经济

11.5.1　数字经济的概念

数字经济是人类通过大数据的识别—选择—过滤—存储—使用，引导、实现资源的快速优化配置与再生、实现经济高质量发展的经济形态。数字经济，作为一个内涵比较宽泛的概念，凡是直接或间接利用数据来引导资源发挥作用、推动生产力发展的经济形态都可以纳入其范畴。在技术层面，包括大数据、云计算、物联网、区块链、人工智能、5G 通信等新兴技术。

2021 年 12 月，国务院印发的《“十四五”数字经济发展规划》中，对数字经济做了如下定义：数字经济是继农业经济、工业经济之后的主要经济形态，是以数据资源为关键要素，以现代信息网络为主要载体，以信息通信技术融合应用、全要素数字化转型为重要推动力，促进公平与效率更加统一的新经济形态。数字经济发展速度之快、辐射范围之广、影响程度之深前所未有，正推动生产方式、生活方式和治理方式深刻变革，成为重组全球要素资源、重塑全球经济结构、改变全球竞争格局的关键力量。

自人类社会进入信息时代以来，数字技术的快速发展和广泛应用衍生出数字经济。与农耕时代的农业经济以及工业时代的工业经济大有不同，数字经济是一种新的经济、新的动能、新的业态，其引发了社会和经济的整体性深刻变革。2022 年 3 月，新华社联合百度发布《大数据看 2022 年全国两会关注与期待》，汇总了全国两会的十大关注话题，数字经济位列第五位。党的二十大报告提出：“加快发展数字经济，促进数字经济和实体经济深度融合，打造具有国际竞争力的数字产业集群。”这是抓住世界科技革命和产业变革机遇、抢占未来发展制高点的客观要求和有力举措。数字经济通过新技术、新要素、新业态等有效促进实体经济增长，以制造业为核心的实体经济则为数字技术应用和数字产业发展创造巨大外部需求、提供重要产业基础，数字经济和实体经济深度融合，将释放巨大的生产力和经济增长空间。

11.5.2 数字经济的特征

1. 互联网驱动

互联网是数字经济的支柱，它改变了企业的运营方式，并为企业创造了新的机会。同时，它还改变了消费者的行为方式，并赋予了他们更多的权利，可以选择自己想要的东西。

2. 全球

数字经济不受地理边界的限制，这是一个全球性的、相互关联的经济，使企业能够接触到新的市场和客户。

3. 始终开启

数字经济全天候可用，意味着企业可以全天候运营，并随时与客户联系。

4. 快节奏

数字经济发展迅速，这是因为不断地创新和新技术的引入。

5. 数据驱动

数据是数字经济的命脉，企业使用数据来创建新产品和服务，做出决策，精准定位客户等。

6. 竞争激烈

数字经济竞争激烈，因为客户有更多的选择，企业必须争夺他们的注意力。

11.5.3 数字经济的作用

1. 帮助吸引更多客户

数字经济具有互联网的全球性，这使得企业能够进入新的市场和接触到新的客户，扩大销售规模，加速产品变现。

2. 降低成本

数字化能够帮助企业用自动化流程取代人工手动任务，技术使企业能够通过用更有效的数字方法取代传统方法来降低营销、生产和分销等各方面的成本。

3. 提高效率

通过数字经济，企业可以使用技术进行自动化运营，可以使用数据来帮助分析决策。所以，数字经济帮助企业变得更加高效。

4. 提高就业机会

数字经济创造了遍布全球的新工作角色，创造了新的就业机会，某些职业不用担心地域问题，如数字营销、大数据分析师、数据挖掘等这样的职位，都是可以实现远程办公的。

5. 引领创新

数字化允许企业尝试新的想法和技术来生产、营销和销售他们的产品和服务。所以，数字化为业务和业务流程带来创新。

6．带给消费者更大的便利性

数字化经济的发展，让我们在家里就可以享受到美食和服务，可以随时随地购物，生活更加便利。如美团、饿了吗、滴滴打车等这些都是数字化经济带给我们的便利。

总之，数字经济掀起了一波又一波的颠覆浪潮，数字经济的未来是以服务为导向的实体，数字经济能够利用当今的新兴技术，使企业更好地与现有和潜在客户建立联系，提高响应速度，同时提高效率和有效性。

11.5.4 数字经济重点产业

《中华人民共和国国民经济和社会发展第十四个五年规划和2035年远景目标纲要》提出了数字经济的七大重点产业，分别为云计算、大数据、物联网、工业互联网、区块链、人工智能、虚拟现实和增强现实。重点产业细分领域见表11.1。

表11.1 数字经济重点产业

七大产业	细分领域
云计算	加快云操作系统迭代升级，推动超大规模分布式存储、弹性计算、数据虚拟隔离等技术创新，提高云安全水平。以混合云为重点培育行业解决方案、系统集成、运维管理等云服务产业
大数据	推动大数据采集、清洗、存储、挖掘、分析、可视化算法等技术创新，培育数据采集、标注、存储、传输、管理、应用等全生命周期产业体系，完善大数据标准体系
物联网	推动传感器、网络切片、高精度定位等技术创新，协同发展云服务与边缘计算服务，培育车联网、医疗物联网、家居物联网产业
工业互联网	打造自主可控的标识解析体系、标准体系、安全管理体系，加强工业软件研发应用，培育形成具有国际影响力的工业互联网平台，推进“工业互联网+智能制造”产业生态建设
区块链	推动智能合约、共识算法、加密算法、分布式系统等区块链技术创新，以联盟链为重点发展区块链服务平台和金融科技、供应链管理、政务服务等领域应用方案，完善监管机制
人工智能	建设重点行业人工智能数据集，发展算法推理训练场景，推进智能医疗装备、智能运载工具、智能识别系统等智能产品设计与制造，推动通用化和行业性人工智能开放平台建设
虚拟现实和增强现实	推动三维图形生成、动态环境建模、实时动作捕捉、快速渲染处理等技术创新，发展虚拟现实整机、感知交互、内容采集制作等设备和开发工具软件、行业解决方案

11.5.5 数字经济典型案例

1．美团上海市金山区城市低空物流运营示范中心

无人化是物流业的终极未来，物流智能化也将成为当下相关企业竞争的焦点。2021年，全国首个城市低空物流运营示范中心落地上海市金山区，美团自研无人机15分钟送货上门已成现实。无人机配送能力的建设是推进智慧城市建设的重要一环，此次打造城市立体智能配送网络的尝试也彰显了科技助力品质生活的有力探索。

2．安顿心梗、脑卒中提前预警AI

安顿生命健康管理系统依托人工智能与中西医理论，通过智能穿戴产品持续采集海量人体数据，让医生、家人及佩戴者实时掌握健康信息，对亚健康、心梗、脑卒中高危人群及老年人群等全面进行有效管理和控制，为疾病管理、预防和干预提供有效的支撑

和时间，挑战心脑血管、肿瘤疾病预警的不可能。保障全民健康，让人民群众“不得病、晚得病、得小病”，人人都可以拥有私人专属的健康管理专家。

3．多点 DMALL 零售联合云解决方案

多点 DMALL 零售联合云解决方案直击商超、便利店、社区店、专营专卖店等店铺和品牌商数字化转型过程中的痛点、难点，作为一站式全渠道数字化解决方案提供商，DMALL 提供基于 DMALL OS 系统的零售联合云服务。DMALL OS 包含 15 个大系统、800 个子系统，打通零售各个环节，可以不断完善、升级、迭代系统和功能。

4．江苏红豆工业互联网公司红豆西服智能工厂

红豆西服智能工厂是红豆工业互联网平台及智慧工厂落地试点示范项目，其以产品个性化、设计协同化、供应敏捷化、制造柔性化、决策智能化为标准，建立智慧工厂生产体系，搭建数字化生产管理一体化平台。此外，配合 BANJO 公司定制的 AI 智能量体仓，其 AI 智能量体+远程试衣技术打通了从门店量体到生产再到发货的服装生产完整链条，可提供高效的服装私人定制服务。

5．杭州国辰机器人科技有限公司玻璃纤维布智能验布系统

对于化纤企业来说，玻璃纤维布的质量直接决定了它的等级与价格，若发现表面瑕疵往往会导致布匹价格下降 45%～60%。国辰机器人依托机器视觉及深度学习，推出的玻璃纤维布智能验布系统为玻纤布质量把关，在国内玻纤行业某龙头企业生产车间内，与现场设备实现同步，依生产线速度不同改变扫描频率，在保证实时性的同时也确保了所采集图像的真实不变形，为小散丝、起经毛、黑点、水渍等各类缺陷的准确检出提供了保障。整个实施过程不随着应用场景的改变而改变，在学习投入成本低的同时有效提高了玻璃纤维布的质量。

6．极智嘉赋能迪卡侬智慧物流升级

更快的物流配送与优质的服务需求在全球零售的大环境下与日俱增。极智嘉以领先的智能物流机器人技术、软件与算法，赋能迪卡侬实现从“人找货”到“货到人”的智慧转变。双方联手推出的“AMR（Autonomous Mobile Robot，自主移动机器人）+RFID”创新方案通过不断地优化迭代，具备极高的全球竞争力，真正实现立足中国，走向世界。

7．创蓝云智 5G 消息应用

创蓝云智凭借在 5G 消息应用场景上的技术创新能力，成为国内首批与运营商在 5G 消息领域开展合作的企业。作为北京、上海、广东、江苏、浙江、海南、山东等十多个省份运营商 CSP（Chatbot Service Provider，5G 消息服务提供商）合作伙伴，实现了全业务链条的数字化与智能化，打造了电商、游戏、金融、餐饮等行业的全流程通信解决方案，为华为、腾讯、哔哩哔哩、拼多多等企业提供通信科技服务。

小　结

云计算、大数据、物联网、数字经济是新型的研究应用领域，本章首先介绍了云计算的概念、特点、分类、主流云计算技术、云安全，接着介绍了物联网的定义、特征、

体系架构、关键技术及应用，随后介绍了大数据的概念、特征、主流大数据服务、安全及典型应用，然后介绍了三者之间的关系，最后介绍了数字经济的概念、特征、作用、核心产业及典型案例，使大家认识和了解云计算、大数据、物联网、数字经济的基础知识，为以后的深入学习奠定基础。

实　训

实训 1　云计算、大数据、物联网基本概念

1. 实训目的

① 了解云计算的概念和特点。

② 熟悉云计算的分类方法。

③ 了解物联网、大数据的定义和特征。

④ 熟悉物联网的体系架构。

2. 实训内容

完成下面理论知识题：

① 云计算就是把计算资源都放到（　　）上。

A. 对等网　B. 因特网　C. 广域网　D. 无线网

② SaaS 是（　　）的简称。

A. 软件即服务　B. 平台即服务　C. 基础设施即服务　D. 硬件即服务

③ 云计算是对（　　）技术的发展与运用。

A. 分布式计算　B. 网格计算　C. 并行计算　D. 三个选项都是

④ IaaS 是（　　）的简称。

A. 软件即服务　B. 平台即服务　C. 基础设施即服务　D. 硬件即服务

⑤ Amazon 公司通过（　　）计算云，可以让客户通过 WebService 方式租用计算机来运行自己的应用程序。

A. S3　B. HDFS　C. EC2　D. GFS

⑥ 与网络计算相比，不属于云计算特征的是（　　）。

A. 适合紧耦合科学计算　B. 资源高度共享

C. 支持虚拟机　D. 适用于商业领域

⑦ 下列不属于 Google 云计算平台技术架构的是（　　）。

A. 并行数据处理 MapReduce　B. 弹性云计算 EC2

C. 分布式锁 Chubby　D. 结构化数据表 BigTable

⑧ 以下不是大数据特征的是（　　）。

A. 价值密度低　B. 数据类型繁多

C. 访问时间短　D. 处理速度快

⑨ 数字经济重点产业不包括（　　）。

A. 工业互联网　B. 虚拟现实和增强现实

C. IPV6　　D. 区块链

⑩ 医疗健康数据的基本情况不包括（　　）。

A. 诊疗数据　　B. 公共安全数据

C. 个人健康管理数据　　D. 健康档案数据

⑪ 感知层是物联网体系架构的（　　）。

A. 第一层　　B. 第二层　　C. 第三层　　D. 第四层

⑫ 物联网的英文名称是（　　）。

A. Internet of Matters　　B. Internet of Things

C. Internet of Therys　　D. Network of Things

⑬ 物联网分为感知、网络和（　　）3个层次，在每个层面上，都将有多种选择去开拓市场。

A. 应用　　B. 推广　　C. 传输　　D. 运营

⑭ 物联网中常提到的M2M概念不包括（　　）。

A. 人到人　　B. 人到机器　　C. 机器到人　　D. 机器到机器

⑮ 在环境监测系统中，一般不常用到的传感器类型是（　　）。

A. 温度传感器　　B. 速度传感器　　C. 照度传感器　　D. 湿度传感器

⑯ RFID硬件部分不包括（　　）。

A. 读写器　　B. 天线　　C. 二维码　　D. 电子标签

⑰ 利用RFID、传感器、二维码等随时随地获取物体的信息，指的是（　　）。

A. 可靠传递　　B. 全面感知　　C. 智能处理　　D. 互联网

实训2　主流云计算技术、主流大数据服务及物联网的典型应用

1. 实训目的

① 理解云计算、大数据、物联网三者之间的关系。

② 熟悉物联网的典型应用。

③ 熟悉主流云计算技术和主流大数据服务。

2. 实训内容

完成以下简答题：

① 目前主流的云计算和大数据供应商分别有哪些？

② 举例说明自己见过的物联网应用。

③ 云计算、大数据、物联网三者之间有什么关系？

人工智能与量子计算

12.1 人工智能

2016 年 3 月，AlphaGo 在人机围棋冠军赛中与世界围棋冠军李世石的 5 场比赛中赢得了 4 场，开创了历史上第一个由计算机击败世界围棋冠军的先例。接着在 2017 年 AlphaGo 又战胜了世界围棋冠军柯洁，这使它连续两年保持世界第一。这一辉煌的胜利，震惊全球，“人工智能”这门高深莫测的学科在短短一年之内露出它的真实面目，为全球人们所知。目前，它已成为高新技术的代名词、黑科技的代表。习近平同志在党的二十大报告中为人工智能的发展指明了方向。目前人工智能已列入我国战略性发展学科中，并在众多学科发展中起到了“头雁”的作用。

实际上，人工智能已不是一门新学科了，它已经走过 60 余年历史，已是一门完整、系统的学科。本节将对人工智能的发展历史、概念、研究内容、研究方法及主要的应用领域等作概要性介绍，使大家对人工智能有初步的认识。

12.1.1 人工智能概述

1. 人工智能的定义

人类的智能一直是目前世界上所知的最高等级的智能，长期以来人们都梦想着可以用人造的设施或机器取代人类的智能，这种近似神话般的追求终于在现代计算机诞生后的今天得以逐步实现，实现这种梦想的学科就是人工智能学科。

那么，什么是人工智能呢？下面分几个层次对人工智能的定义进行介绍。

（1）现有定义

自人工智能出现后，有关对它的定义在多个不同时期、从不同角度有过不同的理解与解释，因此有过很多不同定义。下面列出几个代表性的定义：

① 第一个定义是 1956 年达特茅斯会议建议书中的定义：制造一台机器，该机器能模拟学习或者智能的所有方面，只要这些方面可以精确论述。

② 第二个定义是 1975 年人工智能专家 Minsky 的定义：人工智能是一门学科，是使机器做那些人需要通过智能来做的事情。

③ 第三个定义是 1985 年人工智能专家 Haugeland 的定义：人工智能是计算机能够思维，使机器具有智力的激动人心的新尝试。

④ 第四个定义是 1991 年人工智能专家 Rich Knight 的定义：人工智能是研究如何让

计算机做现阶段只有人才能做得好的事情。

⑤ 第五个定义是1992年人工智能专家Winston的定义：人工智能是那些使知觉、推理和行为成为可能的计算机系统。

综上所述，人工智能是与"计算机"、"人类智能"及"模拟"有关的学科。具体来说，即是以"计算机"为主要工具、以"人类智能"为研究目标，以"模拟"为研究方法的一门学科。

（2）定义的释义

在上述介绍的基础上，对人工智能作比较正式的介绍。

人工智能（Artificial Intelligence，AI）是用人造的机器取代或模拟人类智能。但从目前而言，这种机器主要指的是计算机，而人类智能主要指的是人脑功能。因此，从最为简单与宏观的意义上看，人工智能即是用计算机模拟人脑的一门学科。

下面作如下解释：

① 人脑：人类的智能主要体现在人脑的活动中，因此人工智能主要的研究目标是人脑。

② 计算机：模拟人脑的人造设施或机器，俗称电脑。

③ 模拟：就目前的科学水平而言，人类对人脑的功能及其内部结构的了解还很不够，因此还无法从生物学或从物理学观点着手制造出人脑，只能用模拟方法来模仿人脑已知的功能再通过计算机实现。

人工智能就是用人工制造的设备即计算机模拟人类智能（主要是人脑）的一门学科。

（3）延伸释义

① 人类智能：目前人们所说的人类智能即是人脑的思维活动，包括判断、学习、推理、联想、类比、顿悟、灵感等功能。此外还有很多尚未被发现的人类智能。

② 计算机：就目前而言，在人工智能中所使用的计算机实际上包括计算机网络，具有物联网功能，并具有云计算能力，是一个分布式、并行操作的计算机系统。

③ 模拟：在人工智能的三个关键词中，人类智能属脑科学范畴，计算机属计算机科学范畴，而真正属于人工智能研究内容的是模拟方法的研究，模拟方法的研究是指对人类智能进行模拟并制造出相应模型的方法，这些模型就是人类智能的模拟，又称智能模型。

经过上述解释后，可以对人工智能作更为详细的定义：

人工智能是以实现人类智能为其目标的一门学科，通过模拟的方法建立相应的模型，再以计算机为工具，建立一种系统以实现模型。这种计算机系统具有近似于人类智能的功能。图12.1所示为人工智能定义示意图。

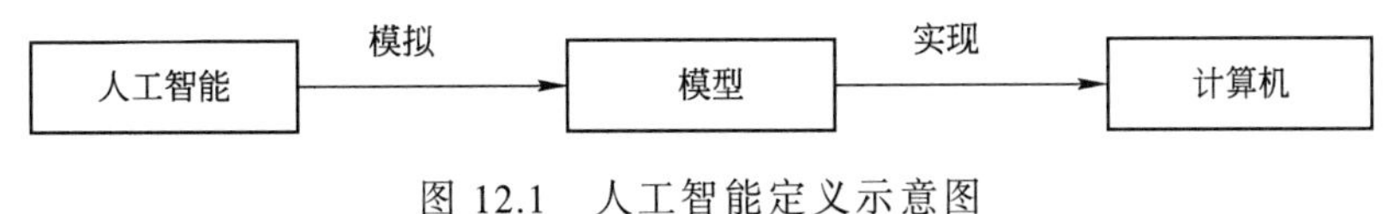

图12.1 人工智能定义示意图

2. 人工智能发展历史

人工智能已经历了三个发展时期，此外，还有人工智能出现前的萌芽阶段。

（1）人工智能出现前的萌芽阶段

有关人工智能最原始的研究从古希腊时期就开始了，其代表性人物是当时的哲学家亚里士多德（Aristotle），他以哲学观点研究人类思维形式化的规律，并形成了一门新的学科——形式逻辑。20 世纪初，数学家怀特海（Whitehead）与罗素（Russell）在其名著《数学原理》中用数学方法将形式逻辑符号化，即用数学中的符号方式研究人类思维形式化规律，这就是数理逻辑（Mathematic Logic），又称符号逻辑（Symbol Logic）。形式逻辑与数理逻辑的出现为人工智能奠定了理论基础。

对人工智能的后续密集研究出现在 20 世纪 40 年代直至 20 世纪 50 年代初，形成了人工智能的萌芽阶段。那个时期，有一批来自不同行业、不同领域的专家从其自身专业出发，从不同角度对人工智能提出了不同的理解、认识与方案，具代表性的有：

1943 年，心理学家麦克洛奇（MaCaulloch）和逻辑学家皮兹（Ptts）首创仿生学思想，并提出了首个人工神经网络模型——MP 模型，为连接主义学派的创立打下了基础。

1948 年，控制论创始人维纳（Wiener，见图 12.2）首次提出控制论概念，为人工智能行为主义学派提供了理论基础。

1948 年，信息论创始人香农（Shannon，见图 12.3）发表《通信的数学理论》，在此文中他将数学理论引入数字电路通信中，通过纠错码，有效解决了信息传输中的误码率问题。这标志了信息论的正式诞生。

图 12.2　维纳

图 12.3　香农

1950 年，图灵（Turing，见图 12.4）在《思想》（*Mind*）杂志上发表了一篇题为《计算的机器和智能》的论文。他在论文中提出了著名的图灵测试，首次为人工智能的概念作出了最为基础性的解释。图灵测试是指：让一台机器 A 和一个人 B 坐在幕后，让一个裁判 C 同时与幕后的人和机器进行交流，如果这个裁判无法判断自己交流的对象是人还是机器，就说明这台机器有了和人同等的智能。图 12.5 所示为图灵测试示意图。

1945 年第一台计算机问世，1950 年非数值计算出现，均为人工智能的应用发展提供了基本性的保证。借助于计算机的能力，人工智能应用如雨后春笋般破土而出。

1951 年，多个数学家在计算机上利用数理逻辑方法自动编排民航时刻表和列车运行时刻表。它标志着计算机的智能应用已经来临，并表明了符号主义的作用已经显现。接着，应用纠错理论与计算机相结合于通信领域中，为数字通信电路发展做出了关键性的贡献。

图 12.4　图灵

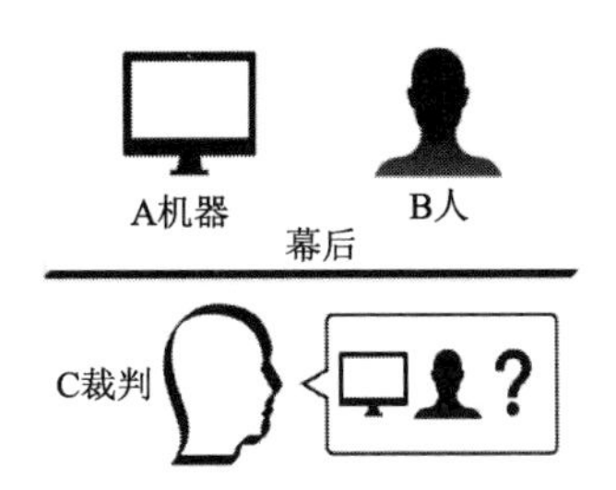

图 12.5　图灵测试示意图

20 世纪 50 年代中叶，由多个研究者联合出版专著《自动机研究》，将初始人工智能思想与计算机相结合，使计算机不仅有计算功能，还具有智能功能，这种有一定智能能力的计算机被命名为“自动机”。自动机概念的出现使得当时对原始人工智能的理解更为具体与深入。

以上所出现的各种研究方向与方法，包括了数理逻辑、信息论、控制论、自动机、仿生学、计算机智能应用及图灵测试等，表现了人工智能出现前的多种思想与流派，为人工智能的真正问世创造了条件。

（2）人工智能的第一个发展时期

① 人工智能的出现。

真正出现人工智能这个统一的、一致公认的名词是在 1956 年，这年夏天，由美国学者约翰·麦卡锡（John McCarthy，见图 12.6）主要发起，在美国达特茅斯学院举行了一个长达两个月的研讨会，它云集了当时各领域、各流派的人工智能研究者，包括约翰·麦卡锡（麻省理工学院）、香农（CMU，卡内基梅隆大学）、马文·明斯基（Marvin Minsky，麻省理工学院，见图 12.7）和罗切斯特（Rochester，IBM 公司）等多个著名人物。会议重点研讨了如何用机器模拟人类智能的若干方向性问题，并取得了一致性的认识。在讨论中人工智能（Artificial Intelligence）的名词首次被提出，并将该名词与所讨论的主题紧密关联。这是人工智能的首次会议，此后，世界上就开启了人工智能的正式研究，并出现了人工智能第一次高潮，麦卡锡也被公认为人工智能之父。

图 12.6　约翰·麦卡锡

图 12.7　马文·明斯基

② 人工智能的第一次高潮。

人工智能的第一次高潮出现于 1956 年人工智能的首次研讨会以后，一直到 20 世纪

60年代末期为止。在此时期中，人工智能的研究与应用都取得了重大进展，人工智能作为一门学科已初步形成。此外，在此期间还研制出了人工智能专用程序设计语言LISP，同时还出现了专家系统。

在此阶段所取得的成果在当时都是里程碑式的，但从现在的眼光看来，这些理论与应用还是初步的，真正具有实际价值的应用很少，特别是计算机应用，受制于计算机的能力不足和自身理论的欠缺。因此，到了20世纪60年代末期，人工智能的第一次高潮终于走入了低谷，包括接下来的几年，后来被称为“人工智能冬季”。

（3）人工智能的第二个发展时期

人工智能在进入低谷后，经历了近10年的不懈努力与奋斗后，到了20世纪70年代末期，出现了第二次高潮。这次高潮到来的根本原因是它终于找到了一个新的突破口，即知识工程及其应用——专家系统，这两者的有机结合所产生的效果终于使人工智能起死回生，出现了人工智能的高潮。

这一时期中起关键性作用的人物是美国著名人工智能专家费根鲍姆（Feigenbaum），他在1977年的“第五届国际人工智能大会”上首次提出知识工程概念，并对其关键技术做了介绍。

这一时期的顶峰是日本五代机的出现。五代机实际上是一种用于知识推理的专用计算机。该机采用启发式搜索算法，并用布线逻辑以硬件方法实现，实现了青光眼诊治等多项专家系统的开发。

在经过了10余年兴旺发展后，特别是实际应用的开发，发现中小型的专家系统效果尚好，但大型的专家系统实际效果并不理想，其典型表现是日本五代机的应用并未达到原有设计目标，最终导致失败。究其原因主要是推理引擎中的算法复杂性及当时计算机能力所限，由此专家系统发展受到了实质性的阻碍。到了20世纪80年代后期人工智能又一次走入低谷。

该时期的人工智能已将单纯的思想方法与计算机紧密结合，已由理论研究真正走向了实际应用。

（4）人工智能的第三个发展时期

人工智能最新发展的时期始于20世纪90年代末期，至今仍处于不断发展之中，并与各行业、各领域的应用紧密结合，形成上、中、下三游的层次式、系统、全面的发展。

这一时期出现的首个应用标志是IBM的Deep Blue，在1997年5月11日成为第一个击败国际象棋世界冠军加里·卡斯帕罗夫的计算机国际象棋系统。图12.8所示为当时加里·卡斯帕罗夫与Deep Blue对弈的情境。接着，2011年，在一个“危险”智力竞赛表演比赛中，IBM的“沃森”问答系统击败了布拉德·鲁特和肯·詹宁斯，显示了智能机器的明显优势。

21世纪，以“新计算能力+大数据+深度学习”的三驾马车方式为代表的新技术带来了人工智能新的崛起，以前所有陷于困境的应用都因这种新技术的应用而取得了突破性进展。这一时期标志性的应用是2016年AlphaGo的横空出世，它掀起了人工智能发展的第三次高潮，人类已进入新的人工智能时代。图12.9所示为AlphaGo与李世石对弈的情境。

该时期的人工智能已全面进入实际应用阶段，并与多个领域融合，取得了全面突破性进展，全球已进入人工智能时代。

图 12.8 加里·卡斯帕罗夫与 Deep Blue 对弈

图 12.9 AlphaGo 与李世石对弈

12.1.2 人工智能研究内容及方法

1. 人工智能研究内容

人工智能所研究的内容包括两个部分：

① 人工智能研究模拟人类智能的思想、方法、理论及结构体系。这是人工智能研究的主要内容，通过这种研究可以建立智能模型用以模拟人类智能中的各种行为。

② 人工智能研究以计算机为工具用于智能模型的开发实现。人工智能的智能模型仅是一种理论框架，它需要借助于计算机，用计算机中的数据结构、算法所编写而成的软件在特定的计算机平台上运行，从而实现模型的功能。

2. 人工智能研究方法

人工智能是用计算机模拟人脑的学科，因此模拟人脑成为它的主要研究内容。但由于人类对人脑的了解甚少，目前人工智能学者对它的研究是通过模拟方法按三个不同角度与层次对其进行探究，从而形成三种学派：符号主义、连接主义和行为主义。

（1）符号主义

符号主义（Symbolicism）又称逻辑主义（Logicism）、心理学派（Psychologism）或计算机学派（Computerism），其主要思想是从人脑思维活动形式化表示角度研究探索人的思维活动规律。它即是亚里士多德所研究的形式逻辑以及其后所出现的数理逻辑。用这种符号逻辑的方法研究人脑功能的学派称为符号主义学派。

（2）连接主义

连接主义（Connectionism）又称仿生学派（Bionicsism）或生理学派（Physiologism），其主要思想是从人脑神经生理学结构角度研究探索人类智能活动规律。从神经生理学的观点看，人类智能活动都出自大脑，而大脑的基本结构单元是神经元，整个大脑智能活动是相互连接的神经元间的竞争与协调的结果，它们组织成一个网络，称为神经网络。持此种观点的人认为，研究人工智能的最佳方法是模仿神经网络的原理构造一个模型，称为人工神经网络模型，以此模型为基点开展对人工智能的研究。用这种方法研究人脑智能的学派称为连接主义学派。

（3）行为主义

行为主义（Actionism）又称进化主义（Evolutionism）或控制论学派（Cyberneticsism），

其主要思想是从人脑智能活动所产生的外部表现行为角度研究探索人类智能活动规律。这种行为的特色可用“感知—动作”模型表示，这是一种以控制论的思想为基础的学派。

12.1.3 人工智能关键技术

人工智能技术关系到人工智能产品是否可以顺利应用到人们的生活场景中。在人工智能领域，包含了机器学习、知识图谱、自然语言处理、人机交互、计算机视觉、生物特征识别、虚拟现实/增强现实 7 个关键技术。

1. 机器学习

机器学习（Machine Learning）是一门涉及统计学、系统辨识、逼近理论、神经网络、优化理论、计算机科学、脑科学等诸多领域的交叉学科，研究计算机怎样模拟或实现人类的学习行为，以获取新的知识或技能，重新组织已有的知识结构使之不断改善自身的性能，是人工智能技术的核心。基于数据的机器学习是现代智能技术中的重要方法之一，研究从观测数据（样本）出发寻找规律，利用这些规律对未来数据或无法观测的数据进行预测。

2. 知识图谱

知识图谱本质上是结构化的语义知识库，是一种由节点和边组成的图数据结构，以符号形式描述物理世界中的概念及其相互关系，其基本组成单位是“实体—关系—实体”三元组，以及实体及其相关“属性—值”对。不同实体之间通过关系相互连接，构成网状的知识结构。在知识图谱中，每个节点表示现实世界的“实体”，每条边为实体与实体之间的“关系”。通俗地讲，知识图谱就是把所有不同种类的信息连接在一起而得到的一个关系网络，提供了从“关系”的角度去分析问题的能力。

3. 自然语言处理

自然语言处理是计算机科学领域与人工智能领域中的一个重要方向，研究能够实现人与计算机之间用自然语言进行有效通信的各种理论和方法，涉及的领域较多，主要包括机器翻译、语义理解和问答系统等。

4. 人机交互

人机交互主要研究人和计算机之间的信息交换，主要包括人到计算机和计算机到人的两部分信息交换，是人工智能领域重要的外围技术。

5. 计算机视觉

计算机视觉是使用计算机模仿人类视觉系统的科学，让计算机拥有类似人类提取、处理、理解和分析图像以及图像序列的能力。

6. 生物特征识别

生物特征识别技术是指通过个体生理特征或行为特征对个体身份进行识别认证的技术。从应用流程看，生物特征识别通常分为注册和识别两个阶段。注册阶段通过传感器对人体的生物表征信息进行采集，利用数据预处理以及特征提取技术对采集的数据进行处理，得到相应的特征进行存储。识别过程采用与注册过程一致的信息采集方式对待识别人进行信息采集、数据预处理和特征提取，然后将提取的特征与存储的特征进行比对分析，完成识别。

7. 虚拟现实/增强现实

虚拟现实（VR）/增强现实（AR）是以计算机为核心的新型视听技术，结合相关科学技术，在一定范围内生成与真实环境在视觉、听觉、触感等方面高度近似的数字化环境。用户借助必要的装备与数字化环境中的对象进行交互，相互影响，获得近似真实环境的感受和体验，通过显示设备、跟踪定位设备、触觉交互设备、数据获取设备、专用芯片等实现。

12.1.4 “人工智能+”应用

1.“人工智能+”应用的典型方法

从人工智能技术的角度看，目前的人工智能应用开发有三种典型方法，分别是以深度学习为主的连接主义的方法、以知识图谱为主的符号主义的方法和以机器人为主的行为主义的方法。

（1）以深度学习为主的连接主义的方法

深度学习方法是推进人工智能发展进入第三个时期的关键技术方法，特别是其中的卷积神经网络方法，它通过了实际应用的考验，被证明是一种行之有效的方法。

这是一种连接主义的方法，它需要以数据作训练，最终得到一个知识模型。这也是一种归纳学习的方法，它的特点是“数据+算法”。这种方法中的数据，不仅要具有“海量”性，更需要具有“巨量”性；这种方法中的算法，计算函数中包含多个参数值，其复杂性较高，因此这种“数据+算法”的实现需要建立在强大计算力的基础之上。故而这种方法的标准形式是：卷积神经网络+大数据技术+强大计算力。这种方法不仅需要有人工智能中的先进方法，还需要有大数据技术以及强大计算力的配合，这三者缺一不可。目前此种方法已成为人工智能发展第三个时期的标志性方法。

（2）以知识图谱为主的符号主义的方法

在人工智能发展第二个时期中走向衰败的传统专家系统方法，在关键技术上进行重大的改进后，已组建成为一种新的专家系统。这种新的专家系统特别适合于作为咨询类专家系统。从方法论角度看，它是一种符号主义的方法，适合于语义性的推理。这种方法的标准形式是建立在互联网上的以知识图谱为表示方法，以网络中的数据自动采集（属大数据技术）为知识获取手段的新方法。这种方法的标准形式是：知识图谱+大数据技术+互联网。

（3）以机器人为主的行为主义的方法

在人工智能发展第三个时期中还有一种新的典型方法，即以机器人为代表的行为主义的方法。它是目前应用得最为广泛且应用产值最大的人工智能产业群。以Agent作为其技术基础，特点是大量利用感知设备及机电装置作为与外部世界互动的接口设施，在机器人内部将感知设备所不断获得的数据序列作为其输入，在经处理后以数据序列作为结果知识输出。这种方法的标准形式是：Agent+大数据技术+接口设备。

在实际应用中，往往是这三种方法联合应用。常用的有：

① 第一种方法与第二种方法的联合应用，即先通过第一种方法归纳后获得知识，

再通过第二种方法作演绎推理后获得最终结果知识。

② 第三种方法与上面两种方法相结合后，就出现了“智能机器人”。

2.“人工智能+”应用领域及典型案例

人工智能是一门新兴的边缘学科，是自然科学与社会科学的交叉学科，其研究涉及广泛的领域，目前的人工智能研究是与具体领域相结合进行的。下面列举若干较为热门的应用领域及该领域的典型案例。

（1）人工智能+金融

下面介绍一些人工智能技术在金融领域的应用。

① 人工智能技术可以处理大数据分析，它可以模拟和分析众多金融事务，如股票交易、行情分析、客户信息分析等。通过大数据分析，可以及时发现行业趋势，分析金融事务的影响，从而达到合理的决策。

② 人工智能技术用于金融服务领域，例如金融投资分析、风险管理、客户服务等。报告分析和风险管理需要处理大量借贷、保险、投资和统计等信息，有时还需要根据当前情况连续作出及时决策，而这正是人工智能技术最适合发挥作用的地方，其可以实现快速准确的分析报告和风险管理，以满足客户的需求。

③ 人工智能技术用于支付场景、个人理财、短信识别、回归分析等，比如支付宝和微信支付，通过人工智能技术实现自动转账、账单报告等功能，简化客户支付过程。例如，当人们在信用卡上做出大额交易或在异地使用时，系统可以通过机器学习算法来检测潜在的欺诈行为，这可以帮助银行和金融机构更快地识别和解决欺诈行为。

（2）人工智能+零售

2016年云栖大会上，马云首次提出“新零售”概念，称在未来“电子商务”终将被“新零售”取代。

在新零售门店中，识别新老顾客和会员、自助结算和“刷脸”互动等环节都是人脸识别技术的应用体现。以盒马鲜生为例，盒马依托阿里丰富的消费者数据，通过会员注册、门店人脸识别、关联用户行为记录等方式获得清晰而全面的消费者画像。

为了保障人脸识别和身份认证的准确性、提升顾客的体验感，不少AI企业投入了大量成本建立了人脸数据库。例如百度就针对线下店客群建立了人脸库，通过人脸识别确定会员、回头客身份，以便进行精准客群管理。

依靠表情识别技术对顾客的情绪进行分析，新零售企业就可以得到顾客对不同商品的喜好程度。此前，三星向世界知识产权办公室提交了一份专利，该专利中包含一种基于深度学习的算法，以识别用户在注视设备时的表情，这一专利将被用于三星的线下零售店。这一算法至少可以识别六种不同的表情，其中包括惊喜、高兴、快乐、愤怒和悲伤等，最终根据用户的表情所反映的情绪，可以对相关产品进行推荐。

通过对顾客行进轨迹和停留时长的分析，机器能够进一步了解消费者的购物习惯，也可以指导商场基于大多数客户的购物习惯智能确定店铺的租金。腾讯优Mall智慧零售系统是一款基于计算机视觉和大数据支持、致力于实现线下门店数字化改造转型的智慧门店产品。腾讯优Mall已在百丽国际深圳门店落地，通过安装在店内的AI摄像机，在对顾客动线轨迹（Re-ID，行人再识别）和区域热度做了统计分析后，发现顾客对女子休闲区的兴趣和注意力高于其他区域。

（3）人工智能+医疗

目前人工智能技术在医疗领域的应用主要集中在以下四个场景。

① 医疗机器人。目前实践中的医疗机器人主要有两种：一是能够读取人体神经信号的可穿戴型机器人，也称“智能外骨骼”；二是能够承担手术或医疗保健功能的机器人。

• 智能外骨骼。

俄罗斯 ExoAtlet 公司生产了两款“智能外骨骼”产品：ExoAtlet Ⅰ和 ExoAtletPro。前者适用于家庭，后者适用于医院。ExoAtlet Ⅰ适用于下半身瘫痪的患者，只要患者上肢功能基本完整，它能帮助患者完成基本的行走、爬楼梯及一些特殊的训练动作。ExoAtletPro 在 ExoAtlet Ⅰ的基础上包括了更多功能，如测量脉搏、电刺激、设定既定的行走模式等。

• 手术机器人。

世界上最有代表性的手术机器人是达·芬奇手术系统。达·芬奇手术系统分为两部分：手术室的手术台和医生可以在远程操控的终端。手术台是一个有 3 个机械手臂的机器人，它负责对病人进行手术，每一个机械手臂的灵活性都远远超过人类，而且带有摄像机，可以进入人体内，因此不仅手术的创口非常小，而且能够实施一些人类医生很难完成的手术。在控制终端上，计算机可以通过几台摄像机拍摄的二维图像还原出人体内的高清晰度的三维图像，以便监控整个手术过程。图 12.10 所示为腹腔镜手术机器人“达·芬奇”。

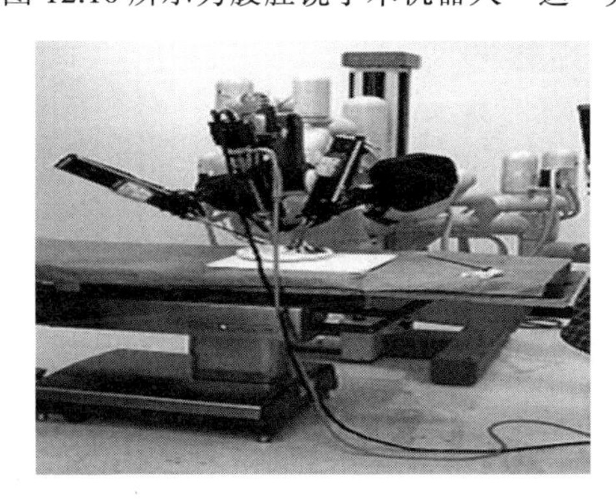

图 12.10 腹腔镜手术机器人“达·芬奇”

② 智能药物研发。

美国硅谷公司 Atomwise 通过 IBM 超级计算机，在分子结构数据库中筛选治疗方法，评估出 820 万种药物研发的候选化合物。2015 年，Atomwise 基于现有的候选药物，应用人工智能算法，在不到一天时间内就成功地寻找出能控制埃博拉病毒的两种候选药物。

③ 智能诊疗。

在智能诊疗的应用中，IBM Watson 是目前最成熟的案例。IBM Watson 可以在 17 s 内阅读 3 469 本医学专著、248 000 篇论文、69 种治疗方案、61 540 次试验数据、106 000 份临床报告。2012 年 Watson 通过了美国职业医师资格考试，并部署在美国多家医院提供辅助诊疗的服务。目前 Watson 提供诊治服务的病种包括乳腺癌、肺癌、结肠癌、前列腺癌、膀胱癌、卵巢癌、子宫癌等多种癌症。

④ 智能医学影像。

贝斯以色列女执事医学中心（BIDMC）与哈佛医学院合作研发的人工智能系统，对乳腺癌病理图片中癌细胞的识别准确率能达到92%。

Enlitic公司将深度学习运用到了癌症等恶性肿瘤的检测中，该公司开发的系统的癌症检出率超过了4位顶级的放射科医生，诊断出了人类医生无法诊断出的7%的癌症。

2017年8月举行的全球肺结核日当天，科大讯飞利用AI医学影像识别技术成功识别肺结核疾病，刷新了世界纪录，它的读片准确率高达94.1%。

（4）人工智能+无人驾驶

本案例主要介绍百度Apollo无人驾驶项目的发展经历。

2014年7月24日，百度启动"百度无人驾驶汽车"研发计划"百度Apollo"。

2015年12月，百度公司宣布，百度无人驾驶汽车国内首次实现城市、环路及高速道路混合路况下的全自动驾驶。

2018年7月4日的百度AI开发者大会上，百度宣布Apollo无人驾驶汽车"阿波龙Apollo"正式量产下线，并在海淀公园首次面向公众落地运营，实现从海淀公园西门到儿童游乐场所之间的往返接驳，全程约1 km左右，一次往返用时15～20 min。图12.11所示即为百度Apollo小巴车。

2018年11月1日，在北京的百度世界大会上，展出了一款无人驾驶挖掘机，如图12.12所示。该无人驾驶挖掘机是由拓疆者和百度共同开发的。在没有人的操作下，挖掘机能自己感知和寻找作业任务，可节约40%的人力成本，提升承包商50%的工程收益。

图12.11　百度Apollo小巴车

图12.12　百度无人驾驶挖掘机

2020年10月11日起，百度自动驾驶出租车服务在北京全面开放，在北京经济技术开发区、海淀区、顺义区的数十个自动驾驶出租车站点，无需预约，直接下单即可免费试乘自动驾驶出租车服务。

2021年4月7日，河北省沧州市交通局允许百度自动驾驶汽车商业化运营，百度研发制造的35辆"阿波罗"自动驾驶汽车首次获得了商业运营许可，并对其进行罚款、发放优惠券、无人支付等场景的测试。

2021年11月25日，百度Apollo获国内首个自动驾驶收费订单，这标志着自动驾驶正迎来"下半场"——商业化运营阶段。

2022年11月21日，北京发放自动驾驶无人化通知书，百度成为首批获准企业，正式在京开启前排无人测试。百度Apollo将在北京市高级别自动驾驶示范区60平方公里范围内，首批投入10辆第五代无人车Apollo Moon开展前排无人道路测试。

2023 年 2 月 28 日，百度旗下自动驾驶出行服务平台“萝卜快跑”宣布，其在武汉市全无人车队已突破 100 辆，可运营道路超过 750 公里，覆盖武汉市 530 平方公里区域，能为运营区域内近 150 万人提供全无人自动驾驶出行服务。

（5）人工智能+安防

AI + 安防形成了五种典型应用：视频监控、智能报警、智慧警务、门禁管理、智慧交通，服务于大众的工作与生活。

“全球眼”（Mega Eyes）网络视频监控是中国电信于 2002 年推出的基于 IP 技术和宽带网络（互联网）的远程视频监控业务，实现图像的远程监控、传输、存储和管理。该业务系统利用中国电信无处不达的宽带网络，将分散、独立的图像采集点进行联网，实现跨区域、全国范围内的统一监控、统一存储、统一管理、资源共享，为各行业的管理决策者提供一种全新、直观、扩大视觉和听觉范围的管理工具，满足客户进行远程监控、管理和信息传递的需求，提高其工作绩效。同时，通过二次应用开发，为各行业的资源再利用提供了手段。图 12.13 所示为遍布大街小巷的“全球眼”摄像头。

图 12.13　遍布大街小巷的“全球眼”摄像头

12.2 量子计算

随着传统计算模式的增长趋于瓶颈，需要找到一种新的计算模式来解决传统计算无法解决的问题，这个新的计算模式，就是量子计算。量子计算的实现有两个前提：一是量子计算机；二是量子算法。由于量子计算的特性，“在不久的将来，量子计算可以改变世界”已经成为共识。党的二十大报告指出：我国“一些关键核心技术实现突破，战略性新兴产业发展壮大，载人航天、探月探火、深海深地探测、超级计算机、卫星导航、量子信息、核电技术、新能源技术、大飞机制造、生物医药等取得重大成果，进入创新型国家行列。”但它究竟是如何工作的呢？本节主要介绍量子相关概念、典型量子算法、量子计算机的基本原理及发展现状等。

12.2.1 量子相关概念

1. 定义

量子（Quantum）属于一个微观的物理概念。如果一个物理量存在最小的不可分割的基本单位，那么称这个物理量是可量子化的，并把物理量的基本单位称为量子。在现代物理中，将微观世界中所有的不可分割的微观粒子（光子、电子、原子等）或其状态等物理量统称为量子。

量子这个概念最早由德国物理学家普朗克在 1900 年提出，他假设黑体辐射中的辐射能量是不连续的，只能取能量基本单位的整数倍，从而很好地解释了黑体辐射的实验现象。即假设对于一定频率的电磁辐射，物体只以“量子”的方式吸收和发射，每个“量子”的能量可以表示为 $\varepsilon=hv$，其中，v 是光的频率，h 是普朗克常量。

2. 量子信息

利用微观粒子状态表示的信息称为量子信息。量子比特（Quantum bit，简称 Qubit）是量子信息的载体，是计算和存储的基本单元，用 Dirac 符号“|>”表示。它有两个可能的状态，一般记为|0>和|1>，对应经典信息中的 0 和 1。状态和是二维复向量空间中的单位向量，它们构成了这个向量空间的一组标准正交基。

量子力学有一条基本原理叫作“叠加原理”：如果一个体系能够处于|0>和|1>，那么它也能处于任何一个 $\alpha|0>+\beta|1>$，这样的状态称为“叠加态”。而且测量结果为|0>态的概率是 α^2，为|1>态的概率是 β^2。这说明一个量子比特能够处于既不是|0>又不是|1>的状态上，而是处于|0>和|1>的一个线性组合的所谓中间状态上。经典信息可表示为 011000，而量子信息可表示为 $|\varphi1>|\varphi2>|\varphi3>$。

根据叠加原理，量子比特的任何态都可以写成：

$$|\varphi>=\alpha|0>+\beta|1>,$$

其中

$$\alpha^2+\beta^2=1$$

对经典计算机而言，信息或数据由二进制数据位存储，每一个二进制数据位由 0 或 1 表示。一个二进制位（bit）只能存储一个数：0 或 1；量子比特可以是 0 或 1，也可以同时是 0 和 1 的叠加态，在量子计算机里，一个量子比特可以存储两个数据。两个二进制位只能存储以下 4 个数中的一个：00、01、10、11，但两个量子比特可以把以上 4 个数同时存储下来。按此规律，n 个二进制位只能存储 n 个一位二进制数或者 1 个 n 位二进制数，n 个量子比特可以同时存储 2^n 个数据。由此可见，量子存储器的存储能力是呈指数增长的，它比经典存储器具有更强大的存储数据的能力，尤其是当 n 很大时（如 n=250），量子存储器能够存储的数据量比宇宙中所有原子的数目还要多。

3. 量子基本性质

作为一种微观粒子，量子具有许多特别的基本性质，如量子力学三大基本原理：

（1）量子测不准原理

量子测不准原理也称不确定性原理，即观察者不可能同时知道一个粒子的位置和它的速度，粒子的位置总是以一定的概率存在某一个不同的地方，而对未知状态系统的每一次测量都必将改变系统原来的状态。也就是说，测量后的微粒相比于测量之前，必然会产生变化。

（2）量子不可克隆原理

量子不可克隆原理，即一个未知的量子态不能被完全地克隆。在量子力学中，不存在这样一个物理过程：实现对一个未知量子态的精确复制，使得每个复制态与初始量子态完全相同。

（3）量子不可区分原理

量子不可区分原理，即不可能同时精确测量两个非正交量子态。事实上，由于非正交量子态具有不可区分性，因此，无论采用任何测量方法，测量的结果都会有错误。

除此之外，还包括以下基本性质：

（4）量子态叠加性（Superposition）

量子状态可以叠加，因此量子信息也是可以叠加的。这是量子计算中可以实现并行性的重要基础，即可以同时输入和操作 N 个量子比特的叠加态。

（5）量子态纠缠性（Entanglement）

两个及以上的量子在特定的（温度、磁场）环境下可以处于较稳定的量子纠缠状态，基于这种纠缠，某个粒子的作用将会瞬时地影响另一个粒子。

在量子力学中，体系的状态可以用一个函数来表示，称为“态函数”（既可以把它理解为一个函数，也可以把它理解为一个矢量）。单粒子体系的态函数是一元函数，多粒子体系的态函数是多元函数。如果这个多元函数可以分离变量，也就是可以写成多个一元函数直接的乘积，就把它称为“直积态”；如果它不能分离变量，就把它称为“纠缠态”。

例如，$F(x, y) = xy + 1$，就可以说 x 和 y 是纠缠的。

以一个态$(|01\rangle + |10\rangle)/\sqrt{2}$为例，可以把它记为$|\beta01\rangle$。这个态的特点是：对它测量粒子 1 的状态，会以一半的概率发现粒子 1 处于$|0\rangle$，粒子 2 处于$|1\rangle$；另一半概率发现粒子 1 处于$|1\rangle$，粒子 2 处于$|0\rangle$。无法预测单次测量的结果，但粒子 1 和粒子 2 总是处于相反的状态。

（6）量子态相干性（Interference）

量子力学中微观粒子间的相互叠加作用能产生类似经典力学中光的干涉现象。

4. 量子门

在量子计算，特别是量子线路的计算模型中，一个量子门（Quantum Gate，或量子逻辑门）是一个基本的操作一个小数量量子比特的量子线路。它是量子线路的基础，就像传统逻辑门和一般数字线路之间的关系。

与多数传统逻辑门不同，量子逻辑门是可逆的，常用矩阵表示，且传统的计算可以只使用可逆的门表示。

5. 量子并行计算原理

由于量子比特可以同时处于两种状态的叠加态，所以量子门操纵它时，实际上同时操纵了两种状态。所以，若一个量子计算机同时操纵 N 个量子比特，那么它实际上可以同时操纵 2^N 个状态，其中每个状态都是一个 N 位的经典比特，这就是量子计算机的并行计算能力。

例如：

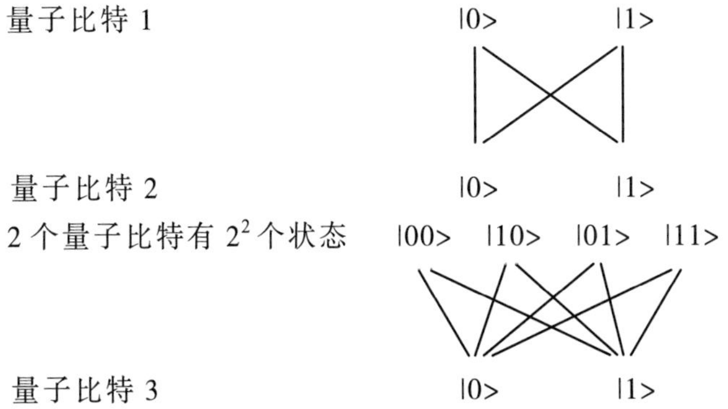

量子比特 1　　$|0\rangle$　　$|1\rangle$

量子比特 2　　$|0\rangle$　　$|1\rangle$

2 个量子比特有 2^2 个状态　　$|00\rangle$　　$|10\rangle$　　$|01\rangle$　　$|11\rangle$

量子比特 3　　$|0\rangle$　　$|1\rangle$

3 个量子比特有 2^3 个状态　|000>　|100>　|010>　|110>　|001>　|101>　|011>　|111>

⋮

量子比特 N　|0>　|1>

N 个量子比特有 2^N 个状态
|00000…………00000>
⋮
|11111…………11111>

12.2.2　典型量子算法

1．Shor 算法

1994 年 Shor 提出了分解大数质因子的量子算法，吸引了众多研究者的目光。大数质因子分解的难度确保了 RSA 公钥密码体系的安全，该问题至今仍属于 NP（Non-deterministic Polynomial，非确定多项式）难题，在经典计算机上需要指数时间才能完成。但是 Shor 算法表明，在量子计算条件下，这一问题可以在多项式时间内得到解决。它仅需几分钟就可以完成用 1 600 台经典计算机需要 250 天才能完成的 RSA-129 问题（一种公钥密码系统），使当前公认为最安全的、经典计算机不能破译的公钥密码系统 RSA 可以被量子计算机非常容易地破译。这就意味着目前广泛应用的 RSA 公钥密码体系的安全性可能面临着致命的威胁。

Shor 算法的基本思想是：首先利用量子并行性通过一步计算获得所有的函数值，并利用测量函数得到相关联的函数自变量的叠加态，然后对其进行快速傅里叶变换。其实质为：利用数论相关知识将大数质因子分解问题转化为利用量子快速傅里叶变换求函数的周期问题。

2．Grover 算法

1996 年，计算机科学家 Grover 提出一个量子搜索算法，通常称为 Grover 算法，该算法适宜于解决在无序数据库中搜索某一个特定数据的问题。在经典计算中，对待这类问题只能逐个搜索数据库中的数据，直到找到为止，算法的时间复杂度为 $O(N)$。而 Grover 算法利用量子并行性，每一次查询可以同时检查所有的数据，并使用黑箱技术对目标数据进行标识，成功地将时间复杂度降低到 $O(\sqrt{N})$。现实中有许多问题，如最短路径问题、图的着色问题、排序问题、密码的穷举攻击问题及搜索方程的最佳参数等，可以利用 Grover 算法进行求解。用 Grover 算法，可以仅用 2 亿步代替经典计算机的大约 3.5×10^8 亿步，破译广泛使用的 56 位数据编码标准 DES（一种被用于保护银行间和其他方面金融事务的标准）。

3．HHL 算法

求解线性方程是一个基本的数学问题，在工程等领域被广泛应用。对于方程 $\boldsymbol{Ax}=\boldsymbol{b}$，其中 $\boldsymbol{A}$ 是 $N\times N$ 矩阵，$\boldsymbol{b}$ 是 N 维向量，求解 N 维未知向量 $\boldsymbol{x}$。若采用 Gauss 消元法可以

在 $O(N^3)$时间内求解。

2008 年，Harrow、Hassidim 和 Lloyd 三位学者提出了一种可以在 $O(\log_2(N))$时间内求解线性方程组的量子算法，通常称为 HHL 算法。HHL 算法将多个输入制备为量子叠加态，从而进行量子并行操作。HHL 算法在特定条件下实现了经典算法的指数加速效果，未来能够在数据处理、机器学习、数值计算等场景被广泛应用。

12.2.3 量子计算机

1. 基本原理

所谓量子计算机，是指具有量子计算能力的物理设备。

量子计算机使用量子逻辑门进行信息操作，如对单个量子操作的逻辑门：泡利-X门、泡利-Y门、泡利-Z门和 Hadamard 门等；对两个量子操作的双量子逻辑门：受控非门 CNOT、受控互换门 SWAP 等，这些量子逻辑门的操作可以看作一种矩阵变换。

传统计算机的逻辑门一般是不可逆的，而量子计算机使用的量子逻辑门是可逆的。前者操作后产生能量耗散，而后者进行矩阵变换可实现可逆计算，几乎不会产生额外的热量，从而解决能耗问题。量子计算机的理论模型仍然是图灵机，量子计算目前并没有操作系统，代替用量子算法进行控制，这决定了目前的量子计算机并不是通用的计算机，而是属于某种量子算法的专用计算机。量子计算机和传统计算机的比较如表 12.1 所示。

表 12.1 量子计算机和传统计算机的比较

属　　性	传统计算机	量子计算机
信息	逻辑比特	量子比特
门电路	逻辑门	量子逻辑门
基本操作	与或非	幺正操作
计算可逆性	不可逆计算	可逆计算
管理控制程序	操作系统 Windows、Linux 和 Mac 等	量子算法
计算模型	图灵机	量子图灵机

量子计算机的基本原理如图 12.14 所示，主要过程如下：

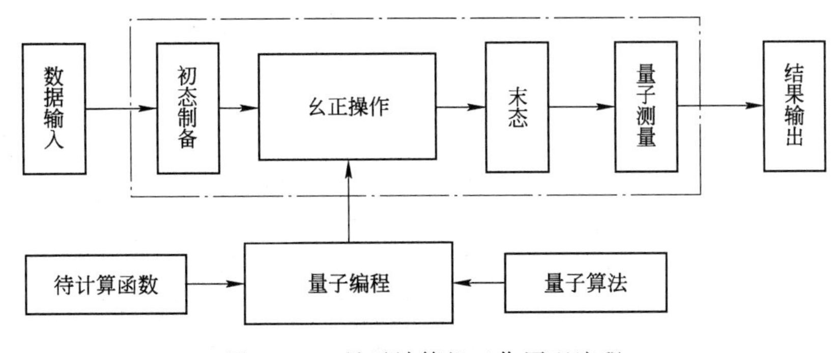

图 12.14 量子计算机工作原理流程

① 选择合适的量子算法，将待解决问题编程为适应量子计算的问题。

② 将输入的经典数据制备为量子叠加态。

③ 在量子计算机中，通过量子算法的操作步骤，将输入的量子态进行多次幺正操作，最终得到量子末态。

④ 对量子末态进行特殊的测量，得到经典的输出结果。

2. 量子计算机的发展现状

2020 年 9 月，合肥本源量子公司完全自主研发的超导量子计算云平台正式向全球用户开放，该平台基于本源量子自主研发的超导量子计算机——悟源（搭载 6 比特超导量子处理器夸父 KFC6-130），随后发布升级版量子测控一体机 Origin Quantum AIO，支持 32 位超导量子芯片。

2020 年 12 月 4 日，中国科学技术大学潘建伟、陆朝阳等组成的研究团队，与中科院上海微系统所、国家并行计算机工程技术研究中心合作，构建了 76 个光子的量子计算原型机“九章”，实现了具有实用前景的“高斯玻色取样”任务的快速求解。据现有理论，该量子计算系统处理高斯玻色取样的速度比目前最快的超级计算机快一百万亿倍，即“九章”一分钟完成的任务，超级计算机需要一亿年。

2020 年，深圳量旋科技发布支持 2 比特的桌面型量子计算机双子座。2021 年，又推出比前者体积更小的、能支持 3 比特的桌面型量子计算机三角座。

2021 年 5 月，中国科学技术大学潘建伟、朱晓波、彭承志等组成的研究团队，成功研制了 62 比特可编程超导量子计算原型机“祖冲之号”，并在此基础上实现了可编程的二维量子行走。在“祖冲之号”基础上，团队与中科院上海技术物理研究所合作，构建了 66 比特可编程超导量子计算原型机“祖冲之二号”，实现了对“量子随机线路取样”任务的快速求解。根据现有理论，“祖冲之二号”处理的量子随机线路取样问题的速度比当时最快的超级计算机快 7 个数量级，计算复杂度比谷歌公开报道的 53 比特超导量子计算原型机“悬铃木”提高了 6 个数量级。

2021 年 10 月，中国科学技术大学潘建伟、陆朝阳等组成的研究团队，与中科院上海微系统所、国家并行计算机工程技术研究中心再次合作研制出了 113 个光子 114 模式的量子计算机“九章二号”，该量子计算机在求解高斯玻色取样数学问题上，比当时世界上最快的计算机“超算”要快亿亿亿倍。

2022 年 9 月 20 日，在 2022 世界制造业大会上合肥本源量子公司推出支持 100+超导量子比特的第三代“本源天机”量子测控系统。“本源天机 3.0”作为专用于超导量子芯片的量子计算控制系统，主要包含射频模块、数字模块、直流电压源模块、同步控制模块和专业的测控软件，可同时控制、读取百位超导量子比特，独立完成超导量子计算的测控操作。

2023 年 3 月 27 日，日本理化学研究所等研发的日本首台量子计算机（见图 12.15）正式投入使用，企业和高校等机构的研究人员可通过云端使用这台量子计算机。该量子计算机的量子比特数为 64 个，使用在极低温下电阻为零的超导回路，制备用于计算的信息基本单位——量子比特。

图 12.15 日本首台量子计算机

2023 年 4 月 14 日，在第三个“世界量子日”，量旋科技举办 2023 战略发布会，正式推出新一代便携式核磁量子计算机——双子座 Mini pro（见图 12.16）和三角座 Mini（见图 12.17）。双子座 Mini pro 是一款 2 比特产品，相比前代产品，在保持产品尺寸和重量不变的情况下，大幅提高了量子计算的性能，特别是量子门的保真度，将单比特门保真度从 99%提升到了 99.6%，双比特门保真度从 98%提升到了 99.3%。对量子计算来说，这个数字变化是一个巨大的飞跃。3 比特的便携式量子计算机三角座 Mini，长宽与普通笔记本计算机相仿，重量只有 16 kg，能在室温下稳定运行。

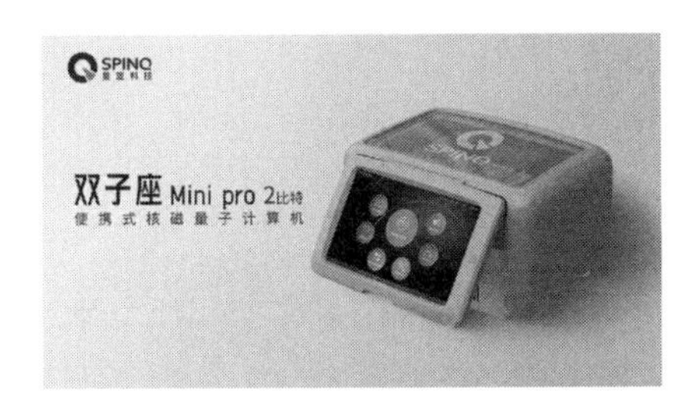

图 12.16 量子计算机双子座 Mini pro

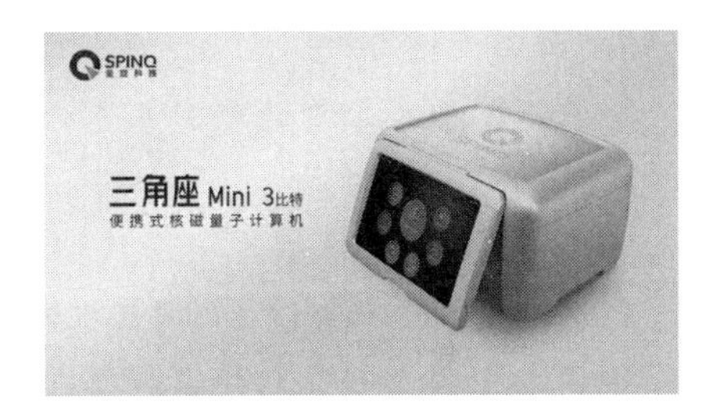

图 12.17 量子计算机三角座 Mini

小 结

本章介绍了人工智能的发展历史、定义、研究方法、主要的应用领域以及量子的概念、基本性质、量子计算机等，使大家对人工智能与量子计算有整体上的初步认识，为以后的深入学习奠定基础。

实 训

实训 1 人工智能与量子计算基本概念

1. 实训目的

① 了解人工智能的定义、发展及研究方法。

② 熟悉人工智能的研究内容及应用领域。

③ 了解量子的基本性质。

2．实训内容

完成下面理论知识题：

① 人工智能 AI 的英文全称是（　　）。

A. Automatic Intelligence　　B. Artificial Intelligence

C. Automatic Information　　D. Artificial Information

② 1997 年 5 月，著名的“人机大战”，最终计算机以 3.5 比 2.5 的总比分将世界国际象棋棋王卡斯帕罗夫击败，这台计算机被称为（　　）。

A. 深蓝　　B. IBM

C. 深思　　D. 蓝天

③ 不属于人工智能的学派是（　　）。

A. 符号主义　　B. 机会主义

C. 行为主义　　D. 连接主义

④ 人工智能的含义最早由一位科学家于 1950 年提出，并且同时提出一个机器智能的测试模型，这位科学家是（　　）。

A. 明斯基　　B. 扎德

C. 图灵　　D. 冯·诺依曼

⑤ 下列不属于人工智能研究基本内容的是（　　）。

A. 机器感知　　B. 机器学习

C. 自动化　　D. 机器思维

⑥ 要想让机器具有智能，必须让机器具有知识。因此，在人工智能中有一个研究领域，主要研究计算机如何自动获取知识和技能，实现自我完善，这门研究分支学科是（　　）。

A. 专家系统　　B. 机器学习

C. 神经网络　　D. 模式识别

⑦ 下列不是人工智能研究领域的是（　　）。

A. 机器证明　　B. 模式识别

C. 人工生命　　D. 编译原理

⑧ 机器翻译属于（　　）领域的应用。

A. 自然语言系统　　B. 机器学习

C. 专家系统　　D. 人类感官模拟

⑨ 人工智能是一门（　　）。

A. 数学和生理学　　B. 心理学和生理学

C. 语言学　　D. 综合性的交叉学科和边缘学科

⑩ 下列不属于量子基本性质的是（　　）。

A. 量子不可区分　　B. 量子态叠加性

C. 量子可克隆　　D. 量子态纠缠

实训2 人工智能关键技术、典型量子算法

1. 实训目的

① 熟悉人工智能的关键技术。

② 了解典型的量子算法。

2. 实训内容

完成以下简答题:

① 试述人工智能的关键技术。

② 典型的量子算法有哪些?

参 考 文 献

[1] 教育部高等学校大学计算机课程教学指导委员会. 大学计算机基础课程教学基本要求[M]. 北京：高等教育出版社，2016.

[2] 战德臣. 大学计算机：理解和运用计算思维[M]. 北京：人民邮电出版社，2018.

[3] 李凤霞，陈宇峰，史树敏. 大学计算机[M]. 北京：高等教育出版社，2016.

[4] 王永全，单美静. 计算思维与计算文化[M]. 北京：人民邮电出版社，2016.

[5] 易建勋. 计算机导论：计算思维和应用技术[M]. 2 版. 北京：清华大学出版社，2018.

[6] 李亚，陈莹，李欢，等. 计算机应用基础[M]. 北京：中国水利水电出版社，2017.

[7] 徐洁磐. 人工智能导论[M]. 北京：中国铁道出版社有限公司，2019.

[8] 本恩梯，卡萨蒂，斯蒂尼. 量子计算与量子信息原理：第 1 卷：基本概念[M]. 王文阁，李保文，译. 北京：科学出版社，2011.

[9] 韩东，陈军. 人工智能：商业化落地实战[M]. 北京：清华大学出版社，2018.

[10] 陈赜，钟小磊，龚义建，等. 物联网技术导论与实践[M]. 北京：人民邮电出版社，2017.

[11] 青岛英谷教育科技股份有限公司. 云计算与大数据概论[M]. 西安：西安电子科技大学出版社，2018.

[12] 孙毅芳，王丽敏，缪亮，等. Photoshop 平面设计使用教程[M]. 北京：清华大学出版社，2016.

[13] 孙玉珍，高森. Premiere Pro CC 实例教程[M]. 4 版. 北京：人民邮电出版社，2016.

[14] 李凤霞，陈宇峰. 大学计算机实验[M]. 北京：高等教育出版社，2013.